学生のための
機械工学シリーズ　6

ロボット工学

則次俊郎
五百井清
西本　澄
小西克信
谷口隆雄
著

朝倉書店

はじめに

ロボットは，カレル・チャペックの戯曲に始まり，それ以後，数々のSFやアニメに登場するとともに，産業用ロボットとして社会に浸透している．さらに，近年，人間型ロボットやペットロボットなどの開発が進み，高齢化社会の到来を反映して，福祉・介護分野などへの応用を目的とした人間親和型ロボットへの関心が高まっている．このような状況において，「ロボット工学」が対象とする分野はきわめて広範囲に及び，それに携わる人々の立場によって関心の対象も異なる．また，「ロボット工学」自身がまだ体系化された学問ではないため，「ロボット工学」を勉強しようとする人にとって，取り掛かりは必ずしも容易でない．

そこで，本書は，初学者が「ロボット工学」の概要を把握することを目的として，ロボットの力学から応用までの基礎技術について解説している．これらの技術は産業用ロボットの研究開発を通して成熟し，その大部分はヒューマノイドや人間親和型ロボットの開発においても有用である．産業用ロボットは，「自動制御によるマニピュレーション機能または移動機能をもち，各種の作業をプログラムによって実行でき，産業に使用される機械」と日本工業規格（JIS B 0134-1998）により定義されている．この定義は，現代の「ロボット」全体の定義としては十分でないが，ロボットを造るためには，マニピュレータの関節機構，これらを駆動し制御するためのアクチュエータとセンサおよび制御理論，移動機構などに関する知識が必要なことを示している．また，ロボットの動作を解析し，設計するためには力学の基礎が必要であり，さらにロボットの各種の応用事例を把握しておくことも重要である．

本書のおもな内容は次のとおりである．

1章では，読者の関心が高いと思われる人間型ロボットの話題から始めて，産業用ロボットのしくみについて記述している．その後，ロボットを構成する基本的な駆動機構と制御系について述べている．本章により，2章以後の各章のロボット工学における位置づけが理解できよう．

2章では，ロボットの運動や制御を数学的に取り扱うために，まず，線形代数学の基礎項目を説明し，次に，ロボットアームの運動学と力学について記述している．本章は数学的色彩が濃いが，「ロボット工学」を学習するためには避けて通れない内容である．なお，大学初年級の数学と力学に関する知識で理解できるようにしている．

3章では，ロボットの筋肉となるアクチュエータおよび感覚器となるセンサについて記述している．アクチュエータでは，電動モータ，油圧，空気圧アクチュエータおよび新原理アクチュエータの構造と動作原理を解説している．センサでは，ロボットの内部状態を知るためのセンサ（内界センサ）および外部状態を知るためのセンサ（外界センサ）について説明している．

4章では，ロボットアームの機構について述べた後，これらの機構を構成する歯車や減速機などの機械要素について説明している．また，スライドテーブルの設計において必要なボールねじとサーボモータの選定法について詳述し，さらに，平面2自由度アームの設計について述べている．

5章では，ロボット制御系を構成するために必要な制御理論について説明している．古典制御理論と現代制御理論を並行して解説するとともに，ロボット制御に有用と考えられるいくつかのアドバンスト制御法について述べている．さらに，ロボットに固有のいくつかの運動制御法および人間協調型制御法の一例を紹介している．

6章では，移動ロボットの制御システムの構成について述べた後，各分野におけるロボットの応用状況と将来展望について記述している．広範な分野におけるロボットの応用状況が一読で理解できる．

以上のように，本書は，各執筆者の長年の講義経験に基づいて，ロボット工学に関わる広範な項目をバランスよくまとめたものである．ロボット工学をこれから学ぼうとする学生諸君および技術者諸兄にとって絶好の入門書であると考える．

おわりに，本書の執筆に際して参考にさせていただいた多くの書物や文献の著者ならびに写真などの資料をご提供いただいた方々に深甚の意を表します．また，本書の刊行に際し，温かいご配慮とご尽力をいただいた朝倉書店編集部の方々に心より感謝します．

2003年8月

著者一同

目　　次

1. ロボット工学入門

1.1 ロボットとは

「ロボット」という言葉を聞いて何を連想するであろうか．年代によって異なると思うが，わが国では，鉄腕アトム，アラレちゃん，鉄人28号やガンダムなど空想アニメの世界に多くのロボットが登場している．海外では，宇宙家族ロビンソンに出てきたフライディやスター・ウォーズのR2-D2やC-3POなどがある．これらのロボットは，ロボット研究者や技術者に多くの夢とヒントを与えてくれる．たとえば，鉄腕アトムを実現するためにはどのような技術が必要であろうか．これは2003年4月7日のアトムの誕生日を記念する各種のイベントにおいて議論された．

鉄人28号について面白い解釈がある．鉄人28号は金田正太郎君のリモコン操縦によって操作される．そのリモコンは2つのレバーと3つのスイッチだけ備えた，きわめて単純なものである．このように簡単なリモコンによりあのような複雑な動きを制御できるのであるから，鉄人28号はある種の人工知能を備えていなければならない．また，鉄人28号は音声認識装置も備えているはずである．鉄人が負けそうになると，正太郎君が「鉄人がんばれ」と声援を送るだけで，鉄人は元気になり形勢が逆転してしまう．これは言葉によるロボットの操作であり，人間とロボットの関係において強く望まれる機能である．

現在，鉄腕アトムや鉄人28号の機能を部分的に備えたロボットが次々と開発されている．2足歩行ロボットASIMOやペットロボットAIBOなどが有名である．ASIMOはロボット研究の中で大変難しい2足歩行を実現している．2足歩行は鉄腕アトムのようなヒューマノイド（人間型ロボット）を実現するために不可欠な技術であり，AIBOの喜びや怒りの表現は人間とロボットの感情的なコミュニケーション機能実現のための第一歩である．

実世界におけるロボットでは，2足歩行ロボットやペットロボットが一番に頭に浮かぶ人が多いかもしれないが，これらのロボットの開発は，長年にわたって蓄積された産業用ロボットの技術が基礎になっている．できるだけ速く正確な動作を実現できるロボットを開発するために，その機構や制御方法について数多く研究されている．最近では，人間に対する安全性や優しさなどを考慮した人間親和型ロボットの研究も注目されている．

「ロボット」は大変に夢のある言葉であるが，いきなり2足歩行ロボットやペットロボットを造ることはできない．これらのロボットがどのようなしくみで動いているのかを知ることはロボットに対する親近感を高めることになる．将来新しいロボットを造りたいと考えている人にとっては，まずロボットを造るためにはどんなことを勉強しなければならないのかを知ることが大切である．本章では，ロボットの歴史やしくみなどについて概説した後，ロボット工学を学ぶために必要な項目について述べる．

1.2 ロボットの歴史

ロボットの語源は20世紀になって誕生するが，それ以前にも現在のロボットと概念を共通する多くの機械が登場している．これらの多くは，人間に代わって種々の仕事や機能を果たす自動機械であり，人造人間と呼ぶべきものが多い．

古代においては，ギリシャ神話やユダヤ教伝説における人造人間，神殿の自動扉や自動聖水装置が代表的である．18世紀には，自動時計の技術に基づいて，笛吹き人形や文字書き人形が造られている．これらは大変精巧に造られ，あたかも生きているようにふるまったといわれている．わが国においても，1796年に細川頼信により「機巧図彙」が著され，このなかに多くのからくりの仕掛けが説明されている．

図1.1はからくり人形として代表的な茶運び人形の設計書である．この人形の前後進と停止は茶碗を置いたり取ったりすることによって制御される．移動中は足を交互に出し，首を振るようになっている．これらの動きは，歯車やカムによるメカニズムによって制御され，一連の動きを正確に繰り返す．現代のシーケンスロボットやプレイバックロボットに相当するものである．

19世紀になると，小説の中にいくつかのロボット（人造人間）の概念が現れ

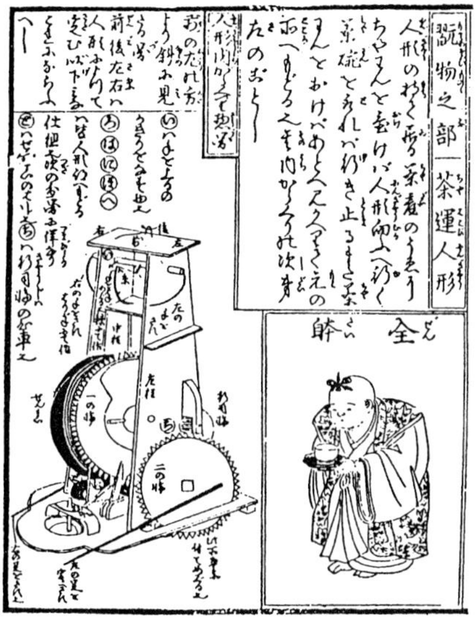

図 1.1 茶運び人形[1)]

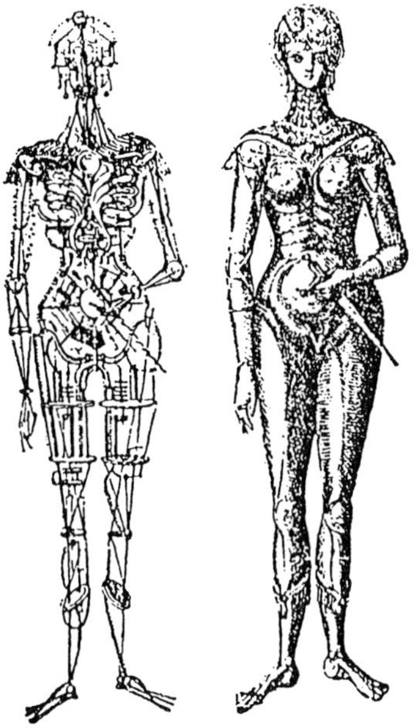

図 1.2 「未来のイブ」の美女ロボット「アダリ」[1)]

ている．メアリー・シェリーの「フランケンシュタイン」(1818)，コロディの「ピノキオ」(1883)，ピリエ・ド・リラダンの「未来のイブ」(1886) などが代表的である．「未来のイブ」では，図 1.2 に示すような美女ロボット「アダリ」が主人公エジソンのよきパートナーとして描かれている．本の挿絵には，ロボットの内部構造が詳細に描かれている．

また，1893 年に，ジョージ・モアが蒸気機関により足を動かし歩く「蒸気人間」を造ったと記録されている．2 足歩行ロボットがすでに 100 年前に実現していたのかと驚かされるが，実際は腰が棒で支えられていたとのことである．

20 世紀に入り，1920 年にチェコの作家カレル・チャペックが SF 戯曲「ロッサム・ユニバーサル・ロボット会社 (R.U.R)」を発表した．これがロボットの語源であり，「働く人」などの意味をもつ．その内容は，ロボットに労働者や兵隊の役割などをさせるうちに，ロボットが感情をもつようになり，最後には人間を滅ぼしてしまうというものである．「未来のイブ」とは反対に，ロボットは人間にとって危険なものとして描かれている．

1950 年には，アイザック・アシモフによって書かれた小説「われはロボット」

において次のようなロボット3原則が提唱されている．

第1条　ロボットは人間に危害を加えてはならない．また，その危険を看過することによって人間に危害を及ぼしてはならない．

第2条　ロボットは人間から与えられた命令に服従しなければならない．ただし，与えられた命令が，第1条に反する場合は，その限りでない．

第3条　ロボットは，第1条および第2条に反する恐れのない限り，自己を守らなければならない．

（小尾芙佐訳「われはロボット」より）

これらは，ロボットと人間のかかわり方の原則を述べたものであるが，たとえば，「ロボット」を科学技術，「人間」を広く人間を含めた生物や環境と置き換えれば，1つの工学倫理として解釈することも可能である．

一方，わが国では，鉄腕アトムやガンダムなど空想科学漫画やアニメの世界に多くのロボットが登場している．1951年に手塚治虫氏により発表された「鉄腕アトム」は代表的な人間型ロボットであり，今日のロボット研究に大きな影響を与えている．物語のなかでは，鉄腕アトムの誕生は西暦2003年とされている．ASIMO（図1.3）やSDR-4Xなどの人間型2足歩行ロボットの開発は，鉄腕アトムがまったくの夢物語ではないことを感じさせるものである．

現実の世界においても，上記の人間型2足歩行ロボット(ヒューマノイド)のほかに，ペットロボット，警備用ロボット，展示用ロボット，清掃ロボットなど種々のロボットが開発され，身のまわりで働くロボットが増加しつつある．また，介護支援や災害救助などを目的とした人間親和型ロボット（ヒューマンフレンドリーロボット）の研究開発が進められている．

図1.3　ヒューマノイドロボットASIMO（ホンダ）

1.3　ロボットのしくみ

図 1.4 は日本機械工業連合会および日本ロボット工業会の先端ロボットに関する調査研究報告書から引用したものである．人間の機能を模倣する立場から描かれている．ロボットがうまく動くためには，人間のように，骨格，筋肉，感覚器，エネルギー源および頭脳が融合して機能する必要がある．この図では，頭脳に相当するコンピュータは頭部ではなく胸部に設置されている．ASIMO では，コンピュータは背中に置かれ，筋肉に相当するアクチュエータにはハーモニック減速

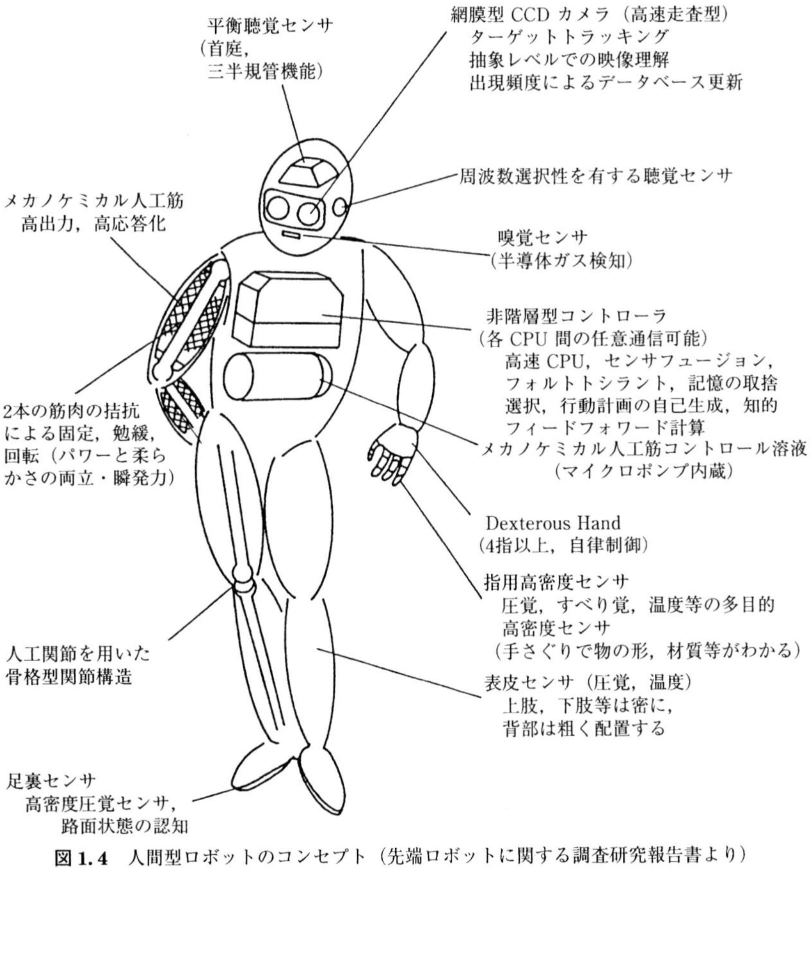

図 1.4　人間型ロボットのコンセプト（先端ロボットに関する調査研究報告書より）

機とACサーボモータが用いられている．人間の脳がいかに優れたものであるかということがわかる．また，人間の筋肉のように軽くて柔らかく，かつ大きなパワーを出せるアクチュエータの開発が望まれる．

ロボットを実現するためには，この他にも図中に書かれているようにいろいろな技術開発が必要である．先に述べたAIBOや猫ロボットなどのペットロボットには，なでたりたたいたりを検出するハプティック（触覚）インタフェースやステレオマイクを用いた聴覚センサが備えられ，人間とのコミュニケーション機能に重きが置かれている．

人間型ロボットやペットロボットの基本的なメカニズムは多くの産業用ロボットに含まれている．図1.5は代表的な産業用ロボットの1つである垂直多関節型ロボットを示す．人間の腰に直接に腕が取り付けられた構造をもち，肘，肩，腰の3軸まわりの回転によりハンド取付け部の空間における位置を決め，手先の3軸（縦，横，上下）まわりの回転により姿勢を決めることができる．合計6軸まわりの回転により3次元空間内の位置と姿勢を定めることができ，このようなロボットは6自由度をもつという．自動車生産工場における溶接作業や各部品の組み立て作業，グラインデ

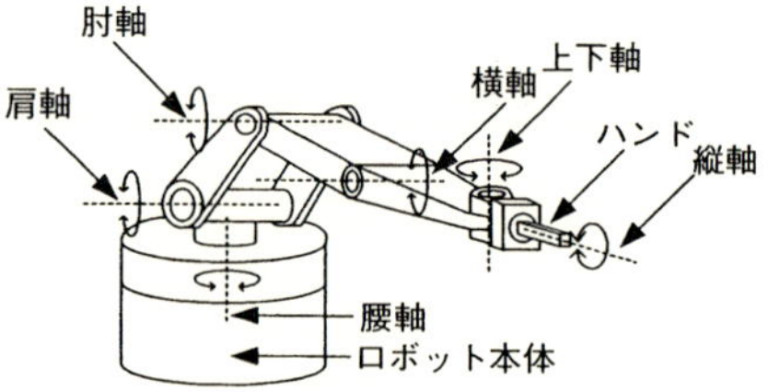

図1.5 垂直多関節型ロボットの基本構造

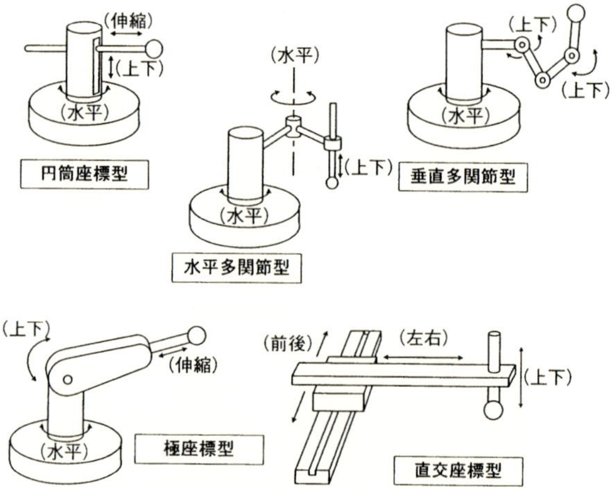

図1.6 種々の形式の産業用ロボット

ィングや研磨などの接触作業に用いられる.

垂直多関節型ロボットを含め図 1.6 に示すようないろいろな形式のロボットが用いられている. 直交座標型, 円筒座標型および極座標型ロボットはそれぞれの座標系と関係づければそれらの構造がよく理解できる. 世界で初めて実用された産業用ロボットはアメリカで 1962 年に製品化された極座標型のユニメートと円筒座標型のバーサトロンである. 水平多関節型ロボット（スカラロボット）は日本人が発明したロボットとして知られている. 自動車や家電製品の工場ではいろいろなロボットが動いているが, ほとんどのロボットは図 1.6 のどれかの形式に属する.

これらのロボットではそれぞれの軸の運動を制御することにより, それらの合成として全体の複雑な動きが生成される.

1.4　ロボットの機構

図 1.7 はロボットの関節軸を駆動するための基本的な動力伝達系を示す. サーボモータは, 2 足歩行ロボットやペットロボットでも使われているが, 電圧によって回転速度や出力トルクが自由に制御できるモータである. 歯車は減速機の役割をする. 歯数比（減速比）に反比例して回転速度が遅くなり, 歯数比に比例してトルクが大きくなる. 歩行ロボットなどで用いられているハーモニックドライ

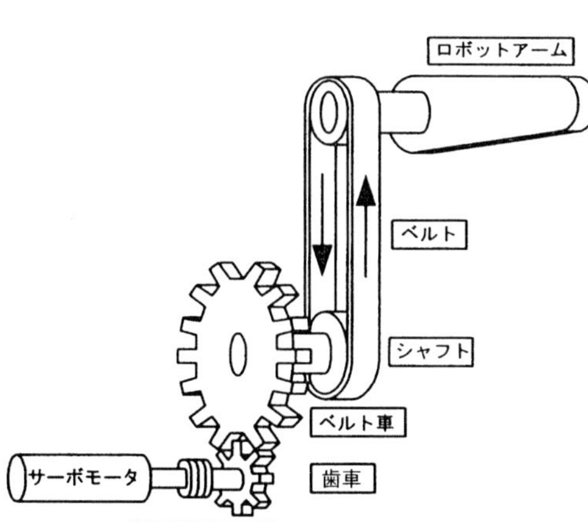

図 1.7　ロボットアームの駆動機構

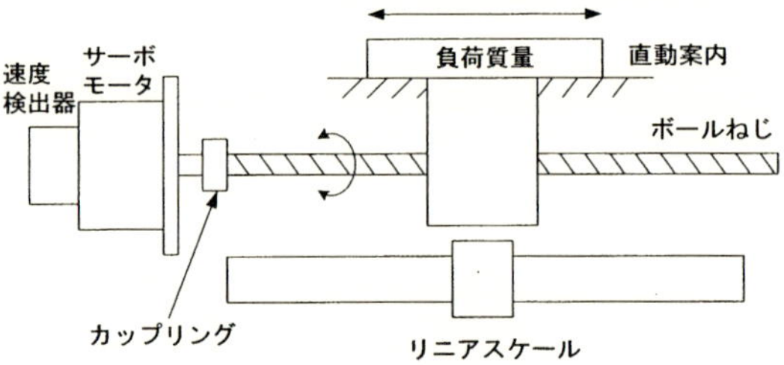

図 1.8　直線運動機構

ブ減速機は減速比が大きい特殊な減速機である．ベルトを用いた動力伝達はいろいろな機械で用いられている．ロボットでは，モータと駆動すべきロボットの腕（アーム）が離れている場合に用いられる．比較的重いモータや減速機などをロボット手元部に設置し，ベルトや糸を介して手先のアームや指を駆動する方法がよく利用される．図 1.5 のロボットの各軸は図 1.7 のような機構によって動かされている．また，ロボット制御系を構成するため，モータやアームの回転角度を検出するロータリエンコーダなどの角度検出器が取り付けられる．

図 1.6 における直交座標型ロボットの各軸の動き，円筒座標型ロボットや極座標型ロボットにおけるアームの伸縮などの直線運動は，一般に図 1.8 に示すようなボールねじを用いてサーボモータの回転運動を直線運動に変換する方法により実現される．図中のリニアスケールは位置検出に用いられるセンサである．リニアスケールから得られた位置信号は，コントローラへ入力されてフィードバック制御系が構成される．

これらの直線運動は，油圧シリンダや空気圧シリンダによっても容易に実現できる．また，最近では，電動リニアモータの研究が進み，ロボットにも徐々に利用されつつある．

1.5　ロボットの制御

図 1.9 はロボットの関節軸を制御するためのフィードバック制御系を示す．このような機械システムの運動を制御するためのフィードバック制御系をサーボ系と呼ぶ．コントローラは目標角度とセンサより検出された角度の制御誤差に応じてモータに与える電圧の大きさを決定する．この電圧の大きさに応じてモータの

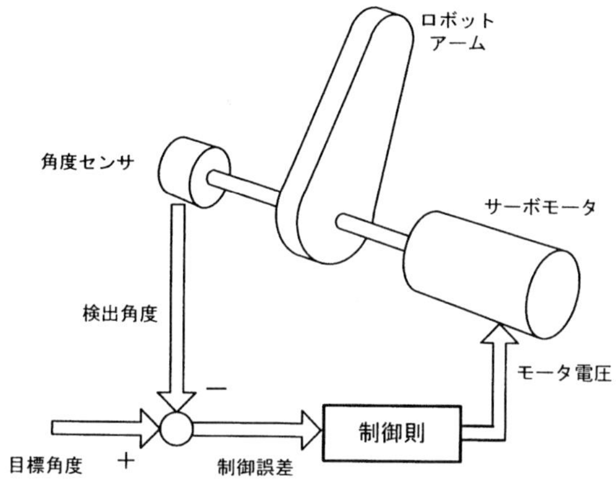

図 1.9　ロボットアームのフィードバック制御系

回転速度が決まる．目標角度との誤差が大きい場合にはモータは速く回転し，目標値を行き過ぎた場合にはモータは逆方向に回転する．誤差が0になるとモータは停止し，ロボットアームは目標位置に保持される．このような制御の方法がフィードバック制御と呼ばれる．

制御系の性能は，そこで用いられるモータの特性，アームの重量や負荷状態によって変化する．高性能なロボット制御系を構成するためにはアクチュエータやセンサの適正な選択とともに適切な制御理論を用いる必要がある．制御誤差に応じて適切なモータ電圧（制御入力）を計算する方法が制御則と呼ばれ，制御則を決定するためいろいろな制御理論を用いることができる．

現在，基本的なPID制御から，ロボットの種々の状態変化に対応できる適応制御，人間の知識を利用したファジィ制御，生体の神経回路を模倣したニューラルネットワーク制御など，コンピュータを用いた知能的制御理論が利用できる状況になっている．

1.6　ロボットの働く場所

製造業におけるロボットの用途は多岐にわたり，工作機械へのワークの着脱，溶接，塗装，組み立て，無人搬送，検査などに利用されている．非製造業では，果実収穫などの農業用ロボット，カツオ釣りなどの水産業用ロボット，床仕上げや壁面作業などの建設用ロボット，搾乳などの酪農業用ロボットなど，多くの分野においてロボットの導入が進みつつある．

また，高齢化社会の到来に備え，医療・福祉分野へのロボットの導入が期待され，手術支援ロボットやリハビリテーション支援ロボット，生活支援ロボット，介護支援ロボットなどの研究開発が推進されている．さらに，各種ペットロボットなどのエンターテインメントロボットが商品化されている．これらのロボットは，人間を直接の作業対象とし，人間と身近な場所で動作するため人間に安全で優しいことが不可欠であり，従来の産業用ロボットとは異なる設計概念が求められる．

さらに，細管内移動やマイクロサージェリーのためのマイクロロボットや小惑星探査のための宇宙ロボットなど，ロボットの働く場所は無限に広がりつつある．

1.7 ロボット工学を学ぶためには

ロボット工学はきわめて幅広い学問であり，従来の機械工学や電気工学などの単一の学問分野だけで対応することは困難である．ロボット工学を学ぶためには，ロボットの機構や運動を記述するための力学の知識が必要であり，それらの数学的取り扱いは線形代数学が基礎となる．また，ロボットを構成するハードウェアとして各種機構要素やアクチュエータ・センサが重要であり，ロボットに所定の動作をさせるために制御理論が不可欠である．さらに，ロボットを効果的に運用するためには，それぞれの用途に適したロボットの形態や機能を選択する必要がある．このためには，現存するロボットや新たに開発するロボットを巧みに利用するための応用技術が重要である．本書は，これらのすべての内容をひととおり理解できる構成としている．

参考文献

1) 日本ロボット学会編：ロボット工学ハンドブック，コロナ社，1990.
2) 日本ロボット工業会編：ロボットハンドブック，日本ロボット工業会，2001.
3) 日経メカニカル・日経デザイン共同編集：*Robolution*，日経 BP 社，2001.

2. ロボットの力学

2.1 数 学 的 準 備

ロボットの運動や制御を工学的に取り扱う準備として，最初に基本的な数学的事項を記述する．ロボットの設計や解析に必要となる数学的事項はきわめて少なく，ほとんどが大学初年級の数学と力学に関する初等的知識で事足りる．本節では，それらの基本的事項について，特に，幾何学的，力学的観点からの応用を念頭において総括する．

2.1.1 ベクトルと行列

ロボットの力学を取り扱うには，幾何ベクトルと行列の基本的な操作に慣れておくことが望ましい．以下，特に断わりがない限り，ベクトルを取り扱う空間には右手直交座標系を設定する．

a. ベ ク ト ル

空間に1つのベクトル（vector）$\boldsymbol{a}$ があるとき，定められた右手直交座標系における，その成分表現は次のように記述される（図2.1参照）．

$$\boldsymbol{a}=(a_x, a_y, a_z)^T \tag{2.1}$$

ここで，a_x, a_y, a_z はそれぞれ，定められた右手直交座標系の x 軸，y 軸，z 軸に関する射影成分である．また，式(2.1)の右上添え字 T は転置（transpose）を意味する．ちなみに，平面ベクトルを扱う場合は，第3成分（z 軸への射影成分）がないものとして扱えばよい．

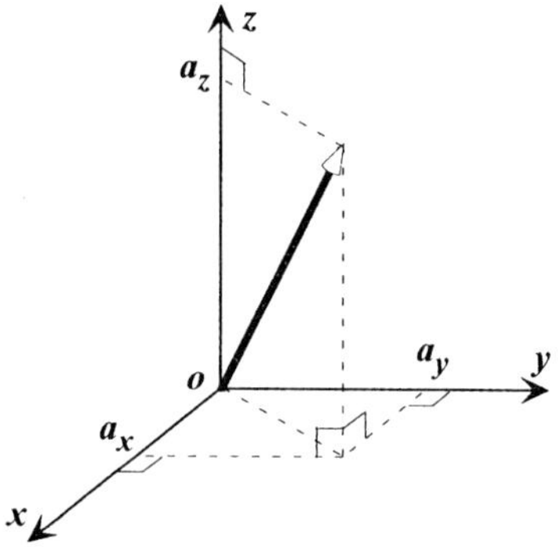

図2.1 ベクトルの成分表現

空間にベクトル $\boldsymbol{a}$ が与えられても，右手直交座標系の設定の仕方は無数にあるから，その成分表現はさまざまである．特に，幾何学量や物理量に対応するベクトルを扱う場合には，その量に適した座標系を設定するのが設計や解析に有効となる．

b. 内　　積

空間内の 2 つのベクトル $\boldsymbol{a}, \boldsymbol{b}$ に関する重要な演算を定義する．

最初に，2 つのベクトル $\boldsymbol{a}, \boldsymbol{b}$ の演算結果がスカラー値となる「内積」(inner product, scalar product) を定義する．

2 つのベクトル $\boldsymbol{a}, \boldsymbol{b}$ からなる内積は，$\boldsymbol{a}\cdot\boldsymbol{b}$ あるいは $<\boldsymbol{a},\boldsymbol{b}>$ などと記述され，ベクトル $\boldsymbol{a},\boldsymbol{b}$ のなす角度を θ としたとき，以下で定義される（ただし，θ は 0 以上 π 以下とする）．

$$\boldsymbol{a}\cdot\boldsymbol{b} = <\boldsymbol{a},\boldsymbol{b}> = \|\boldsymbol{a}\|\|\boldsymbol{b}\|\cos\theta \tag{2.2}$$

ここで，$\|*\|$ はベクトルの絶対値（ユークリッドノルム）を表している．

内積には次のような性質が成立する．

「性質」

1) $\boldsymbol{a}\cdot\boldsymbol{b} = \boldsymbol{b}\cdot\boldsymbol{a}$（交換則の成立）

2) $\boldsymbol{a}\cdot(\boldsymbol{b}+\boldsymbol{c}) = \boldsymbol{a}\cdot\boldsymbol{b}+\boldsymbol{a}\cdot\boldsymbol{c}$（分配則の成立）

特に，2 つのベクトルが直交するとき $\theta = \pi/2$ であるから，内積は 0 となる．

空間に 1 つの右手直交座標系を設定し，2 つのベクトル $\boldsymbol{a}, \boldsymbol{b}$ のこの座標系における成分表現をそれぞれ $\boldsymbol{a} = (a_x, a_y, a_z)^T$，$\boldsymbol{b} = (b_x, b_y, b_z)^T$ とするとき，内積の成分表現は次式で与えられる．

$$\boldsymbol{a}\cdot\boldsymbol{b} = a_x b_x + a_y b_y + a_z b_z \tag{2.3}$$

式 (2.3) の成分表現は，$\boldsymbol{a}^T\boldsymbol{b}$ あるいは $\boldsymbol{b}^T\boldsymbol{a}$ の結果と一致する．そこで，本文では以降，$\boldsymbol{a}, \boldsymbol{b}$ の内積を $\boldsymbol{a}^T\boldsymbol{b}$ と表現することにする（式 (2.2) と式 (2.3) とが等価であることは演習問題 1 とする）．また，N 次元空間の内積を取り扱う場合には，それぞれのベクトルの成分表現を $\boldsymbol{a} = (a_1, a_2, \cdots, a_N)^T$，$\boldsymbol{b} = (b_1, b_2, \cdots, b_N)^T$ とするとき，その内積は以下で与えられるとする．

$$\boldsymbol{a}^T\boldsymbol{b} = \boldsymbol{b}^T\boldsymbol{a} = \sum_{i=1}^{N} a_i b_i$$

内積の具体的応用としては，次のような例があげられる．

【例 2.1：平面の方程式】

空間内の点 A を含み，法線ベクトルが $\boldsymbol{n}$ であるような平面の方程式は，空間に設定された右手直交座標系の原点からみた点 A の位置ベクトルを $\boldsymbol{a}$ とし，平面上の任意の点 X の位置ベクトルを $\boldsymbol{x}$ とするとき，次式で与えられる．

$$\boldsymbol{n}^T(\boldsymbol{x}-\boldsymbol{a})=0 \quad \text{あるいは,} \quad \boldsymbol{n}^T\boldsymbol{x}=\boldsymbol{n}^T\boldsymbol{a}$$

【例 2.2：仕事率】

空間内にある質点が，ある時刻において力 $\boldsymbol{f}$ を受けて速度 $\boldsymbol{v}$ で運動しているとき，その仕事率（power）P は，次式で与えられる．

$$P=\boldsymbol{f}^T\boldsymbol{v}$$

c. 外　　積

2 つのベクトル $\boldsymbol{a}$, $\boldsymbol{b}$ の演算結果がベクトル量となる，「外積」を定義する．

2 つのベクトル $\boldsymbol{a}$, $\boldsymbol{b}$ からなる外積（outer product, vector product）は，$\boldsymbol{a}\times\boldsymbol{b}$ と記述され，ベクトル $\boldsymbol{a}$, $\boldsymbol{b}$ のなす角度を θ としたとき，その大きさが $\|\boldsymbol{a}\|\|\boldsymbol{b}\|\sin\theta$ となり，ベクトル $\boldsymbol{a}$, $\boldsymbol{b}$ の作る平面に垂直な方向をもつベクトル量として，以下で定義される（ただし，θ は 0 以上 π 以下とする）．

$$\boldsymbol{a}\times\boldsymbol{b}=\|\boldsymbol{a}\|\|\boldsymbol{b}\|\sin\theta\boldsymbol{k} \tag{2.4}$$

ここで，$\boldsymbol{k}$ は単位ベクトル（$\|\boldsymbol{k}\|=1$）であり，$\boldsymbol{k}$ の方向は $\boldsymbol{a}$, $\boldsymbol{b}$, $\boldsymbol{k}$ の順に右手系を構成する（図 2.2 参照）．

外積には次のような性質が成立する．

「性質」

1) $\boldsymbol{a}\times\boldsymbol{b}=-\boldsymbol{b}\times\boldsymbol{a}$（積の順を変えると符号が反転）

2) $\boldsymbol{a}\times(\boldsymbol{b}+\boldsymbol{c})=\boldsymbol{a}\times\boldsymbol{b}+\boldsymbol{a}\times\boldsymbol{c}$（分配則の成立）

特に，2 つのベクトルが平行であるとき $\theta=0$ あるいは π であるから，外積の値は $\boldsymbol{0}$（ゼロベクトル）となる．

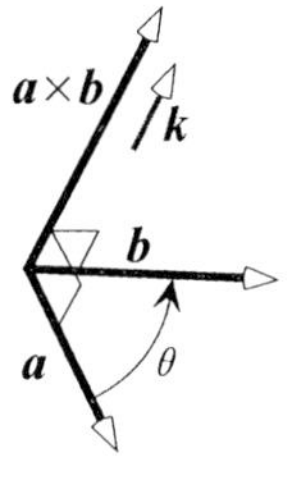

図 2.2　ベクトルの外積

空間に 1 つの右手直交座標系を設定し，2 つのベクトル $\boldsymbol{a}$, $\boldsymbol{b}$ のこの座標系における成分表現をそれぞれ，$\boldsymbol{a}=(a_x, a_y, a_z)^T$，$\boldsymbol{b}=(b_x, b_y, b_z)^T$ とするとき，外積の成分表現は次式で与えられる．

$$\boldsymbol{a}\times\boldsymbol{b}=\begin{pmatrix} a_yb_z-a_zb_y \\ a_zb_x-a_xb_z \\ a_xb_y-a_yb_x \end{pmatrix}=(a_yb_z-a_zb_y,\ a_zb_x-a_xb_z,\ a_xb_y-a_yb_x)^T \tag{2.5}$$

式（2.5）は，内積の成分表現である式（2.3）に比べて複雑に見えるが，

$\boldsymbol{a}\times\boldsymbol{b}$ の x 成分には $\boldsymbol{a}$, $\boldsymbol{b}$ の x 成分が現れず，y 成分には $\boldsymbol{a}$, $\boldsymbol{b}$ の y 成分が現れず，z 成分には $\boldsymbol{a}$, $\boldsymbol{b}$ の z 成分が現れないことに着目すれば，x, y, z の順に輪環形をなしており，記憶しやすい（式（2.4）と式（2.5）とが等価であることは演習問題2とする）.

外積の具体的応用としては，以下のような例があげられる.

【例 2.3：はりに作用するモーメント】

一端 O を完全固定されたはりの先端 P に外力 $\boldsymbol{F}$ が作用するとき，$\overrightarrow{OP}=\boldsymbol{r}$ とすると，外力 $\boldsymbol{F}$ により，このはりに作用する点 O まわりのモーメント $\boldsymbol{N}$ は次式で与えられる.

$$\boldsymbol{N}=\boldsymbol{r}\times\boldsymbol{F} \tag{2.6}$$

ベクトルの成分表現を行う右手座標系として，図 2.3 のような x, y, z 軸を設定すると，$\boldsymbol{N}$ の x 成分が x 軸まわりのモーメント（曲げモーメント），$\boldsymbol{N}$ の y 成分が y 軸まわりのモーメント（ねじりモーメント），$\boldsymbol{N}$ の z 成分が z 軸まわりのモーメント（曲げモーメント）を表すことになる．なお，材料力学では習慣上，モーメントを記号 M で表すことが多いが，動力学分野では質量の記号として M を使用するので，混同を避けるためにモーメントを記号 N で表すことが多い.

【例 2.4：回転する剛体上の並進速度】

3 次元空間内で回転運動を行っている剛体は，いかに複雑な回転運動を行っていようとも，ある瞬間には唯一の回転軸のみが存在する（オイラーの定理）．ある瞬間に決定される回転軸が同じであっても回転する速さは異なるから，この瞬間の剛体の回転運動を特徴づける量は回転軸の方向とその大きさとで表現されるベクトルになる．このベクトルを**角速度ベクトル**と呼び，通常 $\boldsymbol{\omega}$ で表す．$\boldsymbol{\omega}$ は回転する剛体に固有のベクトル量であり，時々刻々その方向と大きさが変化する.

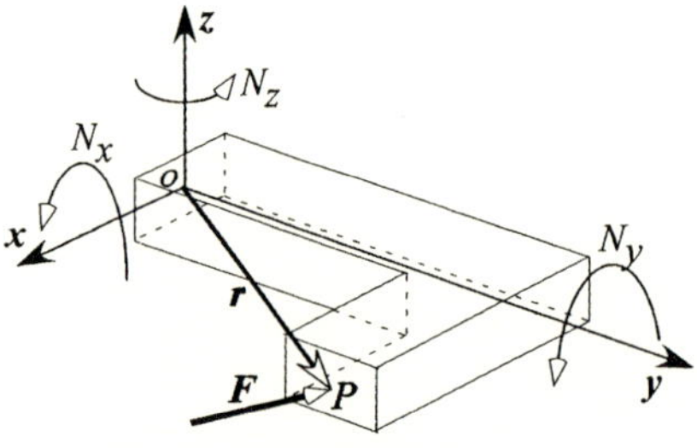

図 2.3　はりに作用するモーメント

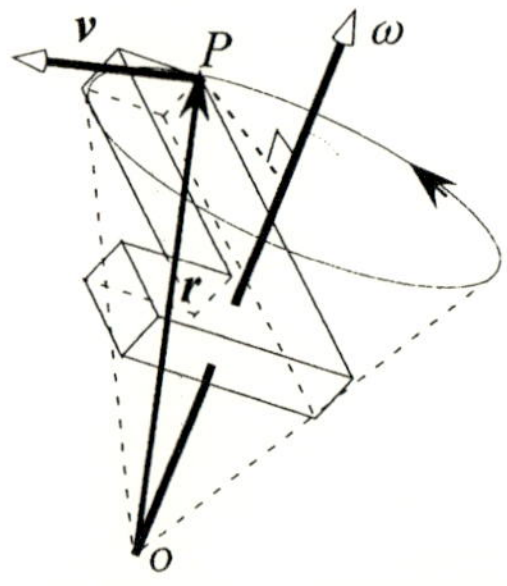

図 2.4　角速度ベクトルと並進速度の関係

ある瞬間に回転する剛体の角速度ベクトル$\boldsymbol{\omega}$がわかっているとき，剛体上の点Pに発生する並進速度$\boldsymbol{v}$は下式で与えられる．ただし，瞬間回転軸上に点Oを設定して，$\overrightarrow{OP}=\boldsymbol{r}$としている（図2.4参照）．

$$\boldsymbol{v}=\frac{d\boldsymbol{r}}{dt}=\boldsymbol{\omega}\times\boldsymbol{r} \tag{2.7}$$

上の関係式は，剛体の角速度ベクトル$\boldsymbol{\omega}$が与えられると，剛体上の任意の点の並進速度$\boldsymbol{v}$が決定されることを示している．逆に，剛体上のある点の位置ベクトル$\overrightarrow{OP}=\boldsymbol{r}$と並進速度$\boldsymbol{v}$とが与えられても剛体の角速度ベクトル$\boldsymbol{\omega}$を一意に決定することはできない．

d. 行　　列

ここでは，ロボットの運動学や力学を取り扱うのに必要となるn次実正方行列Aに関する基本的な事項をまとめる．

1) 行列（matrix）Aの行列式$|A|$（あるいは，det（A）とも記す）の値が0でないとき，行列Aは正則（regular，nonsingular）であるといい，その値が0であるとき特異（singular）であるという．
2) 行列Aが正則であるとき，その逆行列が存在してこれをA^{-1}と表記する．
3) n次正方行列$A=(a_{ij})$が$A^T=A$あるいは$a_{ij}=a_{ji}$となるとき，行列Aを対称行列（symmetric matrix）という．
4) 性質　$A^TA=AA^T=E$（E：単位行列）をもつ行列Aを直交行列（orthogonal matrix）という．直交行列にはベクトルの内積を変えない性質がある（演習問題3）．

2.1.2 座標変換と回転行列

ロボットアーム全体やロボットの手先部は，通常，3次元空間内を自由に動いたり，その手先位置を所望の場所に移動して所望の姿勢になることが求められる．そこで，まず，単一剛体（変形しないとした物体）の位置と姿勢とを明確に表現することが必要となる．単一剛体の位置と姿勢とを表現する手法は従来より数多く提案されてきているが，ここでは最も一般的に用いられている回転行列を使用する表現法に関して説明を行う．本表現法は，ロボット工学のみならず，航空機や自動車の運動を論じる場合にもしばしば登場するものである．

まず，3次元空間内にあらかじめ設定した右手直交座標系において，単一剛体の位置と姿勢とを唯一に表現することを考える．そこで，あらかじめ設定した基準となる右手直交座標系を ${}^0\Sigma(O-{}^0x{}^0y{}^0z)$ と表し，単一剛体上に設定した右手直交座標系を ${}^B\Sigma(B-{}^Bx{}^By{}^Bz)$ と表すことにする．ここで，B は単一剛体上に適当に定めた原点であり，${}^Bx$ 軸，${}^By$ 軸，${}^Bz$ 軸は，この剛体と一緒に運動することになる（図 2.5 参照）．

結局，単一剛体が基準座標 ${}^0\Sigma$ に対してどのような位置と姿勢にあるかを明確にするためには，単一剛体上に設定した座標 ${}^B\Sigma$ の基準座標 ${}^0\Sigma$ に対する関係を表現すればよい．まず，最初にわかることは，剛体の原点 B が基準座標の原点 O に対してベクトル $\overrightarrow{OB}$ 分だけ平行（並進）移動した位置にあることである．すなわち，${}^0\Sigma$ の座標軸は互いに平行を保ったまま，原点 O をベクトル $\overrightarrow{OB}$ 分だけ移動すれば，原点 O を原点 B に一致させることができる．つまり，2 つの座標系の間の位置の関係は，ベクトル $\overrightarrow{OB}$ で特徴づけられることになる．

次に，2 つの座標系間の姿勢の関係を考える．姿勢だけに着目するために，原点 O は平行移動されて原点 B に一致している状態を考える（図 2.6 参照）．図に示すように，${}^Bx$ 軸，${}^By$ 軸，${}^Bz$ 軸のそれぞれの方向の単位ベクトルを $\boldsymbol{e}_x, \boldsymbol{e}_y, \boldsymbol{e}_z$ とする．これらの単位ベクトルを元の基準座標系 ${}^0\Sigma$ に対して成分表現を行い，行列形式にまとめた次の行列 ${}^0\boldsymbol{R}_B$ を，**回転行列**（rotation matrix）あるいは**座標変換行列**と呼ぶ．

$$ {}^0\boldsymbol{R}_B = ({}^0\boldsymbol{e}_x \ \ {}^0\boldsymbol{e}_y \ \ {}^0\boldsymbol{e}_z) \tag{2.8} $$

通常，ロボット工学では，行列 $\boldsymbol{R}$ の左上添え字として成分表現を行う座標系

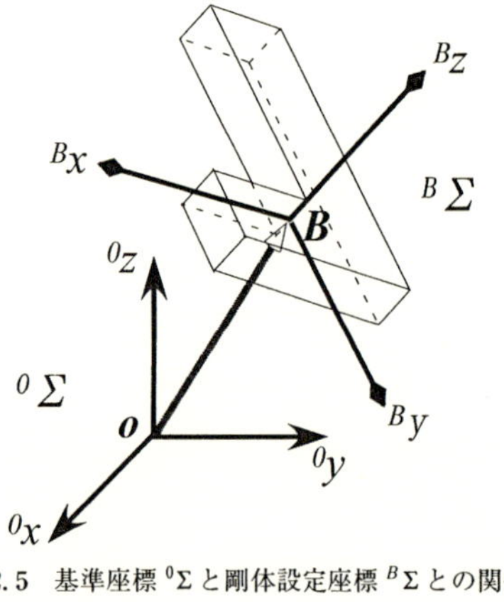

図 2.5　基準座標 ${}^0\Sigma$ と剛体設定座標 ${}^B\Sigma$ との関係

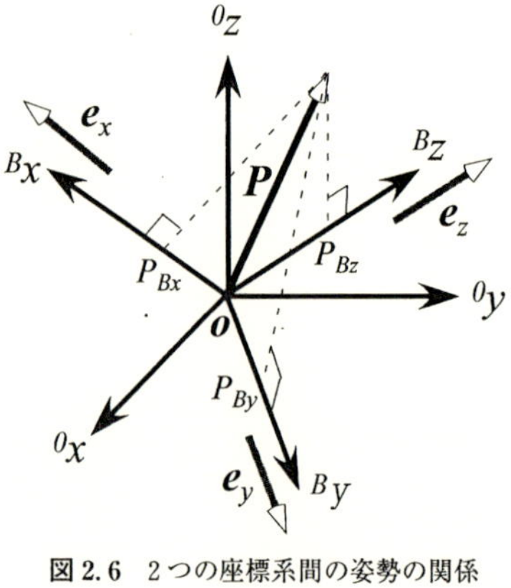

図 2.6　2 つの座標系間の姿勢の関係

の記号（この場合，0）を付し，右下添え字として表現する単位ベクトルの座標系の記号（この場合，B）を付すことが多い．

ここで，3次元空間内の任意の方向ベクトルを$\boldsymbol{P}$とする．ベクトル$\boldsymbol{P}$を剛体に設定した${}^{B}x$軸，${}^{B}y$軸，${}^{B}z$軸のそれぞれの方向の単位ベクトル$\boldsymbol{e}_x, \boldsymbol{e}_y, \boldsymbol{e}_z$の和として表現すると，それぞれの軸への射影成分を$P_{Bx}, P_{By}, P_{Bz}$として，次のように表される．

$$\boldsymbol{P} = P_{Bx}\boldsymbol{e}_x + P_{By}\boldsymbol{e}_y + P_{Bz}\boldsymbol{e}_z \tag{2.9}$$

この射影成分P_{Bx}, P_{By}, P_{Bz}は，ベクトル$\boldsymbol{P}$の剛体設定座標系${}^{B}\Sigma$における成分表現 ${}^{B}\boldsymbol{P} = (P_{Bx}, P_{By}, P_{Bz})^T$ に他ならない．さらに，ベクトル$\boldsymbol{P}$の基準座標系${}^{0}\Sigma$に関する成分表現は，${}^{0}x$軸，${}^{0}y$軸，${}^{0}z$軸に射影した成分をP_{0x}, P_{0y}, P_{0z}とすると，

$${}^{0}\boldsymbol{P} = (P_{0x}, P_{0y}, P_{0z})^T$$

と表される．ところで，式（2.9）のベクトルに関する等式は基準座標系${}^{0}\Sigma$表現においても成立するから，成分表現に関して次の関係式が成り立つ．

$${}^{0}\boldsymbol{P} = P_{Bx}\,{}^{0}\boldsymbol{e}_x + P_{By}\,{}^{0}\boldsymbol{e}_y + P_{Bz}\,{}^{0}\boldsymbol{e}_z = ({}^{0}\boldsymbol{e}_x\ \ {}^{0}\boldsymbol{e}_y\ \ {}^{0}\boldsymbol{e}_z)^{B}\boldsymbol{P} \tag{2.10}$$

式（2.8）と式（2.10）より，任意のベクトル$\boldsymbol{P}$の基準座標系${}^{0}\Sigma$表現と剛体設定座標系${}^{B}\Sigma$表現との間に次の関係式が成り立つことがわかる．

$${}^{0}\boldsymbol{P} = {}^{0}R_B\,{}^{B}\boldsymbol{P} \tag{2.11}$$

${}^{0}R_B$を回転行列と呼ぶのは，直交座標系全体を原点を中心として回転させる幾何学的イメージによる．また，座標変換行列とも呼ぶのは，式（2.11）に見られるように，2つの座標系の間の成分表現を変換する役目を担っているからである．

この回転行列に関して次の性質が成り立つ．

「性質」　${}^{0}R_B{}^{T}\,{}^{0}R_B = E$（$E$：単位行列），あるいは${}^{0}R_B{}^{T} = {}^{0}R_B{}^{-1}$

本性質は2.2.1項で述べたように，回転行列が直交行列となっていることを示している(「性質」の導出は演習問題4)．また，式(2. 11）より，${}^{0}R_B{}^{-1}\ {}^{0}\boldsymbol{P} = {}^{B}\boldsymbol{P}$であるから，基準座標系${}^{0}\Sigma$から剛体座標系${}^{B}\Sigma$への座標変換行列（回転行列）を${}^{B}R_0$と記述することにすると，${}^{B}R_0 = {}^{0}R_B{}^{-1}$．ここで，「性質」を利用すると，${}^{B}R_0 = {}^{0}R_B{}^{T}$．すなわち，基準座標系${}^{0}\Sigma$から剛体座標系${}^{B}\Sigma$への座標変換行列${}^{B}R_0$は，剛体座標系${}^{B}\Sigma$から基準座標系${}^{0}\Sigma$への座標変換行列${}^{0}R_B$を転置した行列に等しい．

さらに，原点を共有する複数の右手直交座標系 ${}^0\Sigma, {}^1\Sigma, \ldots, {}^N\Sigma$ に対して，座標系 ${}^{i+1}\Sigma$ から座標系 ${}^i\Sigma$ への座標変換行列を ${}^iR_{i+1}$ と記述することにすると，任意のベクトル $\boldsymbol{P}$ に対して，${}^i\boldsymbol{P} = {}^iR_{i+1}\,{}^{i+1}\boldsymbol{P}\,(i = 0, 1, 2, \ldots, N-1)$．これより，${}^0\boldsymbol{P}$ と ${}^i\boldsymbol{P}$ との関係は以下のように記述される．

$$ {}^0\boldsymbol{P} = {}^0R_1\,{}^1R_2 \cdots {}^{i-1}R_i\,{}^i\boldsymbol{P} \tag{2.12} $$

特に，座標系 ${}^i\Sigma$ から座標系 ${}^0\Sigma$ への座標変換行列を ${}^0R_i$ と記述することにすると，${}^0R_i = {}^0R_1\,{}^1R_2 \cdots {}^{i-1}R_i$ の関係式が得られる．

回転行列は3行3列の行列であるため9個の成分をもっているが，実は独立な成分は3個のみである．回転行列は3つの直交する単位ベクトル $\boldsymbol{e}_x, \boldsymbol{e}_y, \boldsymbol{e}_z$ から構成されているが，単位の条件が3つあり，直交の条件が3つあることにより，独立な成分は（9－3－3＝3）となるためである．また，力学的には剛体の姿勢を決定する変数が3でよいことを考えると，納得がいくはずである．

以上をまとめると，3次元空間内の右手直交座標系 ${}^0\Sigma(O - {}^0x\,{}^0y\,{}^0z)$ と別の右手直交座標系 ${}^B\Sigma(B - {}^Bx\,{}^By\,{}^Bz)$ との間には，原点 O と原点 B の平行移動分のベクトルのずれと，原点を一致させた後の座標系間の姿勢のずれがある．回転関節が距離を置いて複数個連結された構造をもつロボットアームのような機構の設計や解析には，関節間の距離ベクトルの表現とアームに設定した座標系の姿勢の表現とが重要な意味をもつ．ロボットアームを題材にした運動学に関する詳細は2.2節で述べるが，位置ベクトルと回転行列を一度に扱う表現法としては，Denavit–Hartenbergの表記法（通称，DH法）と呼ばれる表記法をもとに，同次変換行列（homogeneous transformation）を使用して記述する手法が知られている．本手法は，ロボット工学の教科書や文献において広く用いられてきた手法であるが，初学者にとって必ずしも必須の知識ではないと判断し，割愛する（興味のある読者は参考文献5)，6）を見られたい）．

最後に，回転している（角速度ベクトルを有する）座標系で表現した，任意のベクトル $\boldsymbol{P}$ の時間微分に関する重要な関係式を示す．式（2.8）～(2.11）の関係を前提にして，基準座標系 ${}^0\Sigma$ に対して，剛体座標系 ${}^B\Sigma$ が角速度ベクトル $\boldsymbol{\omega}$ で回転運動をしている場合を考える．式（2.11）を時間 t で微分して下式を得る．

$$ \frac{d({}^0\boldsymbol{P})}{dt} = {}^0R_B\,\frac{d({}^B\boldsymbol{P})}{dt} + \frac{d({}^0R_B)}{dt}\,{}^B\boldsymbol{P} \tag{2.13} $$

式（2.13）の右辺第2項に関して，式（2.8）と ${}^B\boldsymbol{P} = (P_{Bx}, P_{By}, P_{Bz})^T$ から次

の関係を得る.

$$\frac{d({}^0R_B)}{dt}\,{}^B\boldsymbol{P}=\frac{d\,{}^0\boldsymbol{e}_x}{dt}P_{Bx}+\frac{d\,{}^0\boldsymbol{e}_y}{dt}P_{By}+\frac{d\,{}^0\boldsymbol{e}_z}{dt}P_{Bz} \tag{2.14}$$

ところが，式 (2.7) の関係があるから，式 (2.14) は式 (2.10) の関係式を使って，次のように記述できる.

$$\begin{aligned}\frac{d({}^0R_B)}{dt}\,{}^B\boldsymbol{P}&=({}^0\boldsymbol{\omega}\times{}^0\boldsymbol{e}_x)P_{Bx}+({}^0\boldsymbol{\omega}\times{}^0\boldsymbol{e}_y)P_{By}+({}^0\boldsymbol{\omega}\times{}^0\boldsymbol{e}_z)P_{Bz}\\&={}^0\boldsymbol{\omega}\times({}^0\boldsymbol{e}_xP_{Bx}+{}^0\boldsymbol{e}_yP_{By}+{}^0\boldsymbol{e}_zP_{Bz})={}^0\boldsymbol{\omega}\times{}^0\boldsymbol{P}\end{aligned} \tag{2.15}$$

これより，式 (2.13) は次式で表される.

$$\frac{d({}^0\boldsymbol{P})}{dt}={}^0R_B\frac{d({}^B\boldsymbol{P})}{dt}+{}^0\boldsymbol{\omega}\times{}^0\boldsymbol{P} \tag{2.16}$$

式 (2.16) に左から ${}^BR_0$ を乗じて，以下の最終の関係式を得る.

$$\begin{aligned}{}^BR_0\frac{d({}^0\boldsymbol{P})}{dt}&={}^B\!\left(\frac{d({}^0\boldsymbol{P})}{dt}\right)=\frac{d({}^B\boldsymbol{P})}{dt}+{}^BR_0({}^0\boldsymbol{\omega}\times{}^0\boldsymbol{P})\\&=\frac{d({}^B\boldsymbol{P})}{dt}+{}^B\boldsymbol{\omega}\times{}^B\boldsymbol{P}\end{aligned} \tag{2.17}$$

式 (2. 17) では，${}^BR_0$ が直交行列であることから，${}^BR_0({}^0\boldsymbol{\omega}\times{}^0\boldsymbol{P})={}^B\boldsymbol{\omega}\times{}^B\boldsymbol{P}$ の関係式を利用している (演習問題 5). 式 (2.17) は，任意のベクトル $\boldsymbol{P}$ の時間微分を回転する座標系 ${}^B\Sigma$ で表現する場合，座標系 ${}^B\Sigma$ で表現したベクトル ${}^B\boldsymbol{P}$ を時間微分した項に加えて，${}^B\boldsymbol{\omega}\times{}^B\boldsymbol{P}$ の項も付加されることを示している. 本関係式は，ロボットの運動を厳密に論じる場合に重要となる.

【例 2.5：基準軸まわりの座標系の回転と回転行列】

基準座標系 ${}^0\Sigma(O-{}^0x{}^0y{}^0z)$ を設定し，この ${}^0x$ 軸まわりにのみ θ だけ回転させた新たな座標系を ${}^A\Sigma(O-{}^Ax{}^Ay{}^Az)$ とする. 同様に，${}^0y$ 軸まわりにのみ θ だけ回転させた新たな座標系を ${}^B\Sigma(O-{}^Bx{}^By{}^Bz)$ とし，${}^0z$ 軸まわりにのみ θ だけ回転させた新たな座標系を ${}^C\Sigma(O-{}^Cx{}^Cy{}^Cz)$ とする. このとき，座標系 ${}^A\Sigma$ から基準座標系 ${}^0\Sigma$ への回転行列 ${}^0R_A$，座標系 ${}^B\Sigma$ から基準座標系 ${}^0\Sigma$ への回転行列 ${}^0R_B$，座標系 ${}^C\Sigma$ から基準座標系 ${}^0\Sigma$ への回転行列 ${}^0R_C$ をそれぞれ求めると，次のようになる (図 2.7 参照).

$${}^0R_A=\begin{pmatrix}1&0&0\\0&\cos\theta&-\sin\theta\\0&\sin\theta&\cos\theta\end{pmatrix},\quad {}^0R_B=\begin{pmatrix}\cos\theta&0&\sin\theta\\0&1&0\\-\sin\theta&0&\cos\theta\end{pmatrix},\quad {}^0R_C=\begin{pmatrix}\cos\theta&-\sin\theta&0\\\sin\theta&\cos\theta&0\\0&0&1\end{pmatrix}$$

各回転行列の列ベクトルが，${}^0\boldsymbol{e}_x, {}^0\boldsymbol{e}_y, {}^0\boldsymbol{e}_z$ の成分表現であることを確認して

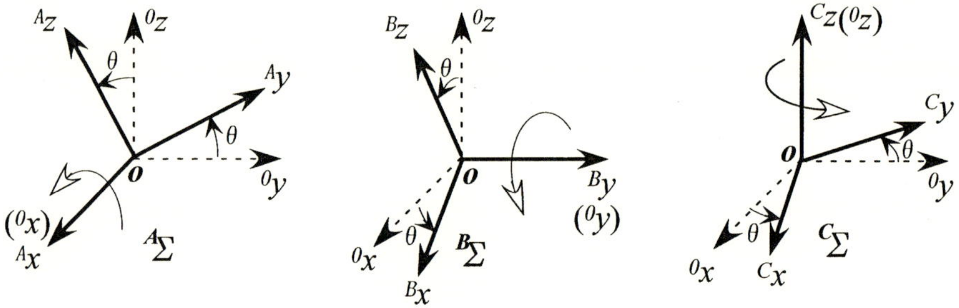

図 2.7　基準軸まわりの座標系の回転

ほしい.

【例 2.6：座標系の回転と回転行列の計算】

基準座標系 ${}^0\Sigma(O-{}^0x{}^0y{}^0z)$ の ${}^0z$ 軸まわりに α だけ回転させた新たな座標系を ${}^1\Sigma(O-{}^1x{}^1y{}^1z)$ とする．次に，座標系 ${}^1\Sigma$ の ${}^1x$ 軸まわりに β だけ回転させた新たな座標系を ${}^2\Sigma(O-{}^2x{}^2y{}^2z)$ とする．このとき，座標系 ${}^2\Sigma$ から基準座標系 ${}^0\Sigma$ への回転行列（座標変換行列）${}^0R_2$ を求める．${}^0R_1$ および ${}^1R_2$ は以下となる．

$$
{}^0R_1=\begin{pmatrix}\cos\alpha & -\sin\alpha & 0\\ \sin\alpha & \cos\alpha & 0\\ 0 & 0 & 1\end{pmatrix},\qquad {}^1R_2=\begin{pmatrix}1 & 0 & 0\\ 0 & \cos\beta & -\sin\beta\\ 0 & \sin\beta & \cos\beta\end{pmatrix}
$$

これより，
$$
{}^0R_2={}^0R_1{}^1R_2=\begin{pmatrix}\cos\alpha & -\sin\alpha & 0\\ \sin\alpha & \cos\alpha & 0\\ 0 & 0 & 1\end{pmatrix}\begin{pmatrix}1 & 0 & 0\\ 0 & \cos\beta & -\sin\beta\\ 0 & \sin\beta & \cos\beta\end{pmatrix}
$$
$$
=\begin{pmatrix}\cos\alpha & -\sin\alpha\cos\beta & \sin\alpha\sin\beta\\ \sin\alpha & \cos\alpha\cos\beta & -\cos\alpha\sin\beta\\ 0 & \sin\beta & \cos\beta\end{pmatrix}
$$

2.1.3　変数変換とヤコビ行列

n 次元ベクトル $\boldsymbol{x}=(x_1,x_2,\cdots,x_n)^T$ と m 次元ベクトル $\boldsymbol{y}=(y_1,y_2,\cdots,y_m)^T$ との間に，

$$
\boldsymbol{y}=\boldsymbol{f}(\boldsymbol{x})\quad すなわち，\ y_i=f_i(x_1,x_2,\cdots,x_n)\qquad (i=1,2,\cdots,m)\tag{2.18}
$$

なる関係が成立するとき，y_i の全微分は次式となる．

$$
dy_i=\frac{\partial y_i}{\partial x_1}dx_1+\frac{\partial y_i}{\partial x_2}dx_2+\cdots+\frac{\partial y_i}{\partial x_n}dx_n\qquad (i=1,2,\cdots,m)\tag{2.19}
$$

各 dx_i に付随する偏導関数を行列の成分として並べた，以下に示す $n \times m$ 行列を $\boldsymbol{y}$ の $\boldsymbol{x}$ に関するヤコビ行列（Jacobian matrix）という．

$$J(\boldsymbol{x}) = \begin{pmatrix} \frac{\partial y_1}{\partial x_1} & \frac{\partial y_1}{\partial x_2} & \cdots & \frac{\partial y_1}{\partial x_n} \\ \frac{\partial y_2}{\partial x_1} & \frac{\partial y_2}{\partial x_2} & \cdots & \frac{\partial y_2}{\partial x_n} \\ & \cdots & \cdots & \\ \frac{\partial y_m}{\partial x_1} & \frac{\partial y_m}{\partial x_2} & \cdots & \frac{\partial y_m}{\partial x_n} \end{pmatrix} \tag{2.20}$$

ヤコビ行列は多変数の関数関係に関して，その第1次近似である線形近似を表している．ロボットアームの場合，各関節の角度と手先の位置・姿勢とが関数関係をもつため，各関節の角度の変化が手先の位置・姿勢の変化に与える影響を考察したり，各関節が発生する力やモーメントと手先で生じる力やモーメントとの関係を論じたりする上で有用となる．詳細は，2.2 節および 2.3 節において述べる．

【例 2.7：3 次元空間における直交座標と極座標の関係】

3 次元空間内にある 1 点の右手直交座標系における座標を (x, y, z)，極座標における座標を (r, θ, φ) とすると，これらの変数間には次の関係がある（図 2.8 参照）．

$$x = r\sin\theta\cos\varphi,\quad y = r\sin\theta\sin\varphi,\quad z = r\cos\theta$$

全微分を計算すると，

$$dx = \sin\theta\cos\varphi dr + r\cos\theta\cos\varphi d\theta - r\sin\theta\sin\varphi d\varphi$$

$$dy = \sin\theta\sin\varphi dr + r\cos\theta\sin\varphi d\theta + r\sin\theta\cos\varphi d\varphi$$

$$dz = \cos\theta dr - r\sin\theta d\theta$$

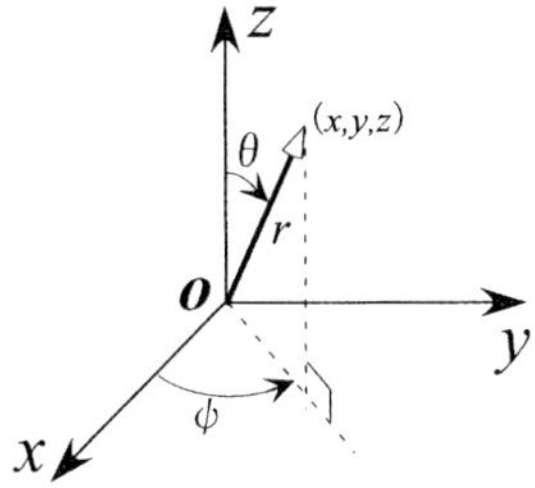

図 2.8 直交座標と極座標の関係

これより，直交座標の極座標に関するヤコビ行列 J は以下で表される．

$$J = \begin{pmatrix} \sin\theta\cos\varphi & r\cos\theta\cos\varphi & -r\sin\theta\sin\varphi \\ \sin\theta\sin\varphi & r\cos\theta\sin\varphi & r\sin\theta\cos\varphi \\ \cos\theta & -r\sin\theta & 0 \end{pmatrix}$$

特に，ヤコビ行列が正方行列の場合，その行列式をヤコビの行列式(Jacobian)あるいは関数行列式と呼ぶ．この例の場合，上の行列式を計算すると，

$$|J| = r^2\sin\theta$$

この場合，ヤコビの行列式は，極座標から直交座標への変数変換に対応する微小体積の比を表していると考えられる．

2.2 ロボットアームの運動学

ロボットアームの基本的な役割はその手先でさまざまな作業を行うことであるが，正確な作業の遂行にはアーム手先が所望の位置と姿勢に制御される必要がある．特に，産業用ロボットアームでは手先の位置精度や速度能力は重要な性能指標の1つとなっている．通常，ロボットアームは複数の関節からなり，1つの関節につきアクチュエータとその関節変位（回転角あるいは並進量）を検出するセンサとが備わっている．したがって，アーム手先を所望の位置や速度に制御するためには，まず，手先の位置や速度を実現するような関節変位と関節速度の組がわからなければならない．これは，ロボットアームの手先を特徴づける作業座標空間とロボットアームを構成する関節変位空間との関係を知ることである．ロボット工学ではこれらの関係をロボットアームの**運動学**（kinematics of robot arm）と呼んでいる．このような運動学的関係は，ロボットアームに限らず，ロボット脚のような多くの関節がつながったリンク機構を制御する場合にも必要となる．

2.2.1 位置と姿勢の運動学

対象とするロボットアームは，回転関節（rotational joint）あるいは並進関節（translational joint）が順に連結され，その一端が台座に固定され，他端が作業を行う手先の役割をしている．普通，ロボットアームの手先には作業を行うためのツールなどが取り付けられるため，その手先全体を手先効果器（エンドエフェクタ，end effector）と呼んでいる．その模式図を図2.9に示す．

台座の基準点をOとして，エンドエフェクタの着目点をPとする．また，連結された関節の関節中心を台座側から順に$J_i\ (i=1,2,\cdots,N)$とする．さらに，隣接する関節間のベクトルを$\overrightarrow{J_iJ_{i+1}}=\boldsymbol{l}_i\ (i=1,2,\cdots,N-1)$とし，$\overrightarrow{OJ_1}=\boldsymbol{l}_0$，$\overrightarrow{J_NP}=\boldsymbol{l}_N$と約束する．このとき，基準点$O$から着目点$P$までのベクトル$\overrightarrow{OP}$はベクトル和の関係より次式となる．

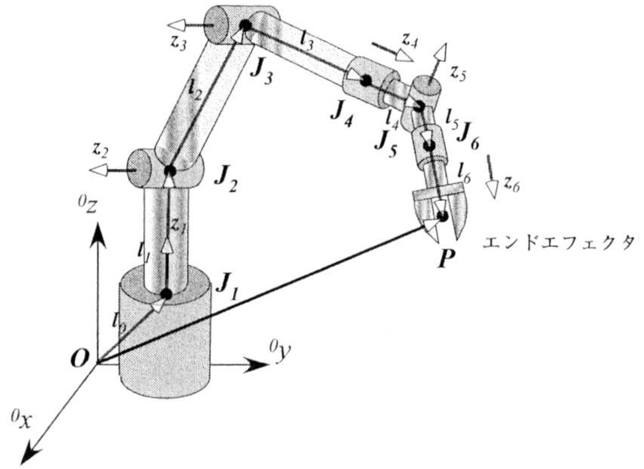

図 2.9 ロボットアームの模式図

$$\overrightarrow{OP} = \boldsymbol{l}_0 + \boldsymbol{l}_1 + \cdots + \boldsymbol{l}_N = \sum_{i=0}^{N} \boldsymbol{l}_i \tag{2.21}$$

さらに，ロボットアームを構成する複数の剛体リンクに関して，第 i 関節を基準として変位するリンクを第 i リンク $(i = 1, 2, \cdots, N)$ と呼ぶことにする．ここで，第 N リンクはエンドエフェクタそのものである．第 i リンクの上に右手直交座標系 ${}^{i}\boldsymbol{\Sigma}$ を設定する（普通，${}^{i}\boldsymbol{\Sigma}$ の原点は J_i とすることが多い）．第 $(i-1)$ リンクを基準にした第 i リンクの相対変位を q_i として，任意のベクトルの ${}^{i}\boldsymbol{\Sigma}$ から ${}^{i-1}\boldsymbol{\Sigma}$ への座標変換を回転行列 ${}^{i-1}R_i$ で表現する．すなわち，任意のベクトル $\boldsymbol{x}$ に対して次式が成り立つ．

$${}^{i-1}\boldsymbol{x} = {}^{i-1}R_i\, {}^{i}\boldsymbol{x} \tag{2.22}$$

ここで，相対変位 q_i が回転変位の場合，${}^{i-1}R_i$ は q_i を含む三角関数からなる直交行列となるが，相対変位 q_i が並進変位の場合，${}^{i-1}R_i$ は定数成分だけからなる直交行列として記述されることに注意する．

ロボットアームの手先の作業座標系が ${}^{0}\boldsymbol{\Sigma}$（台座の座標系）の場合，まず，手先の着目点 P を ${}^{0}\boldsymbol{\Sigma}$ で表現した位置ベクトル（位置座標）と相対変位 q_i との関係を求める必要がある．式（2.21）全体を ${}^{0}\boldsymbol{\Sigma}$ 座標系表現すると次式を得る．

$${}^{0}\overrightarrow{OP} = {}^{0}\boldsymbol{l}_0 + {}^{0}\boldsymbol{l}_1 + \cdots + {}^{0}\boldsymbol{l}_N = \sum_{i=0}^{N} {}^{0}\boldsymbol{l}_i \tag{2.23}$$

さらに，式（2.22）および式（2.12）の関係から，次の関係式を得る．

$$ {}^0\overrightarrow{OP} = {}^0\boldsymbol{l}_0 + {}^0R_1\,{}^1\boldsymbol{l}_1 + \cdots + {}^0R_N\,{}^N\boldsymbol{l}_N = \sum_{i=0}^{N} {}^0R_i\,{}^i\boldsymbol{l}_i \tag{2.24} $$

$$ {}^0R_i = {}^0R_1\,{}^1R_2 \cdots {}^{i-1}R_i \quad (i = 1, 2, \cdots, N) \tag{2.25} $$

式（2.24）は，手先着目点 P の位置座標 ${}^0\overrightarrow{OP} = (x,\ y,\ z)^T$ と相対変位 q_i との関係式を表している．式（2.24）の ${}^i\boldsymbol{l}_i$ は第 i リンク座標系 ${}^i\Sigma$ におけるベクトル表現であるから，相対変位 q_i が回転変位の場合，定数ベクトルとなる．特に，相対変位 q_i が並進変位の場合は並進方向にのみ q_i を含むベクトルとなる．また，${}^0\Sigma$（台座の座標系）を基準にしたロボットアームの手先の姿勢表現は，式（2.25）において $i = N$ とした座標変換行列 ${}^0R_N$ そのものである．

以上をまとめると，隣接する関節間のベクトル ${}^i\boldsymbol{l}_i$ が既知の場合，式（2.25）の q_i に関する座標変換行列をすべて求めて，式（2.24）の具体的な関係式が得られる．この手順は，空間運動を行うロボットアームの手先位置 $(x,\ y,\ z)^T$ とその姿勢表現 ${}^0R_N$ を得ることのできる一般的な方法である．ロボット工学では，関節の相対変位 q_i を与えた場合に，手先位置と手先姿勢を求める問題を**順運動学**（direct kinematics）問題と呼び，逆に，手先位置と手先姿勢を与えた場合に，関節の相対変位 q_i を求める問題を**逆運動学**（inverse kinematics）問題と呼んでいる．順運動学と逆運動学の関係を図 2.10 に示す．

3 次元空間におけるロボットアームの運動学問題を取り扱う場合には，上記の手法が一般的であるが，平面運動のみを行うロボットアームの場合には，その位置や姿勢の関係は簡単な幾何学的関係により求められる．その例を次に示す．

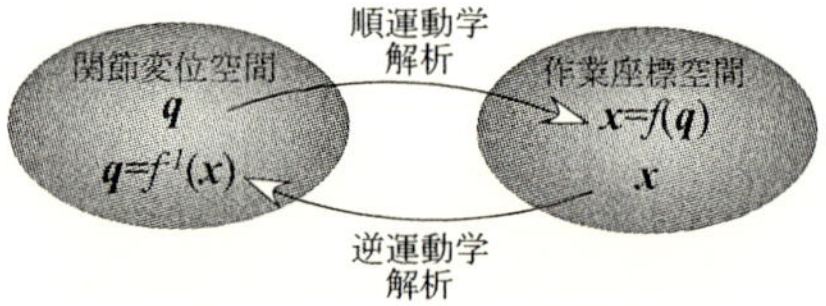

図 2.10　順運動学と逆運動学の関係

【例 2.8：平面 3 関節ロボットの運動学関係】

図 2.11 に示すように，第 1 関節が回転関節，第 2 関節が並進（伸縮）関節，第 3 関節が回転関節からなり，平面内を運動するロボットアームを対象とする．作業座標系は，第 1 関節の回転中心 J_1 を原点 O とする直交座標 $(O - xy)$ とする．第 1 関節の x 軸からの回転変位を q_1，第 2 関節の基準点

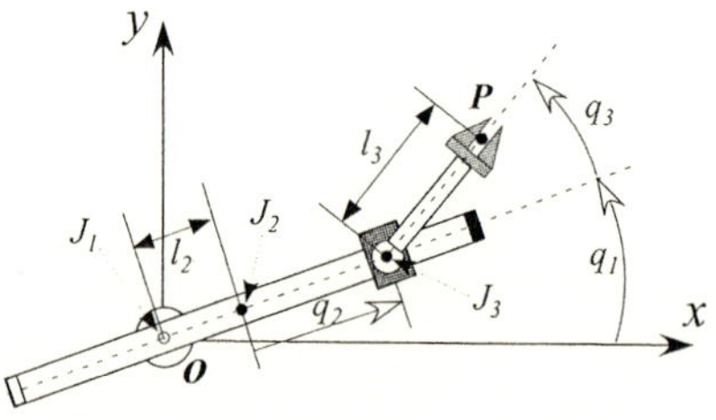

図 2.11　平面 3 関節ロボットのモデル

J_2（J_1 から l_2 の位置）からの並進変位を q_2，第 3 関節の第 2 リンク直進線からの回転変位を q_3 とする．また，手先（第 3 リンク）の着目点 P は第 3 関節中心 J_3 から l_3 の距離にある．着目点 P の座標を (x, y)，手先の姿勢（角度）を α とすると，幾何学的関係より次の関係式を得る．

$$x = (l_2 + q_2)\cos q_1 + l_3 \cos(q_1 + q_3) \tag{2.26}$$

$$y = (l_2 + q_2)\sin q_1 + l_3 \sin(q_1 + q_3) \tag{2.27}$$

$$\alpha = q_1 + q_3 \tag{2.28}$$

l_2, l_3 を既知とすると，q_1，q_2，q_3 が与えられれば，上式より (x, y, α) は一意に決定される（順運動学問題の解決）．逆に，(x, y, α) が与えられた場合，q_1，q_2，q_3 の組を決定するのが逆運動学問題である．一般に，ロボットアームの逆運動学問題は，関係式の構造や幾何学的構造に着目して解決される場合が多い．

この例の場合，次のような解決法が見出される．まず，式（2.28）を式（2.26）および式（2.27）に代入して，q_3 を消去すると次式を得る．

$$x - l_3 \cos\alpha = (l_2 + q_2)\cos q_1 \tag{2.29}$$

$$y - l_3 \sin\alpha = (l_2 + q_2)\sin q_1 \tag{2.30}$$

式（2.29）と式（2.30）の両辺を 2 乗して足すと次式を得る．

$$(x - l_3\cos\alpha)^2 + (y - l_3\sin\alpha)^2 = (l_2 + q_2)^2 \tag{2.31}$$

式（2.31）より，まず，第 2 関節変位 q_2 が次式のように求まる．

$$q_2 = \pm\sqrt{(x - l_3\cos\alpha)^2 + (y - l_3\sin\alpha)^2} - l_2 \tag{2.32}$$

ここで，仮に第 2 関節変位 q_2 に何の変位制限もない場合，式（2.32）は 2 つの解があることを示している．式（2.32）において，複号が＋の場合の解を q_{2+}，複号が－の場合の解を q_{2-} と書くことにすると，式（2.29）および式（2.30）より，それぞれの解に対応して第 1 関節変位 q_1 が一意に定まる．すなわち，q_{2+} に対応して q_{1+} が定まり，q_{2-} に対応して q_{1-} が定まる．この関係式の組を以下に示す．

$$x - l_3\cos\alpha = (l_2 + q_{2+})\cos q_{1+}, \quad y - l_3\sin\alpha = (l_2 + q_{2+})\sin q_{1+} \tag{2.33}$$

$$x - l_3\cos\alpha = (l_2 + q_{2-})\cos q_{1-}, \quad y - l_3\sin\alpha = (l_2 + q_{2-})\sin q_{1-} \tag{2.34}$$

式（2.33）の q_{1+} および式（2.34）の q_{1-} は，通常の逆三角関数を利用しても求められるが，次のスカラ関数 atan 2(∗, ∗) を用いて求めることができる（$l_2 + q_2 = 0$ の場合は，2.2.2 項において特異姿勢の問題として取り扱う）．

$$
\begin{aligned}
&l_2 + q_{2+} > 0 \Rightarrow q_{1+} = \operatorname{atan} 2\,(y - l_3 \sin\alpha,\ x - l_3 \cos\alpha) \\
&l_2 + q_{2+} < 0 \Rightarrow q_{1+} = \operatorname{atan} 2\,(l_3 \sin\alpha - y,\ l_3 \cos\alpha - x)
\end{aligned}
\tag{2.35}
$$

$$
\begin{aligned}
&l_2 + q_{2-} > 0 \Rightarrow q_{1-} = \operatorname{atan} 2\,(y - l_3 \sin\alpha,\ x - l_3 \cos\alpha) \\
&l_2 + q_{2-} < 0 \Rightarrow q_{1-} = \operatorname{atan} 2\,(l_3 \sin\alpha - y, l_3 \cos\alpha - x)
\end{aligned}
\tag{2.36}
$$

上記の関数 atan 2（*, *）は 2 つのスカラ関数 a, b に対して次のように定義される．

$$\operatorname{atan} 2\,(a, b) = \arg\,(b + ja)$$

ここで，j は虚数単位，arg は複素数の偏角を表す．また，atan 2（0,0）は不定とする．定義より，任意の正のスカラ数 k に対して下式が成立する．

$$q = \operatorname{atan} 2\,(k \sin q,\ k \cos q)$$

なお，atan 2 という関数は $\tan^{-1}$ を一意に与えるサブルーチンとして多くの計算機プログラム言語のなかに組み込まれている．

最後に，式（2.28）を利用して，q_3 が以下のように求まる．

$$q_{3\pm} = \alpha - q_{1\pm} \quad (\text{複号同順}) \tag{2.37}$$

以上で，(x, y, α) が与えられた場合の q_1, q_2, q_3 の解が (q_{1+}, q_{2+}, q_{3+})，(q_{1-}, q_{2-}, q_{3-}) と 2 組求められたことになる（逆運動学問題の解決）．図 2.11 に描かれた手先の位置・姿勢を与えるもう 1 組の解は次の操作によっても得られる．まず，第 1 関節を 180° 回転させる．次に，第 2 関節を q_2 の負方向にスライドさせて，元の第 3 関節中心と合わせる．最後に，第 3 関節を回転させて手先着目点 P を一致させる．

この例に見られるように，一般に直列にリンク結合されたロボットアームの場合，逆運動学問題は順運動学問題に比べてその解法が格段に複雑となる．また，順運動学問題では解は一意であったが，逆運動学問題では一般に解が複数（この場合，2 組）となる．さらに，この例では，3 つの幾何学関係式 (2.26)，(2.27)，(2.28) を操作変形することにより，q_1, q_2, q_3 の解を陽に求めることができたが，一般の空間運動を行うロボットアームの場合には関節変位の組が必ずしも陽に表現できる保証はない．このような場合には，非線形連立方程式の解を数値計算で求める手法を利用して逆運動学問題の数値解を求める必要がある．なお，通常の産業用ロボットアームでは，隣接する関節配置に注意を払って，逆運動学問題の解が陽に求められるような機構となっていることが多い．

さて，空間運動を行うロボットアームに関する運動学問題の解法についてまとめる．順運動学問題に関しては，式（2.24）が手先位置 $(x, y, z)^T$ を与え，${}^0R_N$ が手先の姿勢表現を与えるから，解は一意に決定されている．そこで，残された逆運動学問題の解法について述べる．

N 関節ロボットアームの場合，与えられた手先位置 $(x_D, y_D, z_D)^T$ と手先姿勢表現 ${}^0R_{ND}$ に対して，これを満足するような関節変位の解 $(q_1, q_2, \cdots, q_N)$ を決定すればよい．

この関係式（非線形連立方程式）を以下に記述する．

$$(x_D, y_D, z_D)^T = {}^0\boldsymbol{l}_0 + {}^0R_1(q_1){}^1\boldsymbol{l}_1 + \cdots + {}^0R_N(q_1, q_2, \cdots, q_N)^N\boldsymbol{l}_N \tag{2.38}$$

$${}^0R_{ND} = {}^0R_1(q_1)\,{}^1R_2(q_2)\cdots{}^{N-1}R_N(q_N) \tag{2.39}$$

2.1.2 項でも述べたように，手先を剛体とすると，手先の位置と姿勢はその着目点の位置を決定する 3 変数と姿勢を決定する 3 変数の合計 6 変数で表される．したがって，姿勢の関係式（2.39）は行列の成分として 9 個の等式があるように見えるが，独立な等式は 3 個であることに注意する．これより，式（2.38）と式（2.39）を合わせると，6 個のスカラ式からなる非線形連立方程式となる．スカラ式が 6 個であるため，特殊な場合を除いて，$N \leqq 5$ では関節変位の解 $(q_1, q_2, \cdots, q_N)$ は存在せず，$N \geqq 7$ では関節変位の解 $(q_1, q_2, \cdots, q_N)$ は無数に存在する．

特に，$N = 6$ の場合には，未知変数の数（6 個）とスカラ式の数（6 個）が一致しているから，式（2.38）と式（2.39）の左辺を与えたときに解 $(q_1, q_2, \cdots, q_6)$ が求まることが期待できる．解が陽に求められるロボットアームの機構に関しては，多くの書物に記載されている（たとえば，参考文献 5)）．これらの解法には，代数的構造に着目した解法と幾何学的直観に依存した解法とがあるが，例 2.8 で示したように，解の表現には逆三角関数や atan 2，根号などが含まれ，通常複数の解が得られることになる．

【例 2.9：空間 3 リンク機構の姿勢の逆運動学】

図 2.12 に示すように，第 1 関節，第 2 関節，第 3 関節が回転関節からなる空間 3 リンク機構において，先端リンクの姿勢をオイラー角 (α, β, γ) で与えた場合に各関節変位 (q_1, q_2, q_3) が満足すべき解を求める．

このオイラー角 (α, β, γ) の定義は，基準となる直交座標系 ${}^0\Sigma$ の ${}^0z$ 軸まわりに α だけ回転した座標系を ${}^A\Sigma$ とし，次に ${}^A\Sigma$ の ${}^\alpha y$ 軸まわりに β だけ回転した

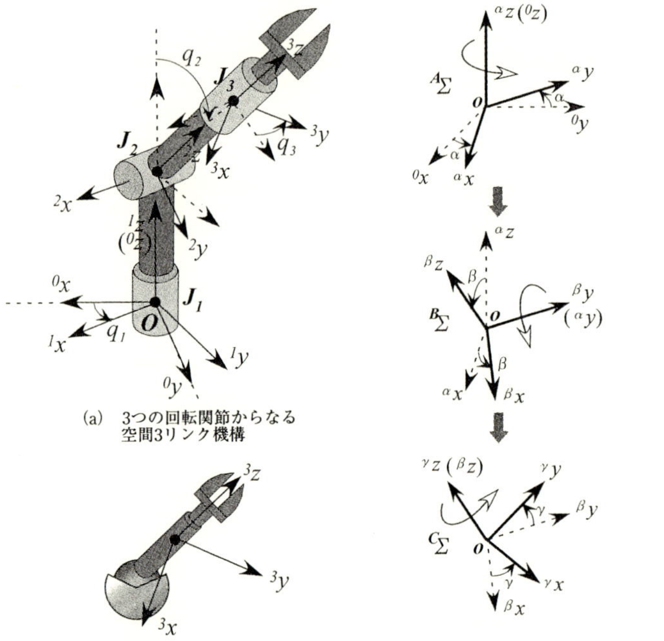

(a)　3つの回転関節からなる空間3リンク機構

(b)　機構(a)と等価な球継手

(c)　オイラー角(α, β, γ)の決め方

図 2.12　空間 3 リンク機構とオイラー角

座標系を ${}^B\Sigma$ とし，最後に ${}^B\Sigma$ の ${}^{\beta}z$ 軸まわりに γ だけ回転した座標系を ${}^C\Sigma$ とする決め方を採用する．このオイラー角の決め方から順に生成される回転行列はいままでの表記にしたがって以下のようになる（図 2.12(c)）を参照）．

$$
{}^0R_A=\begin{bmatrix}\cos\alpha & -\sin\alpha & 0\\ \sin\alpha & \cos\alpha & 0\\ 0 & 0 & 1\end{bmatrix},\quad {}^AR_B=\begin{bmatrix}\cos\beta & 0 & \sin\beta\\ 0 & 1 & 0\\ -\sin\beta & 0 & \cos\beta\end{bmatrix},\quad {}^BR_C=\begin{bmatrix}\cos\gamma & -\sin\gamma & 0\\ \sin\gamma & \cos\gamma & 0\\ 0 & 0 & 1\end{bmatrix}
\tag{2.40}
$$

これより，オイラー角による回転の合成からなる ${}^0R_C$ は，以下となる．

$$
\begin{aligned}
{}^0R_C &= {}^0R_A\,{}^AR_B\,{}^BR_C\\
&=\begin{bmatrix}\cos\alpha\cos\beta\cos\gamma-\sin\alpha\sin\gamma & -\cos\alpha\cos\beta\sin\gamma-\sin\alpha\cos\gamma & \cos\alpha\sin\beta\\ \sin\alpha\cos\beta\cos\gamma+\cos\alpha\sin\gamma & -\sin\alpha\cos\beta\sin\gamma+\cos\alpha\cos\gamma & \sin\alpha\sin\beta\\ -\sin\beta\cos\gamma & \sin\beta\sin\gamma & \cos\beta\end{bmatrix}
\end{aligned}
\tag{2.41}
$$

次に，空間 3 リンク機構に対して，第 1 リンクに固定した座標系を ${}^1\Sigma$，第 2

リンクに固定した座標系を ${}^2\Sigma$，第 3 リンクに固定した座標系を ${}^3\Sigma$ とし，それぞれの相対回転変位を q_1, q_2, q_3 とする（図 2.12(a) を参照）．隣接する座標系の回転行列はいままでの表記にしたがって次のようになる．

$$ {}^0R_1 = \begin{pmatrix} \cos q_1 & -\sin q_1 & 0 \\ \sin q_1 & \cos q_1 & 0 \\ 0 & 0 & 1 \end{pmatrix}, \quad {}^1R_2 = \begin{pmatrix} 1 & 0 & 0 \\ 0 & \cos q_2 & -\sin q_2 \\ 0 & \sin q_2 & \cos q_2 \end{pmatrix}, \quad {}^2R_3 = \begin{pmatrix} \cos q_3 & -\sin q_3 & 0 \\ \sin q_3 & \cos q_3 & 0 \\ 0 & 0 & 1 \end{pmatrix} \tag{2.42} $$

これより，3 関節変位による先端リンクの姿勢行列 ${}^0R_3$ は，以下となる．

$$ {}^0R_3 = {}^0R_1 {}^1R_2 {}^2R_3 = $$

$$ \begin{pmatrix} \cos q_1 \cos q_3 - \sin q_1 \cos q_2 \sin q_3 & -\cos q_1 \sin q_3 - \sin q_1 \cos q_2 \cos q_3 & \sin q_1 \sin q_2 \\ \sin q_1 \cos q_3 + \cos q_1 \cos q_2 \sin q_3 & -\sin q_1 \sin q_3 + \cos q_1 \cos q_2 \cos q_3 & -\cos q_1 \sin q_2 \\ \sin q_2 \sin q_3 & \sin q_2 \cos q_3 & \cos q_2 \end{pmatrix} \tag{2.43} $$

式 (2.41) と式 (2.43) のすべての成分が等しくなるような回転変位 q_1, q_2, q_3 が解であるが，行列の第 3 行目と第 3 列目の成分だけを取り出した等式は以下となる．

$$ \cos q_2 = \cos\beta \tag{2.44} $$

$$ \sin q_2 \sin q_3 = -\sin\beta\cos\gamma, \quad \sin q_2 \cos q_3 = \sin\beta\sin\gamma \tag{2.45} $$

$$ \sin q_1 \sin q_2 = \cos\alpha\sin\beta, \quad -\cos q_1 \sin q_2 = \sin\alpha\sin\beta \tag{2.46} $$

式 (2.44) より，$q_2 = \pm\beta$（2π の位相差は同一解とみなす）．

$q_2 = \beta\ (\neq 0, \pi)$ のとき，

式 (2.45) より　$\sin q_3 = -\cos\gamma, \ \cos q_3 = \sin\gamma$

式 (2.46) より　$\sin q_1 = \cos\alpha, \ \cos q_1 = -\sin\alpha$

よって，$q_3 = \gamma - \pi/2, \ q_1 = \alpha + \pi/2$

$q_2 = -\beta\ (\neq 0, \pi)$ のとき，

式 (2.45) より　$\sin q_3 = \cos\gamma, \ \cos q_3 = -\sin\gamma$

式 (2.46) より　$\sin q_1 = -\cos\alpha, \ \cos q_1 = \sin\alpha$

よって，$q_3 = \gamma + \pi/2, \ q_1 = \alpha - \pi/2$

上記 2 組の解は，等置した行列の残りの 4 成分の等式も満足する．

また，$\beta = 0$ あるいは π の場合は，式 (2.45) と式 (2.46) が自動的に満足され，q_1 と q_3 は不定解となる（演習問題 6）．

2.2.2 速度・加速度の運動学

前項では，ロボットアームの位置と姿勢の幾何学的関係を調べ，作業座標系の変数と関節変位変数の関係は複雑な非線形連立方程式で表されることを知った．通常，非線形連立方程式の解を陽に表現することは難しいが，速度の運動学関係を用いることによりこの困難を回避することができる．

まず，例 2.8 を題材にして手先速度と関節速度の関係を調べる．式(2.26)～(2.28) の作業座標の組 (x, y, α) と関節変位の組 (q_1, q_2, q_3) がともに時間の関数であることに注意して，これらの関係式を時間 t で微分すると次式を得る．

$$\dot{x} = -[(l_2+q_2)\sin q_1 + l_3\sin(q_1+q_3)]\,\dot{q}_1 + \cos q_1\dot{q}_2 - l_3\sin(q_1+q_3)\,\dot{q}_3 \tag{2.47}$$

$$\dot{y} = [(l_2+q_2)\cos q_1 + l_3\cos(q_1+q_3)]\,\dot{q}_1 + \sin q_1\dot{q}_2 + l_3\cos(q_1+q_3)\,\dot{q}_3 \tag{2.48}$$

$$\dot{\alpha} = \dot{q}_1 + \dot{q}_3 \tag{2.49}$$

ここで，変数上のドットは時間微分を意味しており，$\dot{x}$ や $\dot{q}_1$ は，dx/dt や dq_1/dt を表している．$\dot{\boldsymbol{x}} = (\dot{x}, \dot{y}, \dot{\alpha})^T$，$\dot{\boldsymbol{q}} = (\dot{q}_1, \dot{q}_2, \dot{q}_3)^T$ と定義して，式 (2.47)～(2.49) を行列とベクトルで表現すると次の関係式を得る．

$$\begin{aligned}\dot{\boldsymbol{x}} &= \begin{pmatrix} -(l_2+q_2)\sin q_1 - l_3\sin(q_1+q_3) & \cos q_1 & -l_3\sin(q_1+q_3) \\ (l_2+q_2)\cos q_1 + l_3\cos(q_1+q_3) & \sin q_1 & l_3\cos(q_1+q_3) \\ 1 & 0 & 1 \end{pmatrix}\dot{\boldsymbol{q}} \\ &= J(\boldsymbol{q})\,\dot{\boldsymbol{q}}\end{aligned} \tag{2.50}$$

式 (2.50) の変位 $\boldsymbol{q}$ に関する行列 $J(\boldsymbol{q})$ は，2.1.3 項で述べたヤコビ行列（$\boldsymbol{x}$ の $\boldsymbol{q}$ に関する）に他ならない．ロボットアームのヤコビ行列の各成分は，定数であるリンク長と関節変位 $\boldsymbol{q}$ を含んでいるため，すべての関節変位 $\boldsymbol{q}$ さえわかれば，その行列は決定される．したがって，どのような関節変位 $\boldsymbol{q}$ においても，その瞬間の関節速度 $\dot{\boldsymbol{q}}$ が与えられれば，手先の発生する速度 $\dot{\boldsymbol{x}}$ が式 (2.50) により求められる．逆に，手先で発生させたい速度 $\dot{\boldsymbol{x}}$ が与えられれば，そのときに各関節が発生すべき関節速度 $\dot{\boldsymbol{q}}$ は，ヤコビ行列 $J(\boldsymbol{q})$ が正則であれば（2.1.1 項の d を参照のこと），下式により求められる．

$$\dot{\boldsymbol{q}} = J(\boldsymbol{q})^{-1}\dot{\boldsymbol{x}} \tag{2.51}$$

さて，ヤコビ行列 $J(\boldsymbol{q})$ が正則でない（特異である）場合について調べる．この例の場合，$J(\boldsymbol{q})$ の行列式（ヤコビアン）を計算すると次のようになる．

$$|J(\boldsymbol{q})| = -(l_2+q_2) \tag{2.52}$$

行列式の値が 0 の場合に正則でなくなるから，$l_2 + q_2 = 0$ の条件を満たす場合

に逆行列 $J(\boldsymbol{q})^{-1}$ が存在しない．幾何学的には，第2関節並進変位 q_2 がこの条件を満たすとき，ちょうど，回転第1関節と回転第3関節の回転中心が一致してしまうことになり，自由な作業座標の組 (x, y, α) を決めるような関節変位の組 (q_1, q_2, q_3) が存在しない．ロボット工学では，このように手先の位置や姿勢を自由に変えられなくなるロボットアームの姿勢を特異姿勢と呼んでいる．例2.8の式（2.34）を求解する場合に，$l_2+q_2=0$ を除いているのはこの理由による．

ヤコビ行列は，式（2.38）および式（2.39）に対して dq_i に付随する偏微分係数を求めれば決定されるが，姿勢の変化速度を表現する方法に2通りの方法が考えられる．第1の方法は，姿勢を表現する3変数の組（たとえば，例2.9で定義したオイラー角）の時間微分を採用する方法であり，第2の方法は，例2.4で説明した剛体の角速度ベクトル $\boldsymbol{\omega}$ を採用する方法である．

ここでは，まず，第2の方法を採用したヤコビ行列の表現を与える．式(2.50)のヤコビ行列は式（2.26)～(2.28）の関係式を直接，時間微分することにより導いた．ところが，ロボットアームはリンク関節が順番に連結された機構であることに着目すると，直接微分操作を行わずにヤコビ行列を導くことができる．それを以下に示す．ロボットアームのヤコビ行列とは各関節速度 $\dot{q}_i$ が手先の並進速度 $\dot{\boldsymbol{x}}$ と手先角速度 $\boldsymbol{\omega}$ に与える影響（感度）を関係付ける行列である．ここで，図2.9に示すように，第 i 関節中心の変位方向単位ベクトルを z_i とし，この中心から手先着目点 P までのベクトルを $\boldsymbol{b}_i$ とする．他の関節をある変位で固定したまま，第 i 関節だけに速度を発生させる場合を考える．まず，第 i 関節が回転関節である場合，z_i はその回転軸方向となるから，第 i 関節速度 $\dot{q}_i$ は手先着目点 P に対して $(\dot{q}_i z_i)\times\boldsymbol{b}_i$ だけの並進速度を与え（2.1.1項のcを参照)，手先に対して $\dot{q}_i z_i$ の角速度ベクトルを与える．また，第 i 関節が並進関節である場合，z_i はその並進軸方向となるから，第 i 関節速度 $\dot{q}_i$ は手先着目点 P に対して $\dot{q}_i z_i$ の並進速度を与え，手先に対する角速度の寄与はない．第 i 関節速度 $\dot{q}_i$ が手先に与える並進速度 $\boldsymbol{v}_i$ と角速度 $\boldsymbol{\omega}_i$ の寄与をまとめて記述し，新たに J_i（6次元ベクトル）を定義すると，以下のようになる．

$$\begin{pmatrix}\boldsymbol{v}_i\\ \boldsymbol{\omega}_i\end{pmatrix}=J_i\dot{q}_i=\begin{pmatrix}z_i\times\boldsymbol{b}_i\\ z_i\end{pmatrix}\dot{q}_i \qquad \text{（第 } i \text{ 関節が回転関節）} \tag{2.53}$$

$$\begin{pmatrix}\boldsymbol{v}_i\\ \boldsymbol{\omega}_i\end{pmatrix}=J_i\dot{q}_i=\begin{pmatrix}z_i\\ \boldsymbol{0}\end{pmatrix}\dot{q}_i \qquad \text{（第 } i \text{ 関節が並進関節）} \tag{2.54}$$

式 (2.53) や式 (2.54) は，第 i 関節だけに速度を発生させる場合に着目した関係式であるから，すべての関節が速度を発生する場合には手先着目点 P の速度 $\boldsymbol{v}(=\dot{\boldsymbol{x}})$ と手先の角速度 $\boldsymbol{\omega}$ はこれらの線形和になる．すなわち，次式が得られる．

$$\begin{pmatrix} \boldsymbol{v} \\ \boldsymbol{\omega} \end{pmatrix} = \sum_{i=1}^{N} J_i \dot{q}_i = (J_1, J_2, \cdots, J_N)\, \dot{\boldsymbol{q}} \qquad (2.55)$$

式 (2.55) の関係は，$(J_1, J_2, \cdots, J_N)$ そのものがヤコビ行列であることを示している．いままで，手先の並進速度と角速度を別々に記述してきたが，今後これらを合わせた組を手先速度と呼び，$\dot{\boldsymbol{r}} = (\boldsymbol{v}^T, \boldsymbol{\omega}^T)^T$ と記述することにする．これに従えば，手先速度と関節速度の関係は次式で表される．

$$\dot{\boldsymbol{r}} = J(\boldsymbol{q})\, \dot{\boldsymbol{q}} \qquad (2.56)$$

以上，式 (2.53)～(2.56) は，手先の角速度ベクトル $\boldsymbol{\omega}$ を採用した場合のヤコビ行列を示してきたが，姿勢を表現する 3 変数の組であるオイラー角の時間微分を採用した場合の表現を示しておく．例 2.9 で定義したオイラー角 (α, β, γ) の時間微分をまとめたベクトル $\dot{\boldsymbol{\alpha}} = (\dot{\alpha}, \dot{\beta}, \dot{\gamma})^T$ と角速度ベクトル $\boldsymbol{\omega}$ の間には基準直交座標系 ${}^0\Sigma$ 表現として，次の関係式が成立する（演習問題 7）．

$${}^0\boldsymbol{\omega} = \begin{pmatrix} 0 & -\sin\alpha & \cos\alpha\sin\beta \\ 0 & \cos\alpha & \sin\alpha\sin\beta \\ 1 & 0 & \cos\beta \end{pmatrix} {}^0\dot{\boldsymbol{\alpha}} \qquad (2.57)$$

式 (2.57) の関係を利用して，オイラー角の時間微分に関するヤコビ行列に変換することができる．ただし，$\sin\beta = 0$ の姿勢においては，式 (2.57) における行列式が 0 となるので，${}^0\boldsymbol{\omega}$ で表現できても ${}^0\dot{\boldsymbol{\alpha}}$ では表現できなくなる．このような姿勢は ${}^0\dot{\boldsymbol{\alpha}}$ による表現上の特異姿勢と呼ばれている．

最後に，ロボットアームの特異姿勢についてまとめる．一般の N 関節ロボットアームに対して，いかなる関節変位速度を与えてもある方向の手先速度（並進速度と角速度を含む）が発生できないようなアーム姿勢をそのロボットアームの**特異姿勢**と呼んでいる．ロボットアームのヤコビ行列 $J(\boldsymbol{q})$ が正方行列の場合，特異姿勢となる条件は行列式の値が $|J(\boldsymbol{q})| = 0$ である．したがって，特異姿勢あるいはそれに近い姿勢においては，式 (2.51) では $\dot{\boldsymbol{q}}$ を計算できなくなったり，過大な値になったりして目標とする手先速度を発生できなくなるため，注意を要する．

速度の運動学に引き続いて，加速度の運動学を述べる．式（2.56）をさらに時間で微分することにより次式を得る．

$$\ddot{r} = J(q)\ddot{q} + \dot{J}(q)\dot{q} \tag{2.58}$$

式（2.58）は，手先加速度が関節変位，関節速度，関節加速度により決定されることを示している．式（2.58）の右辺には $\dot{J}(q)\dot{q}$ の項があるため，手先加速度には関節速度が2乗項として影響することがわかる．$J(q)$ が正方行列で正則であるとすると，式（2.58）を変形して次式を得る．

$$\ddot{q} = J(q)^{-1}(\ddot{r} - \dot{J}(q)\dot{q}) \tag{2.59}$$

式（2.59）は，適当な姿勢でロボットアーム手先に目標加速度 $\ddot{r}$ を発生させたいとき，関節角加速度 $\ddot{q}$ を求める場合にしばしば用いられる関係式である．速度の関係式 $\dot{q} = J(q)^{-1}\dot{r}$ と比較して，より複雑な非線型項 $\dot{J}(q)\dot{q}$ が含まれるため，見かけ上制御補償によりこれらを相殺して関節角加速度 $\ddot{q}$ を求めることがある．また，関節速度が小さい場合には，実用上これらの非線型速度項を無視した形で関節角加速度を求めることもある．

過去に，いままでに述べたヤコビ行列の逆行列を利用して，ロボットアームの手先速度を制御する手法（分解速度制御法，5.3節を参照）や手先加速度を制御する手法（分解加速度制御法）が提案されてきた．これらの手法は，式（2.51）や式（2.59）をもとに，関節速度目標値や関節加速度目標値を得ようとするものである．

2.3 ロボットアームの力学

本節では，ロボットアームを設計したり，制御したりする場合に必要となる力学的事項について述べる．重量のあるアーム機構が所望の位置・姿勢を保つためには，ロボットアームの各関節が適切なトルク（あるいは，力）を発生する必要がある．また，ロボット手先が環境に対して何らかの力作業を行う場合，これに相当する関節トルク（あるいは，力）も必要となる．さらに，本節の後半で述べるように，多くのリンクが連結したロボットアームは，その動力学特性が強い非線形性をもつため，精度よく高速に動作させるためには，遠心力やコリオリ力の効果も考えて，設計や制御が行われることもある．すなわち，ロボットアームの運動を厳密に議論する場合，各関節に発生するトルク（あるいは，力）とアーム手先の加速度運動，角加速度運動の関係を詳細に把握する必要が生じる．これは，ロボットアーム全体の運動方程式系を導出することに対応する．ロボット工学では，関節トルクと関節変位加速度との関係を知ることをロボットアームの動力学（dynamics of robot arm）と呼んでいる．特に，ロボットアームの各関節に駆動トルク（あるいは，力）を与えて，その加速度運動を知ることを**順動力学**（direct dynamics）と呼び，逆に，ロボットアームの運動状態（関節の変位，速度，加速度）を与えて，そのときに必要な各関節の駆動トルク（あるいは，力）を知ることを**逆動力学**（inverse dynamics）と呼んでいる．

2.3.1 仮想仕事の原理と静力学

まず，仮想仕事の原理について述べる．この原理は以下のようである．

「力（モーメントも含む）を対象物体に作用させたときに，仮想的な微小変位（仮想変位と呼ぶ）が生じるとする．この仮想変位により仮想仕事が生じるが，あらゆる仮想変位に対する仮想仕事は 0 でなければならない．」

さて，N 個の関節で発生するトルク（あるいは力）$\boldsymbol{\tau}=(\tau_1,\tau_2,\cdots,\tau_N)^T$ に関して，ロボットアーム手先で発生する力 $\boldsymbol{f}$ とモーメント $\boldsymbol{n}$ を考える．アーム手先の並進と回転の仮想変位を合わせて $\delta \boldsymbol{r}$，関節の仮想変位を $\delta \boldsymbol{q}$ とすると，仮想仕事の原理より，それぞれの仮想仕事は等しくなるから，次式が成り立つ．

$$(\delta \boldsymbol{r})^T \begin{pmatrix} \boldsymbol{f} \\ \boldsymbol{n} \end{pmatrix} - (\delta \boldsymbol{q})^T\, \boldsymbol{\tau} = 0 \tag{2.60}$$

ところで，式（2.56）に示したように，微小変位に関しては次式が成り立つ．

$$\delta \boldsymbol{r} = J(\boldsymbol{q})\,\delta \boldsymbol{q} \tag{2.61}$$

式（2.61）を式（2.60）に代入して，次の恒等式を得る．

$$(J(\boldsymbol{q})\,\delta \boldsymbol{q})^T \begin{pmatrix} \boldsymbol{f} \\ \boldsymbol{n} \end{pmatrix} - (\delta \boldsymbol{q})^T\, \boldsymbol{\tau} = (\delta \boldsymbol{q})^T \left\{ J^T(\boldsymbol{q}) \begin{pmatrix} \boldsymbol{f} \\ \boldsymbol{n} \end{pmatrix} - \boldsymbol{\tau} \right\} = 0 \tag{2.62}$$

式（2.62）がどのような仮想変位 δq に対しても成り立つためには，次の関係式が成立しなければならない．

$$\boldsymbol{\tau} = J^T(\boldsymbol{q}) \begin{pmatrix} \boldsymbol{f} \\ \boldsymbol{n} \end{pmatrix} \tag{2.63}$$

式（2.63）は，ロボットアーム手先で発生する力（トルク）と等価な関節力を与える関係式である．手先で発生させたい力に対して関節アクチュエータの能力を決定する場合や手先で力を制御する場合に有用な役割を果たす．

【例 2.10：手先発生力と等価な関節トルク（力）の計算】

例 2.8 に関して，手先発生力と関節駆動トルク（力）の関係を調べる．手先で発生させたい並進力を $(f_x, f_y)^T$，回転モーメントを n とする．これと等価な関節トルク（力も含む）$\boldsymbol{\tau} = (\tau_1, \tau_2, \tau_3)^T$ は，式（2.50）と式（2.63）とから次式となる．

$$\begin{pmatrix} \tau_1 \\ \tau_2 \\ \tau_3 \end{pmatrix} = \begin{pmatrix} -(l_2+q_2)\sin q_1 - l_3 \sin(q_1+q_3) & (l_2+q_2)\cos q_1 + l_3\cos(q_1+q_3) & 1 \\ \cos q_1 & \sin q_1 & 0 \\ -l_3\sin(q_1+q_3) & l_3\cos(q_1+q_3) & 1 \end{pmatrix} \begin{pmatrix} f_x \\ f_y \\ n \end{pmatrix} \tag{2.64}$$

この例の場合，ロボットアームは平面内で運動するため，並進力 $(f_x, f_y)^T$ は面内ベクトルであり，回転モーメント n は運動面に垂直なベクトルである．第 1 関節と第 3 関節は回転関節のため，τ_1 と τ_3 は関節トルクを表し，第 2 関節は並進関節のため，τ_2 は関節力を表している．このように，式（2.63）を利用すれば，関節形態が回転や並進にかかわらず，各関節に必要なトルク（力）が一度に求められる．

2.3.2　ニュートンとオイラーの運動方程式

最初に，剛体運動の基礎事項をまとめる．空間内を運動する剛体の自由度は 6 であるから，運動を記述するには 6 個の独立な方程式があればよい．これを与える代表的な方程式が，ニュートン（Newton）の運動方程式とオイラー（Euler）の運動方程式である．空間に 1 つの慣性座標系 ${}^0\Sigma$ を設定し，この座標系からみた剛体の並進運動量を $\boldsymbol{P}$，剛体の質量中心 G まわりの角運動量を $\boldsymbol{L}$ とする．また，剛体に作用する総外力を $\boldsymbol{F}$，質量中心 G まわりの総外力のモーメントを $\boldsymbol{N}$ とする．このとき，ニュートンの運動の第 2 法則より下式が成り立つ（図 2.13 参照）．ただし，ベクトルの左上添え字 0 は省略する．

$$\frac{d\boldsymbol{P}}{dt} = \boldsymbol{F} \tag{2.65}$$

$$\frac{d\boldsymbol{L}}{dt} = \boldsymbol{N} \tag{2.66}$$

剛体の質量は，方向性がなく一定であり M で与えられるとすると，剛体の質量中心 G の並進速度を $\boldsymbol{v}$ として，並進運動量は $\boldsymbol{P} = M\boldsymbol{v}$ である．これを，式

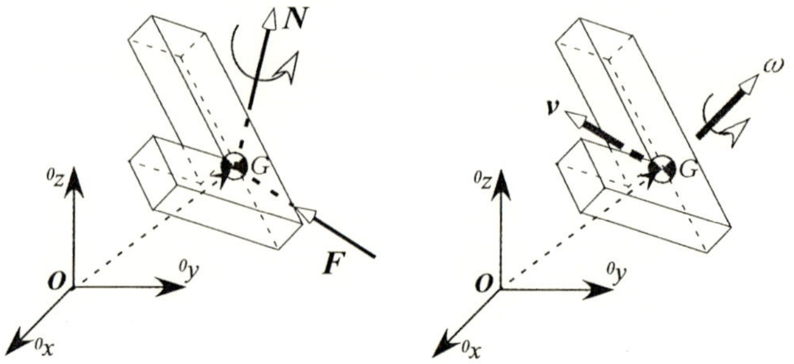

(a) 剛体に作用する力とモーメント　　(b) 剛体に発生する速度と角速度

図 2.13　剛体と慣性座標系

(2.65) に代入すると，よく知られた以下のニュートン方程式を得る．

$$M\frac{dv}{dt}=\boldsymbol{F} \tag{2.67}$$

一方，剛体の角運動量 $\boldsymbol{L}$ は，質量中心 G を原点とした剛体の慣性テンソル $\boldsymbol{I}$ と剛体の角速度ベクトル $\boldsymbol{\omega}$ より，$\boldsymbol{L}=\boldsymbol{I\omega}$ となることが知られている（たとえば，文献 5）参照）．この関係式を式 (2.66) に代入すると，次式を得る．

$$\frac{d\,(\boldsymbol{I\omega})}{dt}=\boldsymbol{N} \tag{2.68}$$

ここで，質量中心 G を原点とした剛体の慣性テンソルとは，G を通る軸まわりに剛体を回転させるときの慣性モーメントと慣性乗積からなる 3 行 3 列の行列である．通常，G を通る 3 本の直交軸からなる直交座標系 $(G-xyz)$ を定め，x 軸，y 軸，z 軸まわりのそれぞれの慣性モーメントを I_{xx}, I_{yy}, I_{zz} とし，慣性乗積を I_{xy}, I_{yz}, I_{zx} とすると，この座標系における慣性テンソルの成分表現は次のようになる．

$$\boldsymbol{I}=\begin{pmatrix} I_{xx} & I_{xy} & I_{zx} \\ I_{xy} & I_{yy} & I_{yz} \\ I_{zx} & I_{yz} & I_{zz} \end{pmatrix} \tag{2.69}$$

表現式 (2.69) に見られるように，剛体の慣性テンソルは対称行列となるため，直交する 3 軸をうまく設定する（このような直交軸を主軸と呼び，主軸を見つける座標変換を主軸変換と呼ぶ）と，慣性乗積の項が 0 となり対角化できる．典型的な形状の主軸に関する慣性テンソルはたいていの力学の本に掲載されているのでここでは省略する．なお，玩具であるコマの回転軸は主軸を通るように製作されている（演習問題 8）．

さて，式（2.68）について考える．剛体の回転特性を特徴づける慣性テンソル $\boldsymbol{I}$ を表現する直交座標系として慣性座標系 ${}^0\Sigma$ を採用すると，一般に剛体の姿勢は時々刻々変化し，その慣性テンソルの成分も変化するため見通しが悪い．そこで，通常は剛体に固定した座標系 ${}^B\Sigma$ に関する表現を考えることが多い．式（2.17）の関係式は任意のベクトルに対して成立するから，式（2.68）に適用して下式を得る．

$$\frac{d\,{}^B(\boldsymbol{I}\boldsymbol{\omega})}{dt}+{}^B\boldsymbol{\omega}\times{}^B(\boldsymbol{I}\omega)={}^BN \tag{2.70}$$

${}^B(\boldsymbol{I}\boldsymbol{\omega})={}^B\boldsymbol{I}\,{}^B\boldsymbol{\omega}$ の関係と ${}^B\boldsymbol{I}$ が定数行列になることを考慮して，次の表現を得る．

$${}^B\boldsymbol{I}\frac{d\,{}^B\boldsymbol{\omega}}{dt}+{}^B\boldsymbol{\omega}\times({}^B\boldsymbol{I}\,{}^B\boldsymbol{\omega})={}^BN \tag{2.71}$$

式（2.71）において，特に，剛体設定座標系 ${}^B\Sigma$ の直交軸を慣性主軸に一致させると ${}^B\boldsymbol{I}$ が対角行列となり，コマの運動を論じる場合にしばしば用いられる．

一般に，並進運動と回転運動を伴った剛体の運動を論じる場合には，式(2.67)と式（2.68）を連立させた形で運動方程式を導く必要がある．

【例 2.11：平面 2 関節ロボットの運動方程式】

図 2.14 に示すような，2 つの回転関節を有する平面 2 関節ロボットアームを考える．第 1 リンクの回転関節 J_1 は地面に固定され，第 1 リンク先端の回転関節 J_2 を介して第 2 リンクが連結されている．第 1 リンクは回転関節 J_1 に取りつけられたアクチュエータから τ_1 の駆動トルクを受け，第 2 リンクは回転関節 J_2 に取りつけられたアクチュエータから τ_2 の駆動トルクを受ける場合を考える．図のように基準直交座標 (J_1-xy) を設定したとき，x 軸からの第 1 リンクの相対回転角を q_1, J_1 と J_2 を結ぶ直線からの第 2 リンクの相対回転角を q_2 とする．ま

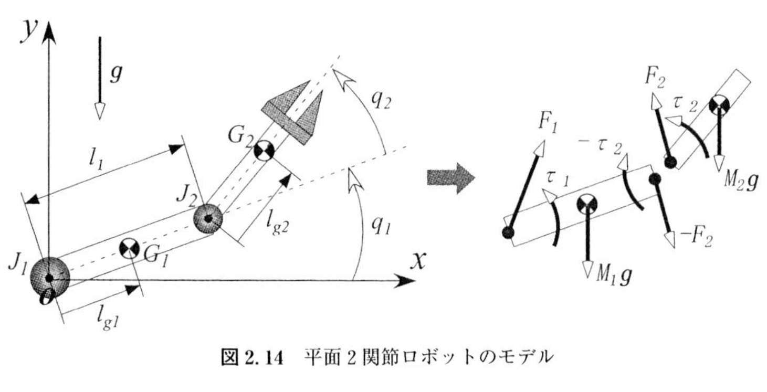

図 2.14 平面 2 関節ロボットのモデル

た，J_1 と J_2 を結ぶ距離を l_1 とする．

さらに，第1リンクの質量を M_1，第1リンクの質量中心まわりの慣性テンソルを $\boldsymbol{I}_1$, J_1 から第1リンク質量中心 G_1 までの距離を l_{g1} とする（ただし，簡単のため G_1 は J_1 と J_2 を結ぶ線上にあるとする）．また，第2リンクの質量を M_2，第2リンクの質量中心まわりの慣性テンソルを $\boldsymbol{I}_2$, J_2 から第2リンク質量中心 G_2 までの距離を l_{g2} とする．さらに，y 軸の負方向に作用している重力加速度ベクトルを $\boldsymbol{g}$ として，$\overrightarrow{J_1J_2}=\boldsymbol{l}_1$，$\overrightarrow{J_1G_1}=\boldsymbol{l}_{g1}$，$\overrightarrow{J_2G_2}=\boldsymbol{l}_{g2}$ と記述することにする．

第1リンクは地面と連結されているので，運動時に第1関節 J_1 を介して拘束力 $\boldsymbol{F}_1$ を受け，第2リンクは第1リンクと連結されているので，運動時に第2関節 J_2 を介して拘束力 $\boldsymbol{F}_2$ を受けることに注意する．

このとき，第1リンクと第2リンクのそれぞれについて，拘束力と駆動トルクの作用・反作用の関係に注意して，並進と回転の運動方程式系を記述する．

まず，第1リンクの質量中心 G_1 の並進速度を $\boldsymbol{v}_1$，第1リンクの角速度を $\boldsymbol{\omega}_1$ とすると，並進と回転に関する第1リンクの運動は以下で記述される．

$$M_1\frac{d\boldsymbol{v}_1}{dt}=\boldsymbol{F}_1-\boldsymbol{F}_2+M_1\boldsymbol{g} \tag{2.72}$$

$$\boldsymbol{I}_1\frac{d\boldsymbol{\omega}_1}{dt}+\boldsymbol{\omega}_1\times(\boldsymbol{I}_1\boldsymbol{\omega}_1)=\boldsymbol{\tau}_1-\boldsymbol{\tau}_2-\boldsymbol{l}_{g1}\times\boldsymbol{F}_1+(\boldsymbol{l}_1-\boldsymbol{l}_{g1})\times(-\boldsymbol{F}_2) \tag{2.73}$$

本例の場合，式（2.73）の z 成分が回転運動に相当しており，平面運動の特殊性から，$\boldsymbol{\omega}_1\times(\boldsymbol{I}_1\boldsymbol{\omega}_1)$ の項が消滅することに注意する（演習問題9）．

まったく同様にして，第2リンクの質量中心 G_2 の並進速度を $\boldsymbol{v}_2$，第2リンクの角速度を $\boldsymbol{\omega}_2$ とすると，並進と回転に関する第2リンクの運動は以下で記述される．

$$M_2\frac{d\boldsymbol{v}_2}{dt}=\boldsymbol{F}_2+M_2\boldsymbol{g} \tag{2.74}$$

$$\boldsymbol{I}_2\frac{d\boldsymbol{\omega}_2}{dt}=\boldsymbol{\tau}_2-\boldsymbol{l}_{g2}\times\boldsymbol{F}_2 \tag{2.75}$$

以上，式（2.72）～(2.75）が，例題を記述する運動方程式系全体である．これら4つの方程式系に対して，先端のリンクから順に，拘束力と駆動トルクを左辺に記述する形に整理すると，以下の表現が得られる．

$$\boldsymbol{F}_2=M_2\left(\frac{d\boldsymbol{v}_2}{dt}-\boldsymbol{g}\right) \tag{2.76}$$

$$\boldsymbol{\tau}_2 = \boldsymbol{I}_2 \frac{d\boldsymbol{\omega}_2}{dt} + \boldsymbol{l}_{g2} \times \boldsymbol{F}_2 \tag{2.77}$$

$$\boldsymbol{F}_1 = \boldsymbol{F}_2 + M_1 \left(\frac{d\boldsymbol{v}_1}{dt} - \boldsymbol{g} \right) \tag{2.78}$$

$$\boldsymbol{\tau}_1 = \boldsymbol{I}_1 \frac{d\boldsymbol{\omega}_1}{dt} + \boldsymbol{\tau}_2 + \boldsymbol{l}_{g1} \times \boldsymbol{F}_1 + (\boldsymbol{l}_1 - \boldsymbol{l}_{g1}) \times \boldsymbol{F}_2 \tag{2.79}$$

ところで，$\boldsymbol{\omega}_1 = (0\ 0\ \dot{q}_1)^T$，$\boldsymbol{\omega}_2 = (0\ 0\ \dot{q}_1 + \dot{q}_2)^T$，$\boldsymbol{v}_1 = \boldsymbol{\omega}_1 \times \boldsymbol{l}_{g1}$，$\boldsymbol{v}_2 = \boldsymbol{\omega}_1 \times \boldsymbol{l}_1 + \boldsymbol{\omega}_2 \times \boldsymbol{l}_{g2}$（式（2.7）を参照）だから，式（2.76）～(2.79）に現れる時間微分に関する項 $\frac{d\boldsymbol{\omega}_1}{dt}$，$\frac{d\boldsymbol{\omega}_2}{dt}$，$\frac{d\boldsymbol{v}_1}{dt}$，$\frac{d\boldsymbol{v}_2}{dt}$ が，q_1，$\dot{q}_1$，$\ddot{q}_1$，q_2，$\dot{q}_2$，$\ddot{q}_2$ を用いて表現できる．

さらに，式(2.76)～(2.79)の拘束力 $\boldsymbol{F}_1$，$\boldsymbol{F}_2$ を消去することにより，式(2.77)と式（2.79）だけを残して，駆動トルク τ_1 と τ_2 に関するスカラーの運動方程式が2つ得られる．この2式が，関節角加速度 $\ddot{\boldsymbol{q}} = (\ddot{q}_1, \ddot{q}_2)^T$ と駆動トルク $\boldsymbol{\tau} = (\tau_1, \tau_2)^T$ の関係を表現する運動方程式となる．本手法による最終式の導出は，ベクトルの座標表現の練習も兼ねて，演習問題10に譲る．

最後に，式（2.76）～(2.79）の構造について説明を加える．式（2.76）～(2.79）の時間微分に関する項は，幾何学的条件（長さと角度の関係）を用いて，運動方程式とは関係なく，q_1，$\dot{q}_1$，$\ddot{q}_1$，q_2，$\dot{q}_2$，$\ddot{q}_2$ で表現できる．また，式(2.76)～(2.79)に現れる拘束力については，式（2.76）の $\boldsymbol{F}_2$ が計算されれば，これを式（2.78）に代入して $\boldsymbol{F}_1$ が計算される．さらに，駆動トルク（一般には拘束モーメントも含む）については，$\boldsymbol{F}_2$ が計算されれば，これを式（2.77）に代入して $\boldsymbol{\tau}_2$ が計算され，この $\boldsymbol{\tau}_2$ と $\boldsymbol{F}_2$，$\boldsymbol{F}_1$ を式（2.79）に代入すれば $\boldsymbol{\tau}_1$ が計算される．この力とトルクの計算過程は，先端のリンクから順に関節拘束力が求まり，これにともなって関節トルクも順に求まっていくという，ドミノ倒しのような性質を有している．また，時間微分に関する項 $\frac{d\boldsymbol{\omega}_1}{dt}$，$\frac{d\boldsymbol{\omega}_2}{dt}$，$\frac{d\boldsymbol{v}_1}{dt}$，$\frac{d\boldsymbol{v}_2}{dt}$ に着目すると，速度の関係 $\boldsymbol{\omega}_1 = (0\ 0\ \dot{q}_1)^T$，$\boldsymbol{\omega}_2 = (0\ 0\ \dot{q}_1 + \dot{q}_2)^T$，$\boldsymbol{v}_1 = \boldsymbol{\omega}_1 \times \boldsymbol{l}_{g1}$，$\boldsymbol{v}_2 = \boldsymbol{\omega}_1 \times \boldsymbol{l}_1 + \boldsymbol{\omega}_2 \times \boldsymbol{l}_{g2}$ が 第1リンクから第2リンクに向かって算出される性質があるため，時間微分に関する項も速度の算出と同じ性質を有している．これらの性質は，空間運動を行う N 関節ロボットアームにおいても成り立つため，各関節に作用する力とトルクを少ない演算量で高速に計算する手法として詳しく検討されている（たとえば，参考文献5）を参照)．

並進運動（ニュートンの運動方程式）と回転運動（オイラーの運動方程式）を

連立させてロボットアームの運動方程式を導く場合，各リンクごとに並進運動と回転運動の式を必要とする．このとき，各関節に作用する力とモーメントをもれなく記述する必要がある．最終的に，駆動トルク（あるいは，駆動力）に関する運動方程式を導出するには，拘束力と拘束モーメントを消去しなければならない．この手順はロボットアームの関節数が増えるとかなり面倒になる．このため，上に触れたような少ない演算量の高速計算法が研究されたともいえる．各リンクごとに並進運動と回転運動の式を立てる手法のメリットは，単に駆動トルク（あるいは，駆動力）に関する運動方程式を導出するだけでなく，その計算過程においてすべての関節拘束力と拘束モーメントが求められることにある．ロボットアームの機械設計を念頭においた場合，アームの運動時に作用する動的拘束力や動的モーメントを考慮したリンク構造の設計や関節軸受の選択が基本的な重要課題となるからである．

次項においては，拘束力や拘束モーメントを陽に記述せずに駆動トルク（あるいは，駆動力）に関する運動方程式が求められる，ラグランジュ（Lagrange）力学による導出法について述べる．本手法は，ロボットアーム全体の運動エネルギーと位置エネルギーを使って導出する手法であり，解析力学のハミルトン（Hamilton）の原理と密接な関係がある．ハミルトンの原理とは，「力学系がある特定の時間内に1つの状態から別の状態へ移動する場合，実際にその系が通る道筋は運動エネルギーと位置エネルギーの差の時間積分が最小となるような道筋となる」ことを主張する．

2.3.3 ラグランジュの運動方程式

ラグランジュの運動方程式そのものがニュートン運動方程式と等価であることは，よく書かれた力学の成書に譲る（たとえば，参考文献4)）．本項では，これを利用してロボットアームの運動方程式を導出する手法を述べる．

ラグランジュの運動方程式とは，以下で表される方程式系である．

$$\frac{d}{dt}\left(\frac{\partial L}{\partial \dot{q}_i}\right)-\frac{\partial L}{\partial q_i}=Q_i \quad (i=1,\,2,\cdots,\,N) \tag{2.80}$$

ここで，L はラグランジュアン（Lagrangean）と呼ばれ，T を対象とするシステムの総運動エネルギー，U を総位置エネルギーとすると，以下で定義される．

$$L=T-U \tag{2.81}$$

式（2.80）の q_i はシステムの一般化座標と呼ばれ，システムの状態を決定できる座標であればどのような座標を選択してもよい．ロボットアームの場合には，関節変位座標としてもよいし，基準となる直交座標としてもよい．また，Q_i は一般化力と呼ばれ，一般化座標に対応した外力（トルクも含む）を表している．一般化座標と一般化力はペアになっており，座標が並進変位であれば力は並進力となり，座標が回転変位であれば力はトルクとなる．なお，式（2.80）の N は一般化座標の個数である．

ラグランジュの運動方程式を利用するメリットは，システムの運動エネルギーと位置エネルギーさえ表現すれば，ラグランジュアン L を作成した後，機械的に式（2.80）を計算すれば，所望の運動方程式が得られることにある．

【例 2.12：ラグランジュ方程式による平面 2 関節ロボットの運動方程式】

取り扱うロボットアームは，図 2.14 に示した平面 2 関節ロボットアームであり，ロボットアームを特徴づける諸記号は例 2.11 と同じであるとする．

運動エネルギーと位置エネルギーを求めるためには，各リンクの質量中心の並進速度と各リンクの質量中心位置を記述する必要があるが，式（2.7）のような外積演算を使用せず，直接，基準直交座標 $(J_1 - xy)$ の座標表現から計算することにする．

まず，第 1 リンクの質量中心 G_1 の位置座標 (x_1, y_1) は以下となる．

$$x_1 = l_{g1}\cos q_1,\quad y_1 = l_{g1}\sin q_1 \tag{2.82}$$

式（2.82）の両辺を時間 t で微分して次式を得る．

$$\dot{x}_1 = -l_{g1}\sin q_1\dot{q}_1,\quad \dot{y}_1 = l_{g1}\cos q_1\dot{q}_1 \tag{2.83}$$

これより，$\|v_1\|^2 = \dot{x}_1{}^2 + \dot{y}_1{}^2 = l_{g1}{}^2\,\dot{q}_1{}^2$ となる．また，第 1 リンクの角速度 ω_1 は $\dot{q}_1$ である．したがって，第 1 リンクの有する運動エネルギーを T_1，位置エネルギーを U_1 とすると，以下のようになる．

$$T_1 = \frac{1}{2}M_1\|v_1\|^2 + \frac{1}{2}\boldsymbol{\omega}_1^T\,(I_1\boldsymbol{\omega}_1) = \frac{1}{2}M_1\,l_{g1}{}^2\,\dot{q}_1{}^2 + \frac{1}{2}I_1\,\dot{q}_1{}^2 = \frac{1}{2}(M_1\,l_{g1}{}^2 + I_1)\,\dot{q}_1{}^2 \tag{2.84}$$

$$U_1 = M_1 g y_1 = M_1 g l_{g1}\sin q_1 \tag{2.85}$$

次に，第 2 リンクの質量中心 G_2 の位置座標 (x_2, y_2) は以下となる．

$$x_2 = l_1\cos q_1 + l_{g2}\cos(q_1 + q_2),\quad y_2 = l_1\sin q_1 + l_{g2}\sin(q_1 + q_2) \tag{2.86}$$

式（2.86）の両辺を時間 t で微分して次式を得る．

$$\dot{x}_2 = -l_1 \sin q_1 \dot{q}_1 - l_{g2} \sin(q_1 + q_2)(\dot{q}_1 + \dot{q}_2)$$
$$\dot{y}_2 = l_1 \cos q_1 \dot{q}_1 + l_{g2} \cos(q_1 + q_2)(\dot{q}_1 + \dot{q}_2) \tag{2.87}$$

これより，$\|\boldsymbol{v}_2\|^2 = \dot{x}_2{}^2 + \dot{y}_2{}^2 = l_1{}^2 \dot{q}_1{}^2 + l_{g2}{}^2 (\dot{q}_1 + \dot{q}_2)^2 + 2l_1 l_{g2} \cos q_2 \dot{q}_1 (\dot{q}_1 + \dot{q}_2)$ となる．また，第2リンクの角速度$\boldsymbol{\omega}_2$は$(\dot{q}_1 + \dot{q}_2)$である．したがって，第2リンクの有する運動エネルギーをT_2，位置エネルギーをU_2とすると，以下のようになる．

$$T_2 = \frac{1}{2} M_2 \|\boldsymbol{v}_2\|^2 + \frac{1}{2} \boldsymbol{\omega}_2{}^T (\boldsymbol{I}_2 \boldsymbol{\omega}_2)$$
$$= \frac{1}{2} M_2 (l_1{}^2 \dot{q}_1{}^2 + l_{g2}{}^2 (\dot{q}_1 + \dot{q}_2)^2 + 2l_1 l_{g2} \cos q_2 \dot{q}_1 (\dot{q}_1 + \dot{q}_2)) + \frac{1}{2} I_2 (\dot{q}_1 + \dot{q}_2)^2 \tag{2.88}$$

$$U_2 = M_2 g y_2 = M_2 g (l_1 \sin q_1 + l_{g2} \sin(q_1 + q_2)) \tag{2.89}$$

以上から，このシステムのラグランジュアン $L = T_1 + T_2 - U_1 - U_2$ を求めると，以下のようになる．

$$L = \frac{1}{2}(M_1 l_{g1}{}^2 + I_1)\dot{q}_1{}^2 + \frac{1}{2} M_2 (l_1{}^2 \dot{q}_1{}^2 + l_{g2}{}^2 (\dot{q}_1 + \dot{q}_2)^2 + 2l_1 l_{g2} \cos q_2 \dot{q}_1 (\dot{q}_1 + \dot{q}_2))$$
$$+ \frac{1}{2} I_2 (\dot{q}_1 + \dot{q}_2)^2 - M_1 g l_{g1} \sin q_1 - M_2 g (l_1 \sin q_1 + l_{g2} \sin(q_1 + q_2))$$
$$= \frac{1}{2} \dot{\boldsymbol{q}}^T \begin{pmatrix} I_1 + M_1 l_{g1}{}^2 + I_2 + M_2 (l_1{}^2 + l_{g2}{}^2 + 2l_1 l_{g2} \cos q_2) & I_2 + M_2 (l_{g2}{}^2 + l_1 l_{g2} \cos q_2) \\ I_2 + M_2 (l_{g2}{}^2 + l_1 l_{g2} \cos q_2) & I_2 + M_2 l_{g2}{}^2 \end{pmatrix} \dot{\boldsymbol{q}}$$
$$- M_1 g l_{g1} \sin q_1 - M_2 g (l_1 \sin q_1 + l_{g2} \sin(q_1 + q_2)) \tag{2.90}$$

式 (2.90) においては，$\dot{\boldsymbol{q}} = (\dot{q}_1, \dot{q}_2)^T$ として，運動エネルギー$(T_1 + T_2)$に対応する項を2次形式で表現している．式 (2.90) に対するラグランジュの運動方程式は以下の2組の方程式である．

$$\frac{d}{dt}\left(\frac{\partial L}{\partial \dot{q}_1}\right) - \frac{\partial L}{\partial q_1} = \tau_1, \quad \frac{d}{dt}\left(\frac{\partial L}{\partial \dot{q}_2}\right) - \frac{\partial L}{\partial q_2} = \tau_2 \tag{2.91}$$

式 (2.91) の2つのラグランジェ方程式を計算すると，最終的に次の2組の駆動トルクに関する運動方程式を得る．

$$(I_1 + M_1 l_{g1}{}^2 + I_2 + M_2 (l_1{}^2 + l_{g2}{}^2 + 2l_1 l_{g2} \cos q_2))\ddot{q}_1$$
$$+ (I_2 + M_2 (l_{g2}{}^2 + l_1 l_{g2} \cos q_2))\ddot{q}_2 - M_2 l_1 l_{g2} \sin q_2 (2\dot{q}_1 \dot{q}_2 + \dot{q}_2{}^2)$$
$$+ M_1 g l_{g1} \cos q_1 + M_2 g (l_1 \cos q_1 + l_{g2} \cos(q_1 + q_2)) = \tau_1 \tag{2.92}$$

$$(I_2 + M_2 (l_{g2}{}^2 + l_1 l_{g2} \cos q_2))\ddot{q}_1 + (I_2 + M_2 l_{g2}{}^2)\ddot{q}_2$$
$$+ M_2 l_1 l_{g2} \sin q_2 \dot{q}_1{}^2 + M_2 g l_{g2} \cos(q_1 + q_2) = \tau_2 \tag{2.93}$$

式 (2.92), (2.93) の運動方程式系は，連立非線形微分方程式となっており複雑に見えるが，次のように整理することができる．

$$M(q)\ddot{q} + h(q, \dot{q}) + g(q) = \tau \tag{2.94}$$

ここで，$q = (q_1, q_2)^T$, $\tau = (\tau_1, \tau_2)^T$ とし，以下の諸量を定義している．

$M(q) \equiv$

$$\begin{pmatrix} I_1 + M_1 {l_{g1}}^2 + I_2 + M_2({l_1}^2 + {l_{g2}}^2 + 2l_1 l_{g2}\cos q_2) & I_2 + M_2({l_{g2}}^2 + l_1 l_{g2}\cos q_2) \\ I_2 + M_2({l_{g2}}^2 + l_1 l_{g2}\cos q_2) & I_2 + M_2 {l_{g2}}^2 \end{pmatrix}$$

$$h(q, \dot{q}) \equiv \begin{pmatrix} -M_2 l_1 l_{g2}\sin q_2(2\dot{q}_1\dot{q}_2 + {\dot{q}_2}^2) \\ M_2 l_1 l_{g2}\sin q_2\, {\dot{q}_1}^2 \end{pmatrix}$$

$$g(q) \equiv \begin{pmatrix} M_1 g l_{g1}\cos q_1 + M_2 g(l_1\cos q_1 + l_{g2}\cos(q_1 + q_2)) \\ M_2 g l_{g2}\cos(q_1 + q_2) \end{pmatrix}$$

式 (2.94) の左辺第 1 項 $M(q)\ddot{q}$ は慣性項であり，第 2 項 $h(q, \dot{q})$ は遠心力とコリオリ力からなる項，第 3 項 $g(q)$ は重力項である．特に，第 1 項の行列 $M(q)$ は慣性行列 (inertia matrix) と呼ばれている．この慣性行列はロボットアームの動力学特性を特徴づける重要な行列であり，設計や制御を行う上での指標となりうる．本例題では，平面 2 関節ロボットアームに関する運動方程式を導いたが，一般の空間 N 関節ロボットアームについても同様の手法により運動方程式を導ける．

2.3.4 動力学方程式の性質と利用

a. 慣性行列の性質

前項の例 2.12 において，平面 2 関節ロボットアームの運動方程式を得たが，N 関節ロボットアームに対しても成立する慣性行列 $M(q)$ の性質を以下に記述する．

1) $M(q)$ は N 行 N 列の正定行列となる．正定行列とは行列の固有値がすべて正となるような対称行列をいう．

2) ロボットアームの総運動エネルギー T は $M(q)$ を使って次式で表される (式 (2.90) を参照のこと)．

$$T = \frac{1}{2}\dot{q}^T M(q)\dot{q} \tag{2.95}$$

3) $M(q)$ は一般に関節変位 q_i をその成分に含むため，ロボットアームの形態の変化に依存してその成分が変化する．このため，形態によって各関節に影響する慣性効果（慣性モーメントや相互干渉）が大きく変動する．

性質 1)，2) は慣性行列を把握する上での指針となるが，性質 3) は運動の複雑さを改めて確認していることに他ならない．実際，性質 2) より，慣性行列を求めることが目的の場合，ラグランジュ方程式を計算する必要はなく，総運動エネルギー T を 2 次形式に記述したときの対称行列そのものが慣性行列となる．

さて，性質 3) は，例 2.12 に示したように，2 つの回転関節をもつロボットアームでさえ，三角関数を含む扱いにくい行列となることを示している．また，行列に非対角成分があるため，第 1 関節のトルク τ_1 が第 2 関節の運動 $(\ddot{q}_2)$ にも影響を与え，第 2 関節のトルク τ_2 が第 1 関節の運動 $(\ddot{q}_1)$ にも影響を与える．

このように，システムの成分が大きく変動し，動的干渉も伴う対象に対しては，制御工学により対処する方法もあるが，ここでは，機構の質量配分を工夫することにより対象が簡単化されることを示す．第 2 リンクの質量中心位置を第 2 関節中心と一致するように設計すると，$l_{g2}=0$ となる．このとき，式（2.94）の慣性行列 $\boldsymbol{M}(\boldsymbol{q})$ の成分は定数となる（干渉項は消えない）．加えて，遠心力とコリオリ力からなる項 $\boldsymbol{h}(\boldsymbol{q}, \dot{\boldsymbol{q}})$ も $\boldsymbol{0}$ となり，重力項 $\boldsymbol{g}(\boldsymbol{q})$ もかなり簡単になる．機構設計段階におけるロボット動特性の簡明化は，制御方式の負担を軽減する意味で重要である．さらに進んだ機構設計としては，第 2 リンクを駆動するアクチュエータを地面に設置して，平行リンクやベルトを介して駆動する方法がある．このような駆動伝達法（並列駆動法）を採用した上で質量配分に工夫をすると，慣性行列 $\boldsymbol{M}(\boldsymbol{q})$ の成分は定数となるのみならず，干渉項（非対角成分）まで消滅することが知られている（演習問題 11）．現実に稼動している産業用ロボットアームは，上に述べたような質量配分にある程度注意を払って設計されているものが多い．

これまで説明をした慣性行列 $\boldsymbol{M}(\boldsymbol{q})$ は，ロボットアームの関節空間で表現した慣性効果を示す行列である．これは，ちょうど，単一剛体の慣性テンソル $\boldsymbol{I}$ を多体剛体リンク系に拡張したことに相当しており，他の空間で表現した（別の一般化座標による）慣性効果を示す行列に変換することは自由である．たとえば，直交作業空間におけるロボットアーム手先の慣性行列はヤコビ行列を使って次のように変換できる．ロボットアームの手先速度 $\dot{r}$ と関節変位速度 $\dot{q}$ の関係は，式（2.56）より $\dot{r}=J(q)\dot{q}$ であるから，$J(q)$ が正則の場合，式（2.95）は以下のようになる．

$$T = \frac{1}{2}(J^{-1}\dot{\boldsymbol{r}})^T \boldsymbol{M}(\boldsymbol{q})(J^{-1}\dot{\boldsymbol{r}}) = \frac{1}{2}\dot{\boldsymbol{r}}^T (J^{-1})^T \boldsymbol{M}(\boldsymbol{q})(J^{-1}\dot{\boldsymbol{r}})$$

$$= \frac{1}{2}\dot{\boldsymbol{r}}^T (J(\boldsymbol{q})^{-T} \boldsymbol{M}(\boldsymbol{q}) J(\boldsymbol{q})^{-1})\dot{\boldsymbol{r}} \tag{2.96}$$

ここで，$J(\boldsymbol{q})^{-T}\boldsymbol{M}(\boldsymbol{q})J(\boldsymbol{q})^{-1}$ は作業空間における慣性行列を表しており，この行列の固有値や固有ベクトルを調べることにより，ロボットアームの手先が運動する作業空間での質量特性などを検討することができる．

b. アクチュエータ特性を考慮した動力学方程式

式（2.94）で表現されるロボットアームの運動方程式は，各リンクに直接駆動トルクが作用する表現となっているが，現実には関節部に摩擦が存在するうえ，駆動トルクを発生するアクチュエータに高減速比の減速機（ギアなど）が付随していることも多い．このような場合には対象とする運動方程式をとらえ直す必要がある．

まず，各関節部に生じる粘性摩擦を考慮した場合，その各関節に対応する粘性摩擦係数を対角成分に並べた行列(対角行列)を粘性摩擦行列 D として，式(2.94)は以下のように表現される．

$$\boldsymbol{M}(\boldsymbol{q})\ddot{\boldsymbol{q}} + \boldsymbol{h}(\boldsymbol{q},\dot{\boldsymbol{q}}) + D\dot{\boldsymbol{q}} + \boldsymbol{g}(\boldsymbol{q}) = \boldsymbol{\tau} \tag{2.97}$$

さらに，駆動トルク（力）を発生するアクチュエータの変位 $\boldsymbol{q}_a$ とその関節変位 $\boldsymbol{q}$ の間の減速比の関係を行列 G_r で表すと，以下の関係が成り立つ．

$$\boldsymbol{q}_a = G_r\boldsymbol{q} \tag{2.98}$$

また，アクチュエータの運動方程式系が次式で与えられるものとする．

$$\boldsymbol{M}_a\ddot{\boldsymbol{q}}_a + D_a\dot{\boldsymbol{q}}_a + \boldsymbol{\tau}_a = \boldsymbol{\tau}_m \tag{2.99}$$

ここで，$\boldsymbol{M}_a$，D_a はそれぞれアクチュエータの慣性行列，粘性摩擦行列，$\boldsymbol{\tau}_m$ はアクチュエータ自体の発生トルク（力），$\boldsymbol{\tau}_a$ はアクチュエータの特性を通してリンクに伝える駆動トルク（力）を表す．減速機を介した駆動トルク $\boldsymbol{\tau}$ と $\boldsymbol{\tau}_a$ の間には，式（2.98）を参照して，仮想仕事の原理（2.3.1 項参照）から次式が成立する．

$$\boldsymbol{\tau} = G_r{}^T\,\boldsymbol{\tau}_a \tag{2.100}$$

結局，式（2.97）に式（2.98）～(2.100）を代入して，$\boldsymbol{\tau}_m$ の $\boldsymbol{q},\dot{\boldsymbol{q}},\ddot{\boldsymbol{q}}$ に関する運動方程式は以下となる．

$$(\boldsymbol{M}(\boldsymbol{q}) + G_r{}^T\boldsymbol{M}_a G_r)\ddot{\boldsymbol{q}} + \boldsymbol{h}(\boldsymbol{q},\dot{\boldsymbol{q}}) + (D + G_r{}^T D_a G_r)\dot{\boldsymbol{q}} + \boldsymbol{g}(\boldsymbol{q}) = G_r{}^T\boldsymbol{\tau}_m \tag{2.101}$$

式（2.101）は，減速比が運動方程式の慣性項と粘性摩擦項に影響することを示している．これらの項の付加はロボットアームの運動をいっそう複雑にするようにも見えるが，減速比が大きい場合には慣性項と粘性項にアクチュエータ自体の特性が減速比の2乗として作用するため，逆に，慣性行列の性質3）の効果が相対的に薄れることになる（例題5.1参照）．このため，減速比の大きいロボットアームの場合，慣性モーメントの変化や相互干渉などを考慮せずに手先の運動を制御できることも多い．

c. 運動方程式の計算とパラメータ推定

式（2.94）あるいは式（2.101）で表されるロボットアームの運動方程式の利用法についてまとめる．通常，ロボットアーム手先を目標軌道に沿って動かす場合，その目標軌道を生成する各関節変位が時間関数 $\boldsymbol{q}(t)$ として得られる（逆運動学問題）．この $\boldsymbol{q}(t)$ を実現するのに必要な駆動入力 $\boldsymbol{\tau}(t)$ を算出したいことがある．機構設計段階においてはアクチュエータ容量の見積もりや選択を行う場合がそうであり，実時間制御段階においては高精度の制御補償を実施する場合がそうである．これらの目的で運動方程式を使用する場合，微分方程式の時間解を求める問題ではなく，所望の運動軌道を実現する入力を決定するという逆の問題となる．この問題をロボット工学では**逆動力学問題**と呼んでいる．逆動力学問題を解くには $\boldsymbol{q}(t)$ から $\dot{\boldsymbol{q}}(t)$ と $\ddot{\boldsymbol{q}}(t)$ を求め，これらの値をラグランジュの運動方程式（2.94）の左辺に代入して駆動入力 $\boldsymbol{\tau}(t)$ を求める手法と，例2.11で触れたようにニュートン-オイラーの運動方程式を利用して拘束力も含めて駆動入力 $\boldsymbol{\tau}(t)$ をドミノ倒し形式で求める手法がある．

また，逆動力学問題と区別するために，通常の微分方程式（運動方程式）の解を求める問題をロボット工学では**順動力学問題**と呼んでいる．式（2.94）に見られるように，ロボットアームの運動方程式は強い非線形性をもつため陽に解くことは望めない．このため，計算機シミュレーションにより，入力に対する運動解を求める必要がある．事前にシミュレーションを実施することは，ロボットアーム自体の性能予測や制御方式の効果を知るうえで重要となる．

式(2.97)をもとに，数値計算シミュレータの構成法を簡単に説明する．式(2.97)において，関節変位速度 $\dot{\boldsymbol{q}}$ を新たな変数 $\boldsymbol{p}$ と置き換えて次式を得る．

$$
\begin{aligned}
\dot{\boldsymbol{q}} &= \boldsymbol{p} \\
\boldsymbol{M}(\boldsymbol{q})\dot{\boldsymbol{p}} + \boldsymbol{h}(\boldsymbol{q}, \boldsymbol{p}) + D\boldsymbol{p} + \boldsymbol{g}(\boldsymbol{q}) &= \boldsymbol{\tau}
\end{aligned}
\tag{2.102}
$$

変位と速度をまとめた状態変数 $\boldsymbol{x} = (\boldsymbol{q}^T, \boldsymbol{p}^T)^T$ を定義して次式を得る．

$$\dot{\boldsymbol{x}} = \boldsymbol{f}(\boldsymbol{x}) + \boldsymbol{b}(\boldsymbol{x})\boldsymbol{\tau} \tag{2.103}$$

ここで，$\boldsymbol{f}(\boldsymbol{x})$，$\boldsymbol{b}(\boldsymbol{x})$ は以下で定義される諸量である．

$$\boldsymbol{f}(\boldsymbol{x}) \equiv \begin{bmatrix} \boldsymbol{p} \\ \boldsymbol{M}(\boldsymbol{q})^{-1}(-\boldsymbol{h}(\boldsymbol{q},\boldsymbol{p}) - D\boldsymbol{p} - \boldsymbol{g}(\boldsymbol{q})) \end{bmatrix}, \quad \boldsymbol{b}(\boldsymbol{x}) \equiv \begin{bmatrix} 0 \\ \boldsymbol{M}(\boldsymbol{q})^{-1} \end{bmatrix}$$

式（2.103）の右辺は $\boldsymbol{x}$ と $\boldsymbol{\tau}$ だけの非線形関数であり，これらにより $\dot{\boldsymbol{x}}$ が決定される 1 階の常微分方程式となっている．常微分方程式の解を得ることは，$\boldsymbol{x}(0)$（すべての関節変位と関節速度）と $\boldsymbol{\tau}(t)$（すべての関節の時間入力）が与えられたときに $\boldsymbol{x}(t)$ を求めることに他ならない．線形でない微分方程式の解を求めるには，一般には数値積分を行う．数値計算の精度をよくするために，サンプリング間隔 Δt の範囲で $\dot{q}$ と $\dot{p}$ の推定値を利用するルンゲ・クッタ法などがよく使用される．また，現在，常微分方程式を数値計算するような CAD（たとえば，Matlab/Simulink™ など）も多く出まわっており，これらを利用すると簡単に数値積分の解が得られる．

最後に，ロボットアームの運動を特徴づける力学パラメータや幾何パラメータの取得について簡単に触れる．機械系 CAD が発達した現在，長さや質量などは事前に算出したり，製作後に計測したりすれば，簡単に取得できそうな気がする．しかしながら，ロボットアームの組み付けが進むにつれて部品点数が多くなり，形状が複雑になると次第に困難を伴う．また，関節部の摩擦係数のようなパラメータは，実際にロボットアームを動かしてみるまで不明なことも多い．

そのため，ロボットアームを設計製作した後，特定の運動を行わせて，そのときの位置，速度，加速度，駆動トルク（力）などからパラメータ値を推定することがしばしば行われる．このようなパラメータ推定の根拠は，式（2.97）や式（2.101）の運動方程式の構造を仮定して行われることが多く，いろいろなパラメータ推定法が提案されている．特に，生産現場で使用される産業用ロボットアームについては，手先位置・姿勢の絶対精度が重要な問題となるため，多くの位置誤差補正法が適用されている．このような静的にも手先誤差を生じる要因としては，以下のような項目が考えられる．

1） 部品単体の寸法や角度誤差
2） 部品組み上げ時の取り付け誤差（寸法と角度）
3） 重力によるリンクのたわみ・ねじれ誤差
4） 減速機（ギヤなど）の摩擦やガタの影響

このような静的誤差を減じるためにも，正確なパラメータの推定は重要課題であり，現在でもさまざまな精度向上手法が考案されている．

演習問題

2.1　内積の幾何学的定義式（2.2）が成分表現による定義式（2.3）と一致することを示せ．

2.2　外積の幾何学的定義式（2.4）が成分表現による定義式（2.5）と一致することを示せ．

2.3　N 次元ベクトル空間における適当なベクトルを $\boldsymbol{x}$，$\boldsymbol{y}$ とする．行列 A を N 行 N 列の直交行列とするとき，行列 A により直交変換されたベクトル $A\boldsymbol{x}$，$A\boldsymbol{y}$ の内積は元の $\boldsymbol{x}$，$\boldsymbol{y}$ の内積と等しいことを示せ（直交変換による内積不変性）．

2.4　本文中の式（2.8）で定義される回転行列 ${}^0\boldsymbol{R}_B$ が直交行列の性質を満足していることを示せ．

2.5　3 次元ベクトル空間における適当なベクトルを x,y とする．行列 A を 3 行 3 列の直交行列とするとき，行列 A により直交変換されたベクトル $A\boldsymbol{x}$，$A\boldsymbol{y}$ の外積はもとの $\boldsymbol{x}$，$\boldsymbol{y}$ の外積全体を行列 A により直交変換した結果と等しくなることを示せ（直交変換による空間ベクトルの外積不変性）．

2.6　例 2.9 において，オイラー角 $\beta=0$ の場合は，式（2.45）と式（2.46）が自動的に満足され，q_1 と q_3 は不定解となるが，空間 3 リンク機構がどのような状態になっているかを考えよ．

2.7　オイラー角の時間微分 $\dot{\boldsymbol{\alpha}}=(\dot{\alpha},\dot{\beta},\dot{\gamma})^T$ と角速度 $\boldsymbol{\omega}$ との間に，式（2.57）の関係が成立することを示せ．

2.8　玩具に見られるコマ（独楽）は，回転体の主軸を通るように，回転させる（実体の）軸が作られている．これはなぜだろうか．

2.9　式（2.70）や式（2.71）のような回転運動の方程式に現れる，角速度に関する項 $\boldsymbol{\omega}\times(\boldsymbol{I\omega})$ が，平面内に拘束された回転運動の場合には消滅することを示せ．

2.10　式（2.76）～(2.79）を利用して，拘束力 $\boldsymbol{F}_1$，$\boldsymbol{F}_2$ を消去することにより，駆動トルクに関する運動方程式（2.92），（2.93）を導出せよ．

2.11　例 2.11 あるいは例 2.12 で取り上げた平面 2 関節ロボットアームでは，第 2 リンクを駆動する回転アクチュエータは第 2 関節 J_2 に取り付けられ，その駆動トルク τ_2 の反作用は第 1 リンクにも影響した．さて，第 2 リンクを駆動する回転アクチュエータを第 2 関節 J_2 に取り付けず，地面に固定した回転アクチュエータからベルトを介して第 2 リンクに回転運動を伝達する場合，この 2 関節ロボットアームの運動方程式はどのようになるか，導出せよ．ただし，ベルトの質量は無視する．

参考文献

1) 佐竹一郎：線型代数学，裳華房，1981.
2) 永田雅宜ほか：線型代数の基礎，紀伊国屋書店，1987.
3) 喜多秀次ほか：力学，学術図書出版，1975.
4) Jerry B. Marion 著，伊原千秋訳：力学 I，II（第 2 版），紀伊国屋書店，1976.
5) 吉川恒夫：ロボット制御基礎論，コロナ社，1988.
6) 広瀬茂男：ロボット工学（改訂版），裳華房，1996.
7) H. Asada and J.-J. E. Slotine：ROBOT ANALYSIS AND CONTROL，JOHN WILEY AND SONS，1986.
8) 川村貞夫：ロボット制御入門，オーム社，1995.

3. ロボットのアクチュエータとセンサ

3.1 ロボットのアクチュエータ

電気モータは，残留磁束密度，あるいは保磁力の大きいフェライト系やネオジウム鉄ボロン系の焼結磁石の開発により，さらに，3次元磁場の最適設計により，モータの小型化と高出力化が進んできた．その結果，応答性，制御性が向上し，コンピュータによる制御が簡単であることから，産業用ロボットのアクチュエータとして広く普及している．一方，電気モータでは出せない高出力を必要とする分野には，油圧・電気サーボアクチュエータが，人間に優しい，やわらかさが求められる分野では空気圧アクチュエータの利用が進んでいる．従来から用いられていた直流モータの小型化，高性能化も進んでいるが，電機子への電流供給のためブラシを必要とし，高速化，高トルク化に限界がある．このため，最近はメインテナンスが不要な交流サーボモータが主流となってきた．

誘導モータは交流モータであり，回転磁界と回転子の速度差（すべり）により生じる誘導電流と回転磁界により駆動トルクを得る．半導体技術とコンピュータ周辺技術の進歩により，インバータ制御による平均速度制御が可能になり，さらに，ベクトル制御によりトルクの実時間制御が可能となった．回転子が堅牢であることからFAモータとしての利用は多い．しかし，ロボットのアクチュエータして多く利用されるのは，回転子を構成する永久磁石による界磁と固定子巻線を流れる電流間に働く電磁力でトルクを得る同期モータである．さらに，小出力のモータでは，直流モータのブラシと整流子の機能をトランジスタによるスイッチング回路で置き換えたブラシレスDCモータが多用される．これらのモータを用いて位置決め，速度制御を行うためには，回転子の位置をホール素子やエンコーダで検出する必要がある．いずれのモータもACサーボモータに分類できるが，コイルに流れる電流が同期モータでは正弦波，ブラシレスモータでは矩形波，台形波である．しかし，最近のブラシレスモータの制御技術の進歩は著しく，コイルの正弦波駆動が可能となり，大容量化が進んでいる．

3.1.1 DC サーボモータ

出力トルクが電機子電流に比例することから“サーボモータ”というと直流モータといわれるほど広く用いられてきた．電機子構造は，出力トルクを回転子位置に依存しないように一定とするため，コイルによる電機子電流が円周上に等間隔に分布する重ね巻を用いる．図 3.1 に重ね巻における界磁，電機子コイル，整流子，ブラシと電流経路を示す．

直流モータに電機子電圧 V_a を加え，角速度 ω でモータが回転している場合，ブラシ降下電圧を V_B，電機子電流の値を I_a とすると次の微分方程式が成り立つ．

$$L_a \frac{dI_a}{dt} + R_a I_a + K_e \omega + V_B = V_a \tag{3.1}$$

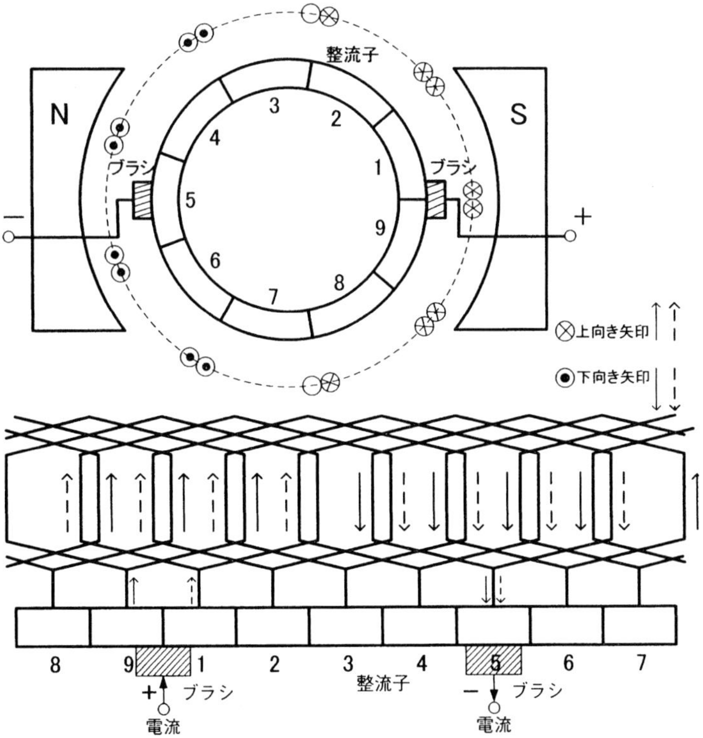

図 3.1 直流モータの電機子の構造と重ね巻による電流経路

ここで，L_a は電機子インダクタンス，R_a は電機子抵抗，K_e は誘起電圧定数あるいは起電力定数と呼ばれ，モータの出力トルク T_m と出力 P_m は次式で表される．

$$T_m = K_t I_a \tag{3.2}$$

$$P_m = \omega T_m \tag{3.3}$$

K_t はトルク定数と呼ばれ，SI 単位系で表現すると，その値は起電力定数 K_e と一致する．式（3.1）と式（3.2）からモータ回転数と出力トルクの関係は次のように表される．

$$T_m = K_t\left(\frac{V_a}{R_a}\right) - \frac{K_t K_e}{R_a}\omega \tag{3.4}$$

図 3.2 に示すように直流モータの始動トルクは大きく，トルクと回転速度の関係が直線的であり，制御性に優れている．また，モータの応答性は電気的時定数 $\tau_e\,(= L_a/R_a)$，機械的時定数 τ_m，パワーレート $Q\,(= T^2/J : T$ は定格トルク）がその目安となる．特に，機械的時定数 τ_m は回転子の慣性モーメントを J として次式で与えられる．

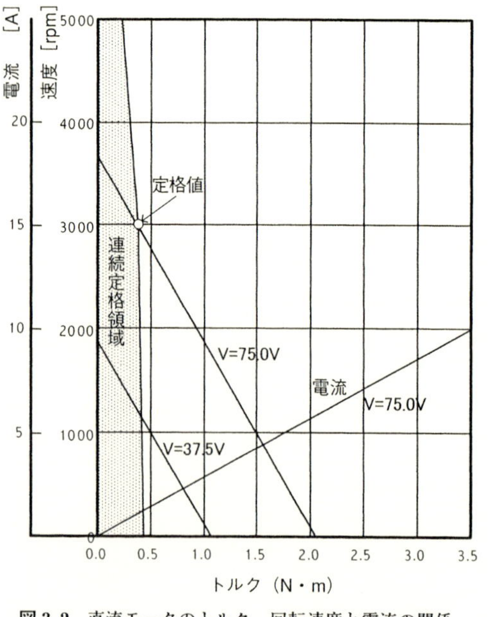

図 3.2　直流モータのトルク，回転速度と電流の関係

$$\tau_m = \frac{JR_a}{K_t K_e} \tag{3.5}$$

3.1.2 ACサーボモータ

a. 回転磁界

図3.3に示すように円周上に120°ごとに配置されたコイルU，V，Wに3相交流を加えるとき，回転座標系の角度ϕの位置につくられる各コイルによる磁界は$H\cos\phi$，$H\cos(2\pi/3-\phi)$，$H\cos(4\pi/3-\phi)$であり，これらの合成磁界H_mは$H_m=(3/2)H\sin(\omega t-\phi)$と表され，回転角速度$\omega$の回転磁界が得られる．

交流モータの特徴は，同期回転速度N_0[rpm]が電源周波数f，すなわち，回転磁界の速度に比例する点であり，インバータ制御により電源周波数を変えて速度制御が簡単に行えるようになった．モータの極数をpとすると同期回転速度は次式で与えられる．

$$N_0 = \frac{60f}{(p/2)} \tag{3.6}$$

交流モータの利点はブラシレスという点にあり，特に，かご型誘導モータはコイルがアルミ棒で構成され，構造も堅牢でメインテナンスが不要のため，産業用に適している．さらに，インバータ制御やベクトル制御により，サーボモータとしての用途が急増している．また，ブラシによる摩擦がないので，モータの高速化についても適している．

b. ブラシレスモータ

最近のACサーボモータの回転子は永久磁石をロータの表面に貼り付けた表面磁石形（SPM）と磁石をロータに埋め込んだ埋込形（IPM）のものが多い．同期モータは，回転磁界により，

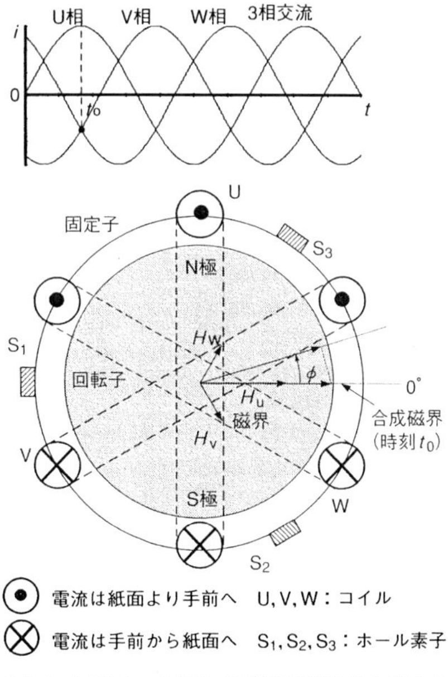

図3.3 同期モータにおける回転磁界の生成とトルクの発生原理

永久磁石あるいは電磁石で構成される回転子を電磁吸引力（NS 間に働く吸引力）で回転させる．同期モータの回転速度は，回転磁界の回転速度に比例する．ただし，回転軸に加えられる負荷トルクにより，回転子は回転磁界に対して回転角 δ だけ遅れて回転する．したがって，δ が $\pi/2$ のとき，出力トルクは最大となり，AC サーボモータでは，回転子磁極位置に対し，回転磁界が直交するように制御する．また，突極型構造のモータでは，磁気抵抗が小さくなる（磁力線が通過しやすい）位置に磁極が復元しようとするトルク（リラクタンストルク）が加わる．

磁極の磁束密度を B，磁極の軸方向長さを L，コイルに流れる電流を I_U，I_V，I_W とすると，3 相コイルと磁極間に働くトルクの和は次式で与えられる．

$$T = BLI_U \sin\omega t + BLI_V \sin\left(\frac{2}{3}\pi + \omega t\right) + BLI_W \sin\left(\frac{4}{3}\pi + \omega t\right) \tag{3.7}$$

ここで，3 つの相に流れる電流を $I_U = I \sin\omega t$，$I_V = I \sin\left(\frac{2}{3}\pi + \omega t\right)$，$I_W = I \sin\left(\frac{4}{3}\pi + \omega t\right)$ となるように制御すると回転磁界と回転子磁極位置は直交し，トルクは次のように与えられる．

$$T = \frac{3}{2}BLI \tag{3.8}$$

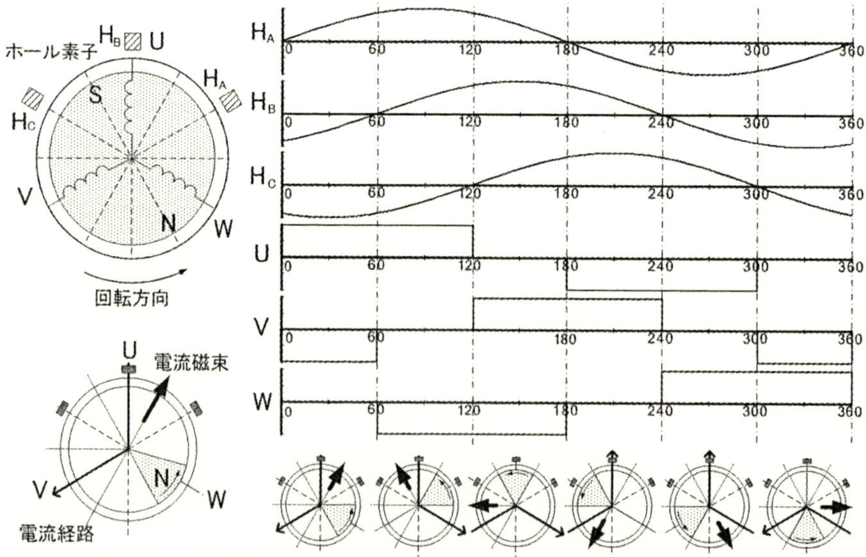

図 3.4 ブラシレス DC モータの動作原理と電流制御方法

図 3.4 は N 極 S 極 1 対の磁極をもつ回転子を 3 相コイルで駆動する最も簡単な構造のブラシレス DC モータの原理である．ホール素子を用いてロータの磁極の位置を先行して検出し，3 相の固定子巻線に速度指令に応じた矩形波電流を流し，60° ごとに回転する回転磁界と磁極の位置が直交するように制御する．すなわち，3 つのホール素子により N，S の磁極を検出し，3 相コイルの矩形波電流の通電，非通電の 6 つの相を制御する．最近では，非通電時にコイルに誘起される起電力を利用したセンサレスドライブ方式がコストを重視する家電用モータで多く利用されるようになった．

さらに滑らかなトルク制御を重視する交流サーボモータでは，ロータ位置と回転磁界が常に直交するようにロータの位置をインクリメンタルエンコーダ，あるいはアブソリュートエンコーダで検出し，3 相コイルに正弦波電流を流す．機械的時定数は直流サーボモータよりも 1 桁近く小さく，1 ms 以下である．図 3.5 に AC サーボモータの回転数トルク性能を示す．

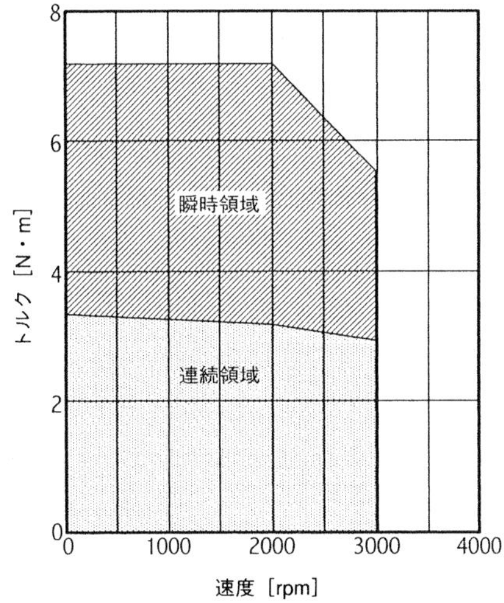

図 3.5　交流サーボモータの回転速度とトルクの関係

3.1.3　ステッピングモータ

コンピュータの普及により，ディジタル制御に適したステッピングモータが小出力，低速駆動用モータとして多用されている．図 3.6 に示すように固定子側に設けられた電磁石の磁極を切り換えてつくられる回転磁界と永久磁石の間の電磁吸引力と，固定子歯と回転子歯の磁気抵抗を小さくする位置に安定しようとするリラクタンストルクにより，回転子がディジタル的に一定

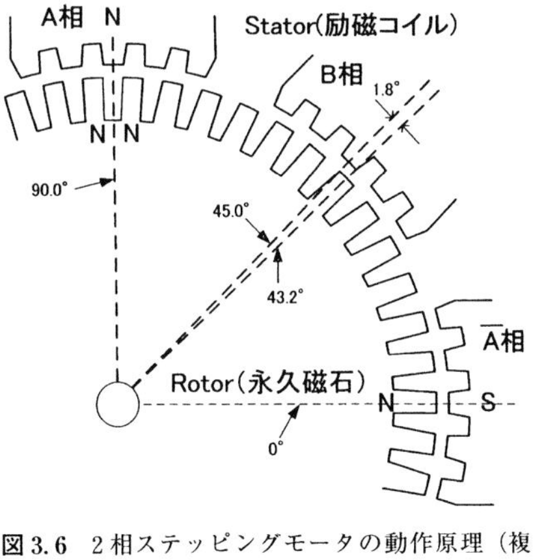

図 3.6　2 相ステッピングモータの動作原理（複合型）

角度ずつ回転する．別名パルスモータとも呼ばれ，パルス数に比例した位置決め制御，あるいはパルスレートに比例した速度制御がオープンループで実現できるので，ロボットの関節駆動，マイクロマウスの車輪駆動，プリンタ，工作機械のXY テーブルなどの位置決め用モータとして広く用いられている．

2 相，あるいは 5 相ステッピングモータは，それぞれ 2 つ（A，B），5 つ（A，B，C，D，E）の励磁コイルをもつ．コイルの励磁方式には 1 相励磁，2 相励磁，1—2 相励磁方式，3 相励磁，4 相励磁，4—5 相励磁，5 相励磁などがあり，0.9°，1.8°，0.36°，0.72°などのステップ角を実現できる．パルスレートが大きくなるとコイルへの励磁電流の供給がコイルの時定数 L/R による遅れのため不十分となり，回転磁界の大きさが小さくなり，負荷を回転させるために必要なトルクを出力できなくなる．この現象を脱調という．図 3.7 はモータの回転数に対する出力トルクを示したもので，パルスレートが大きくなると小さな負荷トルクで脱調する．特に，ステッピングモータが自起動できる最大境界トルクをプルイントルク，最大限引き出せるトルクをプルアウトトルクといい，その間の領域をスルー領域という．ステッピングモータを駆動する場合，自起動できる領域のみで運転すれば脱調は起こらないが，モータを高速で運転することができない．

パルスモータの高速化を実現する方法として，電源と励磁コイル間に直列に抵抗を挿入し，コイルの時定数を小さくする外部直列法が最も簡単である．これにより，モータ速度の数倍の高速化が可能であるが，一般的に用いられるのは，コイル電流が十分に供給できるようにコイルへの印加電圧を大きくし，定格電流を

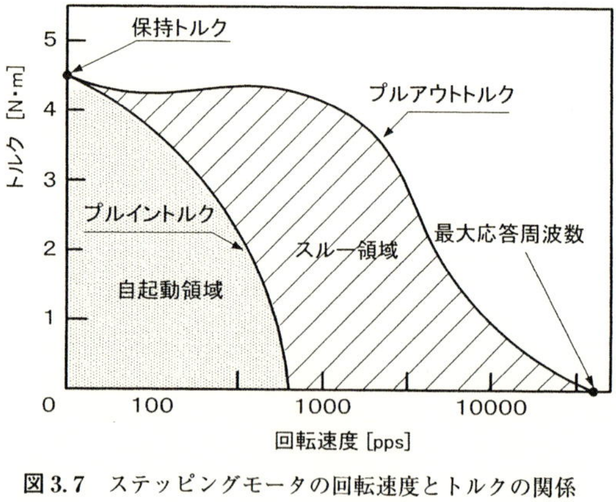

図 3.7　ステッピングモータの回転速度とトルクの関係

目標値としてトランジスタをスイッチングするチョッパ定電流制御である．

3.1.4 超音波モータ

小型，軽量で高トルクが得られ，減速することなく，低速回転が得られ，ギヤ音がなく，静粛であることから，筋電義手などの駆動モータとして期待されている．また，停止時に摩擦力による保持トルクをもつ．ただし，摩擦による発熱量が大きく，モータの効率が悪いのが欠点である．

図 3.8 に示す進行波方式の超音波モータでは，圧電素子（たとえば，チタン酸ジルコン酸鉛）で構成される電極を金属の弾性体に貼り付けたステータ構造（銅合金）とロータ部材（アルミ合金）を対面接触させ，弾性体に発生する縦波と横波による高次のたわみ振動による進行波で駆動力を得る．実際には 1/4 波長ずらした圧電セラミックスによる電極群を貼り付け，これらの 2 つの電極群にたわみモードの固有振動数に近い交流電圧を 90° の位相差が異なるように加える．接触面での楕円運動の波頭速度は数 mm～数百 mm/s となり，ロータ径を大きくすることにより回転角速度を小さくし，出力トルクを大きくすることができる．一般に，電極に加える励振周波数 f は直列共振周波数を f_s，並列（反）共振周波数を f_p とするとき，$f_r < f < f_p$ であり，励振周波数を低周波数側にシフトすると振幅が大きくなり，回転速度は大きくなる．

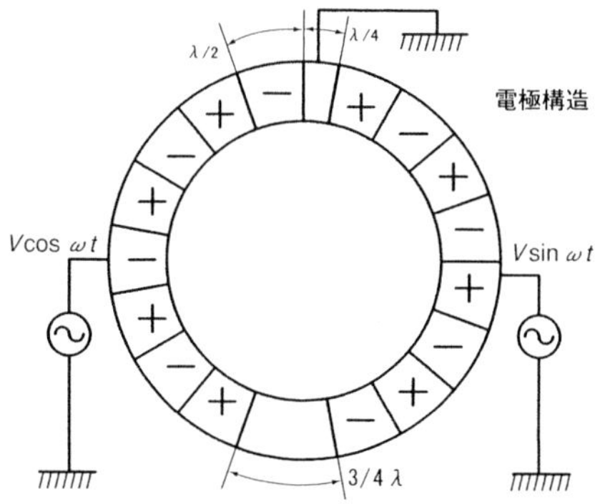

(a) 超音波モータの弾性体部と2相交流生成部

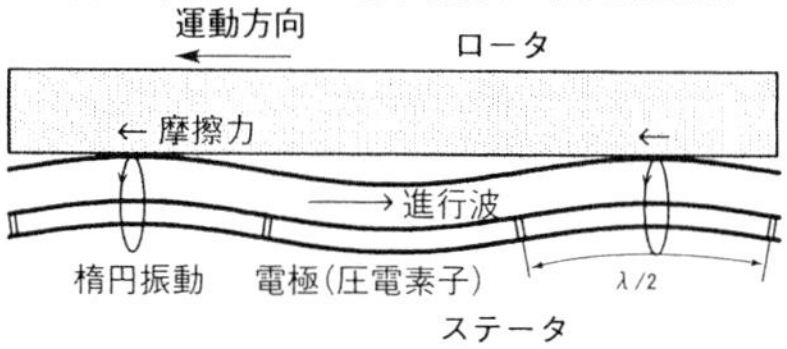

(b) 進行波型超音波モータの原理

図 3.8 超音波モータの動作原理

3.1.5 ダイレクトドライブモータ

ダイレクトドライブモータは，歯車などの減速機を用いないので，バックラッシュがなく，摩擦による損失が小さく，高速・高精度の位置決めモータとして期待されている．しかし，通常のモータの 50～100 倍の高トルクが要求される．最近では，バックラッシュが小さく，減速比の大きいハーモニックドライブ減速機を装備した高トルク，低速モータが開発され，ロボットの関節駆動に多く利用されている．

そのほか，ロボットの多くの運動は直線運動であり，ボールねじや，ラックピニオン，ウォームギヤ，ソレノイドなどの機械要素により，回転運動を直線運動に変換して実現する場合が多く，位置決め精度を向上させるためには，負荷を直接，直線駆動することが必要である．リニアモータは，すでに説明した直流，交流，パルス方式のものが開発されているが，ダイレクトドライブモータに分類でき，その用途は拡大している．

3.1.6 空気圧アクチュエータ

エアチャック，エアハンドなど，空気圧を利用したハンドは多い．また，負圧を利用して壁面に吸着して登る脚型ロボット，さらに，空気の圧縮性によるエネルギ蓄積効果や柔らかさを活かした力制御，コンプライアンス制御に適用され，空気圧アクチュエータは，人間型ロボットの腕，脚，指の駆動をはじめとし，介護，看護ロボットなどの人に優しいアクチュエータとして期待されている．

空気圧シリンダにおいて，熱の授受のない断熱変化を仮定するとエネルギ保存則から質量流量 G とピストン速度 v との間に次式が成り立つ．

$$G = \frac{1}{RT}\left(\frac{V}{\kappa}\frac{dP}{dt} + PAv\right) \tag{3.9}$$

ここで，R は気体定数，T は絶対温度，V はシリンダ室容積，κ は比熱比，P はシリンダ室圧力，A はピストンの断面積である．空気の圧縮性（式 (3.9) の第 1 項）や温度変化によりシステムの動特性が変化し，運動制御性能は電気モータ，油圧アクチュエータに比べて劣る．

1950 年代に開発されたマッキベン型人工筋は，図 3.9 に示すように繊維強化ゴムの軸方向に収縮する性質（異方性弾性）を利用した空気圧アクチュエータで，人間の筋肉の収縮を模擬することができる．チューブ内圧を P，初期状態 ($P = 0$) の人工筋の繊維の編み角を θ_0，直径を D_0，収縮率を ε とするとき，人工筋に生じる収縮力 F は次のように表される．

$$F = \frac{\pi}{4}{D_0}^2\frac{P}{\sin\theta_0}\{3(1-\varepsilon^2)\cos^2\theta_0 - 1\},\quad \varepsilon = \frac{L_0 - L}{L_0} \tag{3.10}$$

複数のアクチュエータを並列に接続し，各アクチュエータに適当な圧力差を与え，拮抗させ，任意の方向に湾曲させることにより，人間を補助するパワーアシ

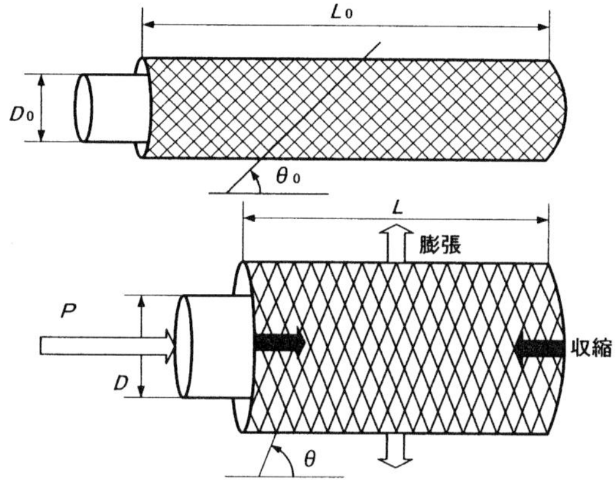

図 3.9 マッキベン型空気圧アクチュエータの構造と動作原理

スト装置や，これらを小型化した FMA（Flexible Micro Actuator）などが開発されている．圧力の制御は，圧力比例弁や高速オンオフ弁をパルス幅変調信号により駆動する方法によって行われる．

3.1.7 油圧アクチュエータ

油圧アクチュエータは，土木・建設ロボットを中心に圧延，成形など，電気モータでは困難な大きなパワーの必要な分野で使用される．高速・大出力で，特に出力対重量比や加減速性能は電気式アクチュエータに比べ 1 桁優れ，高速・高精度の位置決め制御が可能である．しかし，システムは高価であり，付属設備に大きなスペースを要し，油もれ，油温などの保守管理を必要とする．油圧シリンダの動作原理は，パスカルの原理に基づき，作動油の体積流量の大きさを変えることにより動作速度，出力を制御する．

フライトシミュレータのような疑似体感シミュレータは 6 つのパラレルリンクを利用したロボットであり電気油圧サーボ方式の油圧シリンダが用いられ，出力何十トンの大きな運動性能をもつ．電気油圧サーボ方式では，コイル電流に比例する電磁力と磁極間に働く力を利用してアーマチュアを変位させ，この機械的変位をノズルフラッパ機構により油圧力に変換し，増幅する．図 3.10 にサーボ弁を構成するトルクモータとスプールの構造を示す．

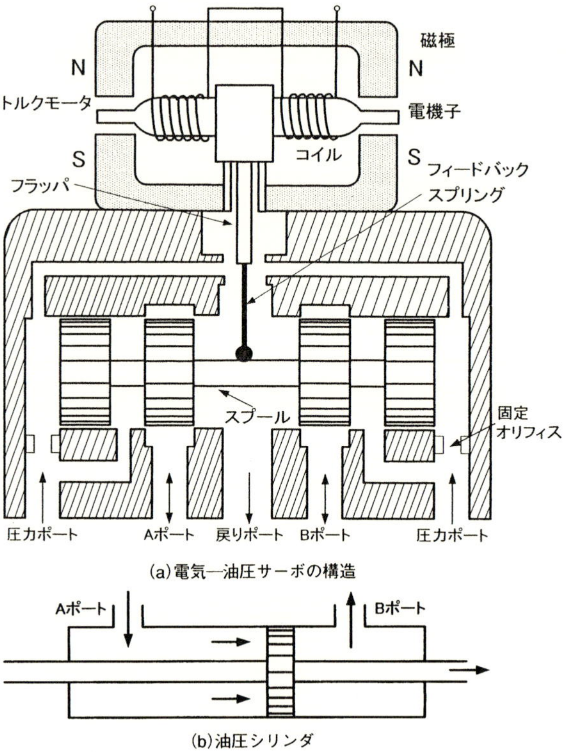

図 3.10　電気油圧サーボの構造と動作原理

3.1.8　電磁ブレーキ

ロボットが停止しているときに関節が重力により目標位置からずれたり，搬送ロボットが停止中に外力で簡単に動いてしまうことは，動作精度の点からも，安全面の点からも問題となる．また，緊急時にロボットの動作をすみやかに停止させる機能をもたせる必要がある．関節の位置決め制御において，目標値からのずれを常に0とするような剛性を電気的にモータにもたせることはできるが，確実性を重視し，スプリングによる機械的な制動ブレーキ，無励磁型電磁ブレーキが用いられる．ロボットの動作中は励磁電流を流し，ブレーキを開放し，電源が遮断されるとスプリングでブレーキをかける方式が一般的である．

3.1.9 新原理アクチュエータ

a. 形状記憶合金（SMA）

直線往復運動するアクチュエータのなかでは重量に対する出力の比（出力・重量比）が非常に大きく，薄膜成形によりマイクロマシンへの応用も可能である．摺動部を必要とせず，動作音を発生しない静かなアクチュエータであり，医療用で外科的な作業を行うための能動カテーテルなどのアクチュエータとして期待されている．

駆動方法は，直接通電し，ジュール熱により加熱する方法が一般的である．たとえば，Ni－Ti による SMA の抵抗率は $90 \times 10^{-8}\,\Omega\mathrm{m}$ でニクロム線の抵抗率に近い．しかし，熱を加えすぎると材質変化により形状記憶特性が失われることがある．また，冷却時間を必要とし，応答性に課題が残る．構造的には，コイル状の SMA とバイアスばねを組み合わせて直線変位を得るものが多い．

b. 静電アクチュエータ

間隔 x，面積 S の 2 枚の向かい合った電極間に電圧 V を加えたとき，電極間に働く静電気力は次式のように表される．

$$F_V = \frac{\varepsilon_0 \varepsilon_r S}{2} \frac{V^2}{x^2} \tag{3.11}$$

ここで，$\varepsilon_0 \varepsilon_r$ は電極間の媒質の誘電率である．電磁力の大きさが長さの 3 乗に比例するのに対し，静電力の大きさは長さに直接依存せず，微小構造をもつアクチュエータでは静電気力が有利である．

電極間距離が小さいとき問題となる放電破壊（開始）電圧は，雰囲気の気圧 p と電極間距離 d の積 pd の関数として与えられ，pd が小さいとき，気体分子と電子の衝突数が少なくなり，放電破壊は起こりにくくなる（パッシェンの法則）ので，静電アクチュエータはマイクロマシンのアクチュエータとして有望である．

c. 圧電アクチュエータ

圧電素子は図 3.11(a), (b), (c) に示すユニモルフ構造，バイモルフ構造，積層構造のものが実用化されており，PZT 素子（チタン酸ニオブ酸鉛）からなる．素子に生じるひずみ S [無次元] と応力 T [N/m²]，電界 E [V/m]，圧電ひずみ定数 d [C/N]，コンプライアンス s^F [m²/N] との間に次のような関係がある．

$$s = s^E T + dE \tag{3.12}$$

たとえば，超音波送波器ではユニモルフ構造を採用しているが，バイモルフ構

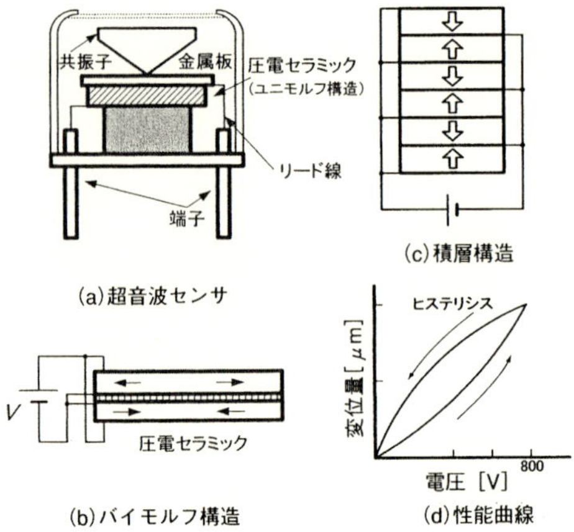

図 3.11　圧電素子の構造と動作原理

造とすることにより，先端の変位を大きくすることができ，数百 μm の変位を実現できる.

積層構造のものは PZT 素子を数十枚から数百枚積み重ね，両面に電極を取り付けた構造で，熱変形補償など精密位置決めの微動機構としてすでに実用化されている．一方，積層構造素子の両端をクランプすると E をヤング率，A を断面積として，

$$F = AE\frac{\Delta L}{L} \tag{3.13}$$

により，数十 kN におよぶ大きな力を発生することができる．しかし，図 3.11(d) に示すように素子に加える電圧を上昇させたときと下降させたときの変位量にヒステリシスを生じるので，精密な位置決めを行うためには位置センサを必要とする．また，静電アクチュエータと同様に，電界を大きくするために数百 V の高電圧電源を必要とする.ただし,静電アクチュエータと同様に駆動電流は小さい.

d.　将来の動向

現在，実用化されているアクチュエータは，直線運動，あるいは回転運動の 1 自由度のみの運動を行うものであり，2 次元運動が可能なサーフェスモータ，ロボットの関節を効率よく駆動できる 3 次元球面モータなどの実用化が望まれる．また，モータの高トルク，高性能化のネックとなっている発熱の問題の解決，エネルギ積のさらに大きな磁石材料の開発，その他，モータを構成する高透磁率で鉄損の小さな電磁鋼板などの材料の開発などが，高効率化への課題である.

一方,電流を流すことにより膨張・収縮するプラスチックアクチュエータなど,高分子化学の分野などでもアクチュエータとして利用可能な新しい材料が次々に開発されている.

3.2 位置決め・速度制御のための電子回路

サーボ制御系は図 3.12(a) に示すように,内側のループから電流制御ループ,速度制御ループ,位置制御ループで構成される.従来は,演算増幅器を用いてアナログ制御系として設計されてきたが,最近は,図 3.12(b) のように,マイクロプロセッサ,ディジタルシグナルプロセッサや偏差カウンタを用いたディジタルサーボ系で構成される場合が増えている.

3.2.1 PWM

モータの回転方向および速度制御は,図 3.13 のようなブリッジ回路で行う.ブリッジを構成するスイッチング素子には,比較的大きな電流の制御が可能なバイ

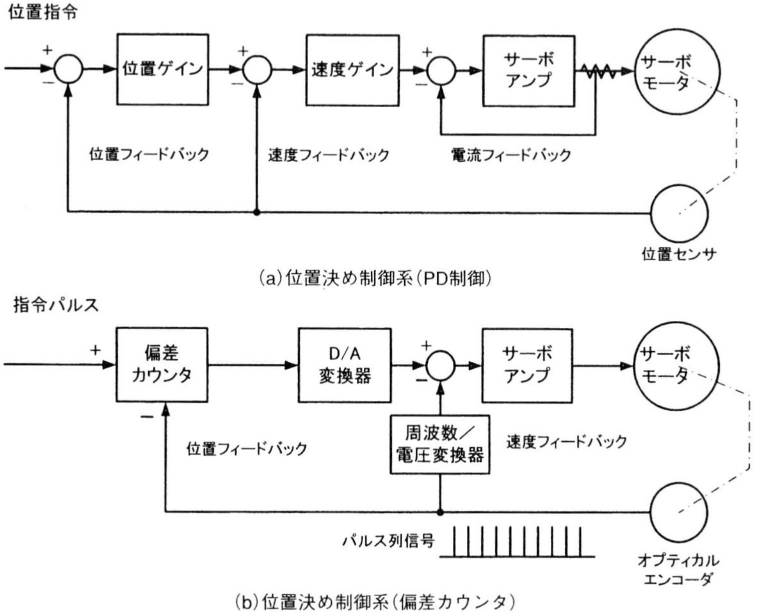

図 3.12 サーボメカニズムを構成するアナログおよびディジタル制御回路構成

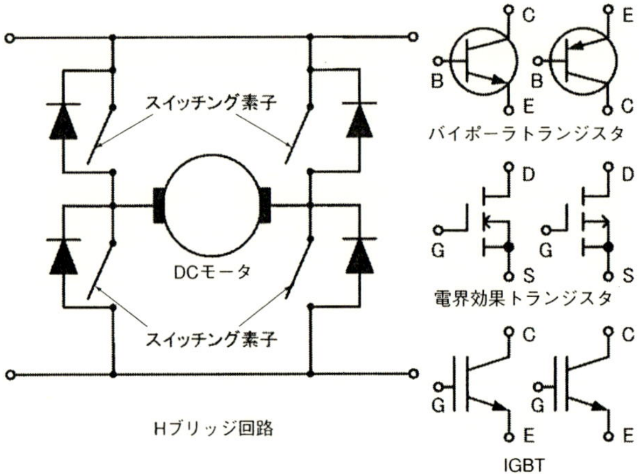

図 3.13　モータの正転・逆転・ブレーキ制御のためのスイッチング回路

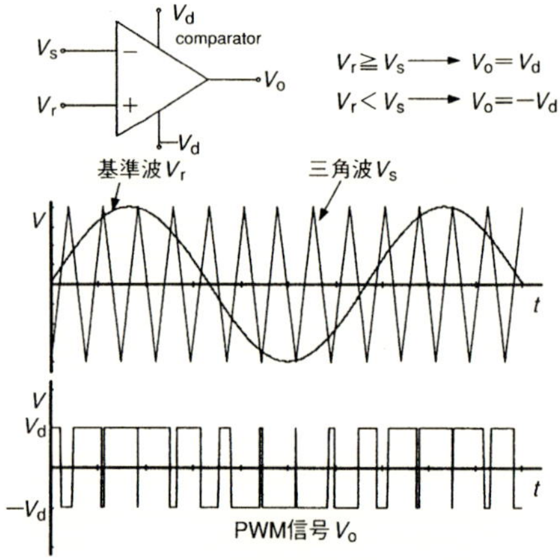

図 3.14　パルス幅変調信号生成の原理

ポーラトランジスタ，高速のスイッチングが可能で入力段の損失が小さいパワー MOSFET，最近は 2 つの素子の利点をあわせもつ IGBT（Insulated Gated Bipolar Transistor）が用いられる．これらのトランジスタで大きな電力を高速に ON/OFF できるようになり，パルス幅変調（PWM：Pulse Width Modulation）技術と高性能ディジタルフィルタ技術により，モータに加わる電圧，電流を望み通りに制御することが可能となっている．

速度制御を例にとると，図 3.14 に示すように PWM 制御は，速度を与える信号波（基準波）と比較入力に用いる三角波の振幅比較をコンパレータ（演算増幅器）で行い，パルスの ON/OFF，すなわち，パルス幅を決めるディジタル制御である．与えられる速度に応じて PWM 制御のパルス幅を計算し，出力する専用の DSP（Digital Signal Processor）も開発されている．モータ制御用の DSP は CPU，メモリのほか，電流検出のための AD 変換器，タイマ/カウンタ，コンパレータ，シリアルポート，汎用 I/O などのペリフェラル，パルス列信号の発生機能，イベントマネージャなどを備える．DSPの特徴は，プログラムバスとデータバスが分離されており，高速乗算を並列に処理することができることであり，リアルタイム性が要求されるディジタル信号処理，制御に適している．

3.2.2 パルス列信号処理技術

位置決め，速度検出に利用されるエンコーダから得られる信号はパルス列信号であり，モータへの制御入力をパルス列信号で与えれば，入力パルス数とモータ軸に取り付けられたエンコーダからの出力パルス数が一致するように位置決めを行えばよい．この考え方に基づいたのが，図3.12(b) に示す偏差カウンタによる位置決め，および速度制御方式である．偏差カウンタの値は，上述の指令入力パルス信号数からエンコーダからのパルス信号数を引いた値であり，偏差カウンタの値がDA変換され，サーボアンプへの速度指令電圧値となる．モータによる位置決め制御では，位置決めループ内部に速度フィードバックループをもち，速度は，パルス列信号のFV（周波数–電圧）変換により与えられる．

指令パルスとして F［pps］の一定周期のパルス列信号を与えるとき，モータは速やかに一定速度に達するが，与えられたパルス数に相当する位置に対して位置偏差を生じる．位置偏差は，偏差カウンタへの溜まりパルス ε に比例し，溜まりパルス数と位置ループゲイン K_p との間に次のような関係がある．

$$\varepsilon = \frac{F}{K_p} \tag{3.14}$$

3.3 ロボットのセンサ

3.3.1 センサの分類

ロボットに特定の仕事を実行させるためには，ロボットの内部状態はもちろんのこと，外部の状態について，コンピュータが情報処理できる範囲で，数値，記号化する必要がある．ロボットの運動状態や幾何学状態などの内部状態を計測するセンサを内界センサ，ロボットと接触，あるいは外部に存在するものの状態をロボット上から計測するセンサを外界センサという．

センサの入出力に関し，直接対象からの力を受けて出力を得るものを接触センサ，光，電磁波，音などの放射，あるいは反射波を受けて出力を得るものを非接触センサと分類する．

入力に対する出力の時間応答は制御のリアルタイム性を確保するために重要であり，制御工学で用いられる0次，1次，2次遅れで表現できる．そのほか，センサの分解能，センサの感度，ダイナミックレンジ(最大検出範囲と分解能の比)などが制御対象とあわせて，センサを選択する場合の重要な要素となる．また，入力に対し，出力が非線形な関数として与えられる場合やヒステリシスが存在する場合，センサのキャリブレーションが重要となる．

ロボットの知能化に欠かせない音声認識，画像認識や適応，学習制御では，センサから得られる膨大なデータ，時系列データを周波数スペクトル解析，相関解析，誤差推定，誤差伝播学習などの高度な情報処理を実時間で実行する要求が高まっており，最近は，これらの情報処理がプロセッサの高速化，高機能化，半導体技術の進歩によりセンサ上で可能となってきた．

一方，センサによる計測にはノイズと計測誤差を伴い，ロボットの動作を確実で正確なものとするためには，個々のセンサから得られるデータの質を向上させる必要がある．しかし，ロボットに必要な情報は単一のセンサのみからではなく，同一のあるいは異なる他の複数のセンサから得られる場合が多い．したがって，複数のセンサ情報を用いることにより，情報の質，信頼性を高めることができる．また，一部のセンサが故障してもロボットが確実に目的を達成できるようにシステムの頑強性を高めることができる．このように同一のあるいは異なる複数のセンサを用いてセンサ情報をより信頼性のあるものにすることをセンサ融合という．また，このセンサ情報の冗長性はロボットの学習，センサ–モータ協調（知覚と行動のカップリング）に不可欠である．

3.3.2 位置センサ

a. ポテンショメータ

ポテンショメータは，回転軸，あるいは並進軸に取り付けられたブラシが抵抗体上を摺動するときの電気抵抗変化を電圧変化に変換して回転角変位，直線変位を計測するもので，マニピュレータの関節や，脚ロボットの関節に取り付けて，その関節角の計測に用いられる．図3.15にポテンショメータの構造を示す．ブラシが抵抗体と接触するために摩耗し，機械的寿命がある．また，摺動雑音やブラシ幅などにより計測分解能に限りがある．しかし，低価格であり，電源投入時，停電復帰時のシステムの状態を簡単に計測できるので，アナログ型の変位センサとして多く利用されている．有効電気角は300°から340°程度で，5回転，10回転で1800°，3600°に対応する多回転ポテンショメータも用いられる．

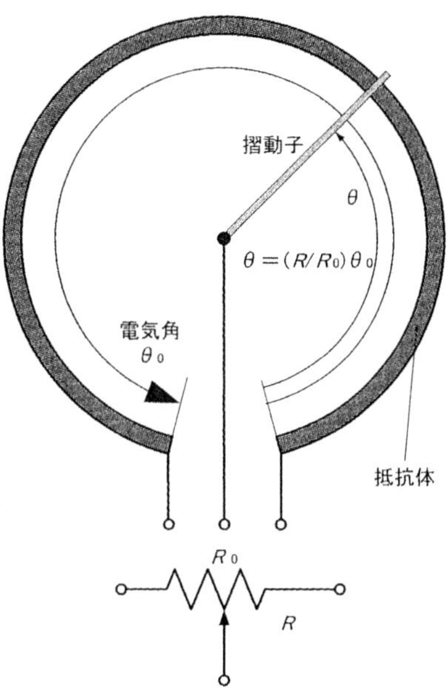

図 3.15　ポテンショメータの構造と動作原理

b.　インクリメンタルエンコーダ

ロボットの駆動には，ロータリエンコーダがモータ軸に取り付けられた交流サーボモータ，直流サーボモータが用いられる．赤外線LEDとフォトダイオードを組み合わせた透過式センサで，図3.16に示すように円板の外周上に周期的に作成されたスリットパターンと固定スリットを組み合わせて透過する赤外線を観測する．センサ信号の位相が90°異なるように2つのセンサを配置し，回転角と回転方向を検出する．位相の異なる2相(A, B相）のパルス信号の立ち上がり，あるいは立ち下がりを検出し，さらに1/2，1

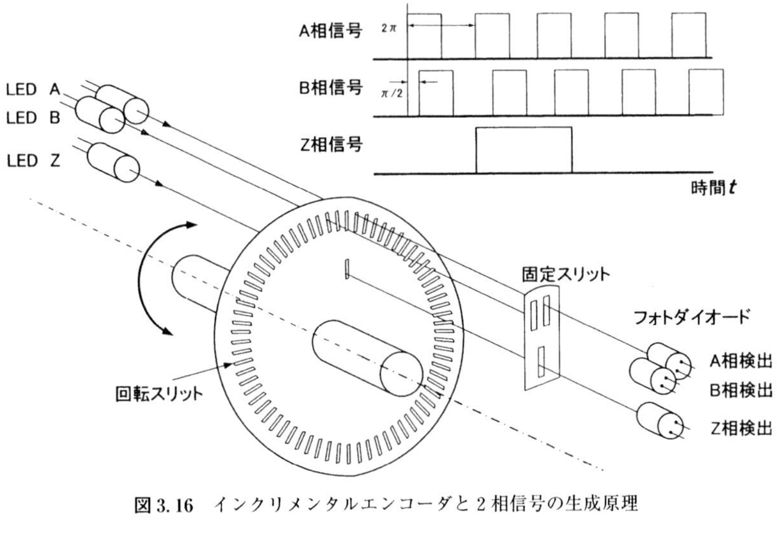

図 3.16　インクリメンタルエンコーダと2相信号の生成原理

/4の分解能を得る（逓倍機能）ことができる．通常，1回転500，1000，2000，3600パルスのものが多く使われる．また，A，B相に加え，Z相を設け，これを基準位置信号としてパルス計数値の補正，位置補正を行うことができる．

c.　アブソリュートエンコーダ

インクリメンタルエンコーダによる位置計測では，電源投入後，あるいは停電回復後の位置が不明となる．また，エンコーダはモータ軸に直結され，負荷は減速機を介して駆動されることが多く，運転開始時にリミットスイッチなどを利用して原点復帰させる必要があった．これらの欠点を解消するために，最近のロボットマニピュレータには，常にセンサ（負荷）位置を検出できる図3.17に示すようなアブソリュートエンコーダが装備されることが多くなった．高分解能にするためにはビット数の多い符号をエンコーダ上に作成する必要があり，高価となる．コードパターンとしては，隣り合う符号の距離が1のグレイ符号が用いらる．n ビットのグレイ符号 $G_{n-1}\cdots G_0$ は，次に示す論理式で通常用いられるストレートバイナリ（純2進）符号 $B_{n-1}\cdots B_0$ に簡単に変換できる．

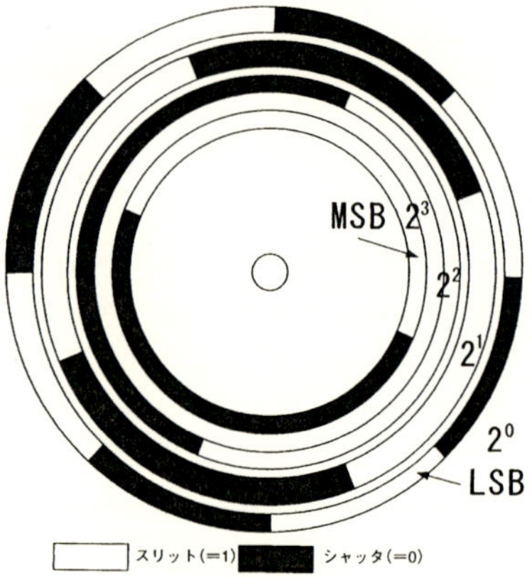

図3.17　アブソリュートエンコーダ（4ビットグレイ符号）
MSB：最上位ビット，LSB：最下位ビット

$$B_{n-1} = (G_{n-1} \cdot \overline{B}_n) + (\overline{G}_{n-1} \cdot B_n) \tag{3.15}$$

ここで，最上位ビット B_{n-1} の計算では，さらに上位のビット B_n は0であり，$B_{n-1} = G_{n-1}$ となる．このように上位ビットが定まることにより，式（3.15）を用いて順次下位の各ビットの値を求めることができる．$^-$ は負論理を表す．

3.3.3　速度・加速度センサ

ロボットの移動速度は，サーボモータに取り付けられたタコジェネレータ（速度発電機）や，インクリメンタルエンコーダなどの位置決めセンサから一定時間に得られるパルス数から計測され，サーボモータの速度フィードバック制御に用いられる．しかし，ロボットの移動速度を非接触に，しかも精度よく測定できるセンサがないのが現状である．

ロボットの空間での状態および運動は空間内に基準となる3次元座標系上で表現できる．原理的には，X，Y，Z軸方向の加速度と，これらの軸回りの角速度を求め，これらを積分することにより，ロボットの位置・速度の計測を行うことができるが，加速度計測は重力加速度や振動の影響を受けやすく，計測精度の点で課題が残る．一方，ロボットの動きが静的であれば，加速度センサでロボットの傾きを計測することができ，姿勢センサとして有用である．

最近は，制御回路，データ処理回路をチップ上にもつ静電容量型の半導体加速度センサが最新のマイクロマシニング技術を用いて開発され，利用されている．加速度が加わると片持ちはりとその先端の重錐体で構成される可動電極が上下，左右に動き，等間隔で配置された固定電極間の静電容量が変化し，X, Y, Zの3軸方向の加速度を同時に検出することが可能になった．図3.18に差動容量方式による加速度センサの構造例を示す．センサを構成する直列コンデンサにV_s，$-V_s$の電圧を加え，加速度が0のときの電極間距離がx_0，加速度が加わったときの電極間距離を$x_0-\delta$，$x_0+\delta$とすると，出力電圧V_0は次のように表される．

$$V_0=\frac{\delta}{x_0}V_s \tag{3.16}$$

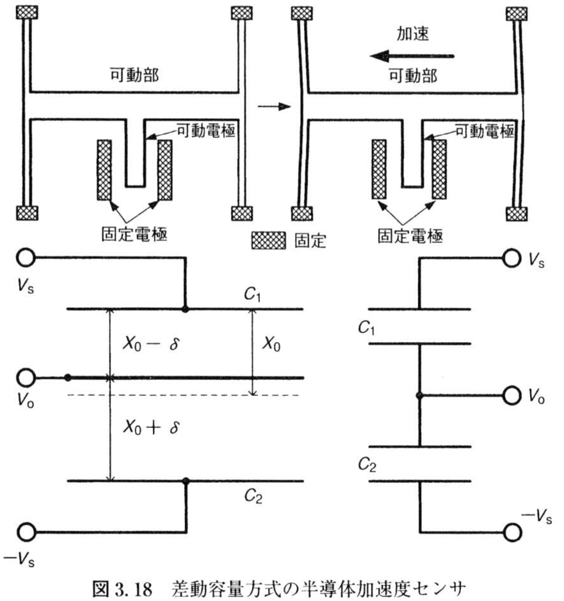

図3.18　差動容量方式の半導体加速度センサ

さらに，2つの固定電極と可動電極間に加える電圧を変えることにより，電極間に働く静電気力と可動電極に働く慣性力を釣り合うようにし，常に可動電極を固定電極の中央に保つように制御すると，ダイナミックレンジを大きくとることができる．

3.3.4 角速度センサ

振動ジャイロ，光ファイバジャイロが登場し，さらに半導体マイクロマシニング技術により，振動ジャイロの小型・軽量化が進み，角速度センサは車輪型ロボットや脚ロボットの位置・方向や姿勢計測に欠かせないセンサとなった．車輪型移動ロボットでは，方向角（ヨー）を計測するための鉛直軸回りの角速度センサとして，脚ロボットでは，姿勢制御，位置・方向計測を行うためのピッチ，ロール，ヨー軸回りの角速度センサとして用いられる．

a. 振動ジャイロ

圧電振動ジャイロは，現在では半導体マイクロマシニング技術を利用したものが主流となっているが，図3.19に示す駆動用と検出用の圧電素子を互いに直交する四角柱の側面に貼付した構造を例に角速度の検出原理を説明する．駆動面を圧電素子で励振するとき，角柱の軸回りの角速度ωによりコリオリ力による力が駆動面に垂直な検出面に働き，これを検出用圧電素子で計測する．コリオリ力は回転体の質量をmとして次式で表される．

$$F_c = 2mv \times \omega \tag{3.17}$$

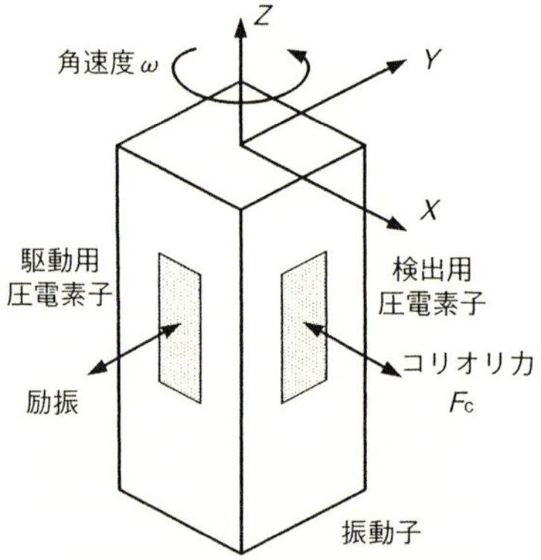

図3.19　圧電振動ジャイロの動作原理

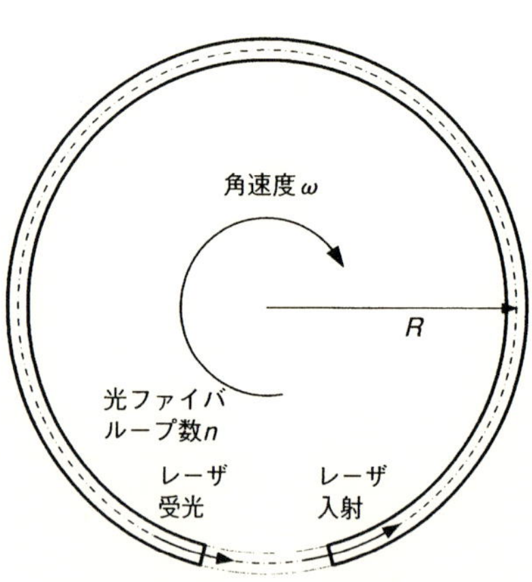

図3.20　光ファイバジャイロの動作原理

ここで，×はベクトルの外積を表す．計測できる角速度は±90〜180°/s であり，応答性は 10 Hz〜100 Hz 程度である．停止時（0°/s）における信号電圧値が時間経過とともにドリフトするので，ドリフトの時間校正が重要である．

b.　光ファイバジャイロ

光ファイバで構成される閉じた光路を光が伝搬する時間は図 3.20 に示すように慣性座標系の角速度 ω が時計回りか反時計回りかにより変化する．これはサニャック効果として知られており，互いに逆方向に伝搬する光の光路差 Δl は，c を光速，n を光ファイバのループ数，A をループでつくられる内部面積として次式で与えられる．

$$\Delta l = \frac{4nA\omega}{c} \tag{3.18}$$

光ファイバジャイロも圧電ジャイロとほぼ同様の計測範囲をもつが，分解能は 0.001°/s 程度で，振動ジャイロに比較して数倍〜10 倍高い．

3.3.5　距離センサ

a.　超音波センサ

障害物センサとして利用される超音波センサでは，超音波パルスを発射し，反射して戻ってくるまでの時間を計測し（time of flight method），距離測定を行う．ただし，超音波はセンサの直径 20 mm，周波数 40 kHz のもので ±30°の指向性をもち，障害物の方位情報があいまいとなる．また，音速が温度に依存するので，正確な距離情報を得るためには，同時にサーミスタにより温度計測を行い，正確な音速を求める必要がある．

一般に 40 kHz（たとえば，空気中で音速 340 m/s のとき，波長 8.5 mm）前後の超音波センサが用いられる．超

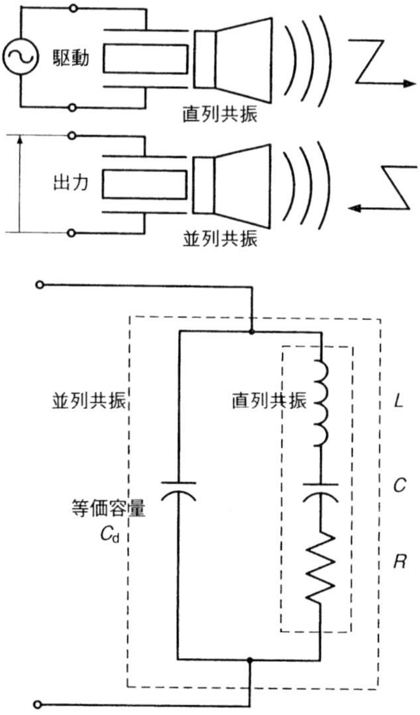

図 3.21　超音波センサの送信・受信の動作原理

音波の送信，および受信時の等価回路は図 3.21 のように表され，送波時は直列共振現象を利用して駆動し，受信時は並列共振現象を利用して検出を行う．共振周波数の違いは小さく，同一のセンサを送信，受信に用いることができる．発振周波数を高くし，センサの直径を大きくすることにより，距離分解能，指向性をよくすることができるが，空間での距離減衰も大きくなり，計測距離範囲が小さくなる．

b.　赤外線レンジセンサ

赤外線センサは FA 分野で実績が高く，ロボットにおいては近距離用の障害物センサとして使用される．図 3.22 に原理および構成を示す．700 nm から 1100 nm の近赤外光を発射し，物体や障害物からの反射光をフォトダイオードなどのセンサで検出する．10 mm 以内の距離で用いられる近接センサでは，レンズを利用して赤外光を特定部分（検知体積）に収束させ，その部分に存在する物体からの反射光をセンサで検出する．一方，搬送ロボットでは対象物（障害物）からの拡散光を検出する方式が一般的である．赤外光に数 kHz～数十 kHz の周波数変調を加え，赤外フィルタおよび信号フィルタを設けることにより，環境光などの雑音にも強い計測が可能である．計測範囲は 10 m におよび，応答時間も 1 ms 以下と高速である．ただし，対象物の表面状態や色により距離検出性能が影響を受ける．

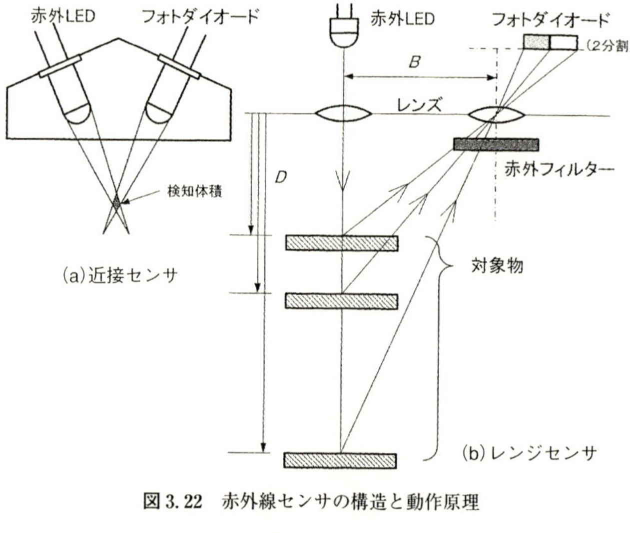

図 3.22　赤外線センサの構造と動作原理

反射光のセンサでの受光位置が，対象物までの距離により変化するようにレンズ系を設計し，受光面に2つの受光素子を配置すれば2段階のレンジセンサとなり，1次元のPSD（Position Sensitive Device）を受光センサとして用いれば距離センサとなる．

また，人体から放出される波長，5〜15 μm の赤外線を検出する焦電センサは，セラミック強誘電体（チタン酸ジルコン酸鉛）の温度変化に応じて，その表面電荷が変化する特性を利用しており，ロボットが人間と共存する環境で使用される機会が増えると予想される．

3.3.6 触覚センサ

歩行ロボットの体重を支える脚と床の間に位置する足裏の圧力分布，足首の力，モーメント，また，マニピュレータがハンドで物体を取り扱うときの手，指と物体との接触状態，物体を把持しているときのすべり，物体を操作するときの手首の力，モーメントは，足首，手首，各関節を柔軟に位置制御，力制御し，高度な作業を実行するための重要な情報量である．

a. 接触覚センサ

マニピュレータなどでは関節角の駆動範囲に制限があり，リミットスイッチやマイクロスイッチにより，その機械的な接触を検出し，停止する．また，搬送ロボットでは，衝突防止用のダンパスイッチとして接触覚センサが用いられる．1960年代に開発された初期の移動ロボットでは，接触覚センサは超音波センサとともに重要なセンサであった．この触覚センサは“ねこのヒゲ”と呼ばれ，ワイヤー状のひげに力が加わり，スイッチがONになり，物体との衝突を検出した．これらは，機械的なスイッチにより，ロボットの一部が検出対象と接触している

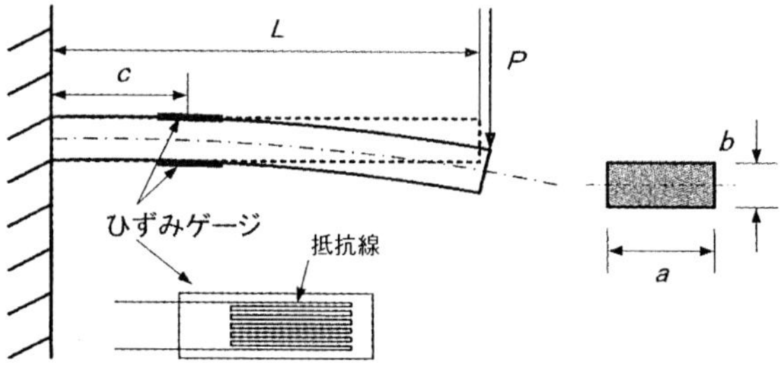

図3.23 ひずみゲージによる力計測原理

か，していないかを検出する1ビットのディジタルセンサである．

b.　圧覚センサ

片持ちはり構造に図3.23に示すようにひずみゲージをはり，はりの先端に働く力を計測することができる．長さがL，断面形状が幅a，厚さbの片持ちはりの板ばねの先端から$L-c$の位置にひずみゲージをはり，先端に力Pを加えたとき，ひずみゲージの抵抗変化率$\Delta R/R$は次式で表される．

$$\frac{\Delta R}{R}=\frac{6KP(L-c)}{Eab^2} \tag{3.19}$$

ここで，板ばねのヤング率をE，ゲージファクタをKとする．Kの値は金属ひずみゲージで2前後，半導体ひずみゲージでは100〜200である．また，ひずみに対する温度係数は，半導体ひずみゲージのほうが1桁大きい．ひずみゲージを図のように上下にはり，差動回路やブリッジ回路を構成して温度補償を行うことができる．

c.　力覚センサ

組立ロボット，歩行ロボットなどの高性能，高機能のロボット，さらに人間と接する介護・福祉ロボットなどでは腕，手首，さらに脚，足首に加わる力，およびモーメントを検出し，制御する必要がある．RCC（Remote Center Compliance）

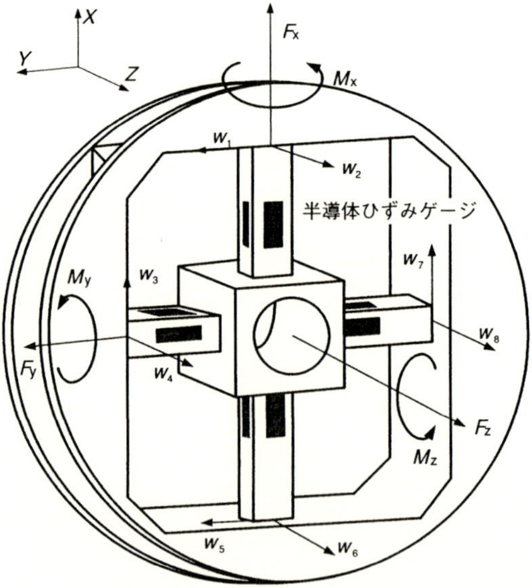

図3.24　半導体ひずみゲージを用いた6軸力覚センサの構成例

ハンドはセンサを用いることなく，はめあい作業を行うためのセンサアクチュエータ協調系の受動的な機構であるが，このような作業を行うことを目的として，センサに固定された点に作用する力とモーメントを検出するためのいろいろな構造が提案され，実用化されている．たとえば，図3.24の6軸力覚センサでは4つのはりの各面に8対，16枚のひずみゲージをはり，対向する面に貼られたひずみゲージにより面に垂直な力成分に比例する出力電圧($w_1 \sim w_8$)を計測し，次に示す変換行列を用いて力の3成分とモーメントの3成分を求める．

$$\begin{pmatrix} F_x \\ F_y \\ F_z \\ M_x \\ M_y \\ M_z \end{pmatrix} = \begin{pmatrix} 0 & 0 & r_{13} & 0 & 0 & 0 & r_{17} & 0 \\ r_{21} & 0 & 0 & 0 & r_{25} & 0 & 0 & 0 \\ 0 & r_{32} & 0 & r_{34} & 0 & r_{36} & 0 & r_{38} \\ 0 & 0 & 0 & r_{44} & 0 & 0 & 0 & r_{48} \\ 0 & r_{52} & 0 & 0 & 0 & r_{56} & 0 & 0 \\ r_{61} & 0 & r_{63} & 0 & r_{65} & 0 & r_{67} & 0 \end{pmatrix} \begin{pmatrix} w_1 \\ w_2 \\ w_3 \\ w_4 \\ w_5 \\ w_6 \\ w_7 \\ w_8 \end{pmatrix} \qquad (3.20)$$

6×8の変換行列は分解力マトリクスと呼ばれ，要素の大部分は0であるが，各ゲージ出力のばらつき，はりの構造から発生する出力間の干渉により，0となるべき要素が有限な値をもつ．したがって，既知の力，モーメントをセンサに加え，そのときの各ひずみゲージの出力を計測し，6×8の行列要素についてキャリブレーションを行わねばならない．

d. 分布型あるいはマトリクス型接触覚センサ

圧覚，接触覚センサは，ひずみゲージなどで局所的に加わるひずみ，力を計測するものと，導電性ゴムやマトリクス状に作成されたピエゾ抵抗素子により面に加わる圧力分布を計測するものに大別できる．

導電性ゴムは電極間材料に金属やカーボンの微細粒子を混ぜて練り合わせたシリコーンゴム（複合材料）で，圧力に対して電気抵抗値が連続的に変化する．感圧導電性材料を挟んで図3.25に示すように行方向と列方向の電極が直交するように配置し，分布型，あるいはマトリクス型センサを構成する．それぞれの電極が交差する格子点に圧力が加わると電極間抵抗が変化し，この状態で，特定の行に電圧を加え，特定の列から出力される電流を計測し，圧力分布を測定する．

また，ピエゾ抵抗素子をシリコン基板上にマトリクス上に生成し，同時に増幅回路や温度補償回路などをチップ上に形成した分布型圧力センサも開発されてい

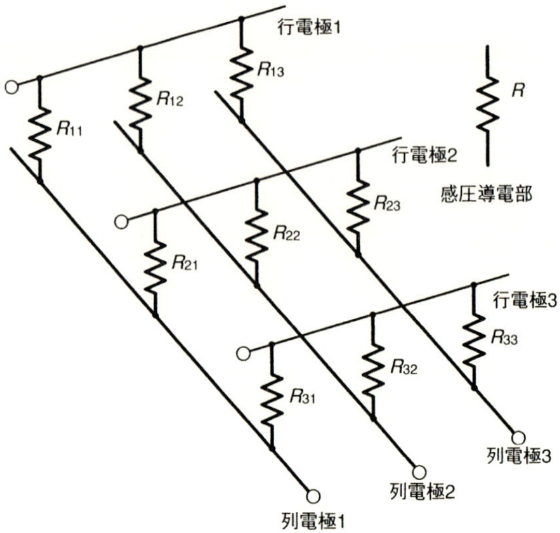

図 3.25　マトリクス型接触覚センサの構造例

る．

さらに，マニピュレータハンドで物体を把持しているときの対象物のすべり，すべりの変位，方向の検出も重要であり，ハンドに装着したローラ，ボールの回転で行う機械的センサや，圧力分布の時間変化からせん断力を計測するセンサなどが開発されている．人間の皮膚に匹敵する検出点数と分解能をもち，情報処理がセンサ上で高速に行える機能材料の開発が待たれる．

3.3.7　視覚センサ

人間は無意識に視覚フィードバック制御をリアルタイムに行っている．カメラによる視覚フィードッバック制御，注視制御は組立ロボットや知能ロボットに最も必要とされる機能である．

a.　PSD

スポットレーザを高速に空間に走査し，その反射光を高速度カメラでとらえ，三角測量の原理に基づいてスポットの位置を求めることができる．PSD（Position Sensitive　Device）の構造および原理を図 3.26 に示す．センサ表面が均一な抵抗層で構成され，スポット光で生じた光電流はスポットの位置から 4 つの電極までの抵抗値（距離に比例）により分割される．したがって，4 つの電極を通して

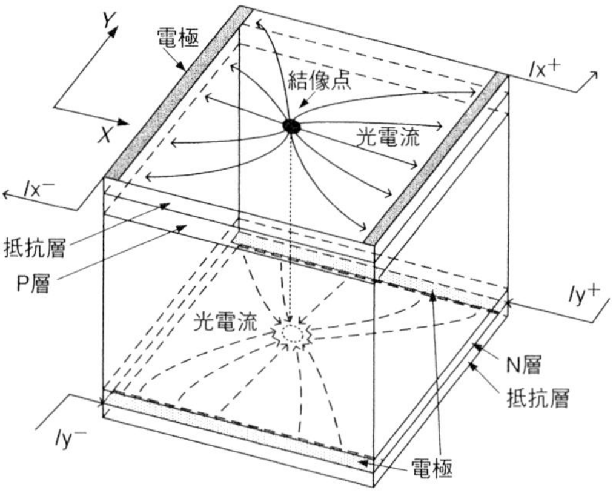

図 3.26 PSD の構造と動作原理

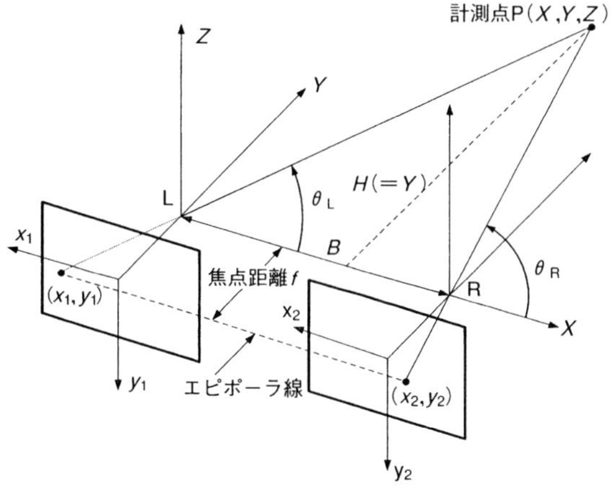

図 3.27 ステレオ法による画像計測装置の構成と原理

検出される電流値から像の位置を求めることができる．

b. CCD カメラ

人間の眼と同じ幾何学的構造を実現しようとするのが両眼視（ステレオ）法である．特に，図 3.27 に示すように 2 台のカメラの光軸が同一平面上にあり，平行である場合，対象点の位置は簡単に計算できる．左右の画面内の対応点は同一走査線（エピポーラ線）上に存在するが，走査線の分解能に限りがあり，対応点を簡単に見つけることは困難である．したがって，対応点が見つけやすいようにスリット光，スポット光などを用いる．このような考え方で行うセンシングを能動（active）センシングという．

計測対象点と左右のレンズ中心を結ぶ線分が基線 LR となす角をそれぞれ θ_l，θ_r，レンズ中心間の距離を B とするとき，センサから物体までの距離 h は次式で与えられる．

$$h = \frac{B \sin\theta_r \sin\theta_l}{\sin(\theta_r - \theta_l)} \tag{3.21}$$

ここで，角度差 $\theta_r - \theta_l$ を視差という．また，左右両画面において対応点の像の位置が (x_1, y_1)，および (x_2, y_2) で与えられるとき，対象点の3次元位置 (x, y, z) は焦点距離を f として次のように計算できる．

$$x = \frac{x_1}{x_1 - x_2}B,\quad y = \frac{f}{x_1 - x_2}B,\quad z = \frac{y_1}{x_1 - x_2}B \tag{3.22}$$

センサとしては受光面積 20〜40 mm^2，25〜40 万画素の分解能，サンプリングレートが毎秒 30 回，あるいは 60 回の電荷結合素子（CCD：Charge Coupled Device）が多く用いられ，1 画素の大きさは 5〜10 μm である．

画像処理では膨大なデータ処理の高速化を図るため，DSP（Digital Signal Processor）を用いることが多い．最近では，2 値化，平滑化，微分処理などの画像処理や，物体の形状認識や学習機能をチップ上で実現する半導体網膜チップも開発され，動きのある対象物の観測などに利用されている．

一方，1 台のカメラを用いる単眼視では，幾何学的に方向，位置が与えられているスポット，スリットレーザ，ランドマークと組み合わせて位置の計測を行う．

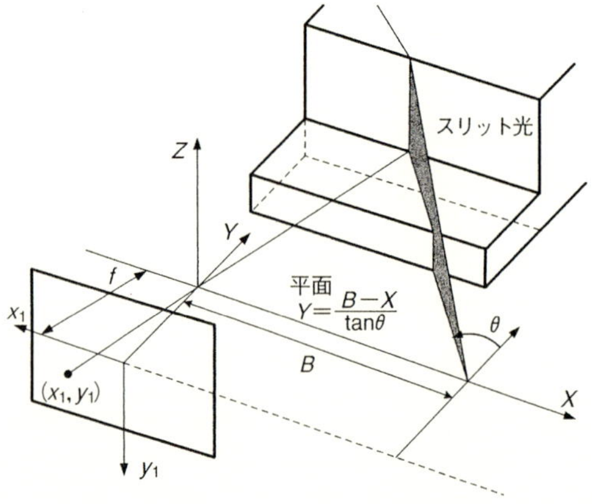

図 3.28　単眼視とスリット光を組み合わせた画像計測装置の構成と原理

溶接ロボットでは，スリットレーザを溶接部材に投光し，アーク溶接線の検出を行う光切断法が用いられる．

図3.28に示すように像の位置(x_1, y_1)とスリットの投光角（カメラの光軸方向からのずれ）θから対象点Pの座標値(x, y, z)は次式で与えられる．

$$x = \frac{x_1}{x_1 + f\tan\theta}B,\quad y = \frac{f}{x_1 + f\tan\theta}B,\quad z = \frac{y_1}{x_1 + f\tan\theta}B \tag{3.23}$$

c. レーザレーダ

レーザレーダでは発射方向を精度よく制御されたスポットレーザを高速にスキャンして距離計測を行う．レーザ光の空間への走査は，ガルバノミラーやポリゴンミラーを高速回転させることにより行う．

距離計測は，パルス光を発射してから反射光を検出するまでの時間差から行うパルス方法と，連続波を用いて，光路差の位相差から計測を行う連続法がある．連続法では，光の波長に比較して十分に長い波長をもつ信号で振幅変調を行う．たとえば，周波数10 MHzの正弦波信号（搬送波）に光の情報をのせるとき，この信号の波長は約30 mであり，15 mまでの計測が可能となる．

3.3.8 磁気センサ

ホール素子はブラシレスDCモータの永久磁石からなる回転子の位置検出に使用される磁気センサであるが，搬送ロボットの誘導路として使用される磁気テープの検出センサとして用いられる．ホール素子はInSb，GaAsを材料とする半導体センサであり，電流を供給する2端子と電圧を検出する2端子からなる．あらかじめ電流Iを流しておくと素子に加わる磁束密度Bにより，キャリアの電子にローレンツ力Fが働き，電子の分布が空間的に偏り，磁束密度（磁界）に比例する電圧Vが誘起される．ホール係数をR_Hとすると誘起電圧V_Hはホール素子の厚さをtとして次式で表される．

$$V_H = R_H\frac{BI}{t} \tag{3.24}$$

3.3.9 電磁誘導センサ

a. 金属検出センサ

ロボットハンドで金属を扱う場合や，地中に埋められた地雷の探索などには金属の存在，さらに金属までの距離の計測を必要とし，これらの計測にはうず電流や電磁波（地中レーダ）を利用したセンサが有効である．

金属は図 3.29 に示すように抵抗とコイルの直列回路として表現でき，アンテナ（発振コイル）とコイル，あるいは金属が近接し，電磁結合しているとき，アンテナとコイルの相互インダクタンスを M とすると発振コイルからみた複素インピーダンス $\dot{Z}$ は次式で表される．

$$\dot{Z} = \left\{R_1 + \left(\frac{\omega^2 M^2}{R_2{}^2+\omega^2 L_2{}^2}\right)R_2\right\} + j\omega\left\{L_1 - \left(\frac{\omega^2 M^2}{R_2{}^2+\omega^2 L_2{}^2}\right)L_2\right\} \tag{3.25}$$

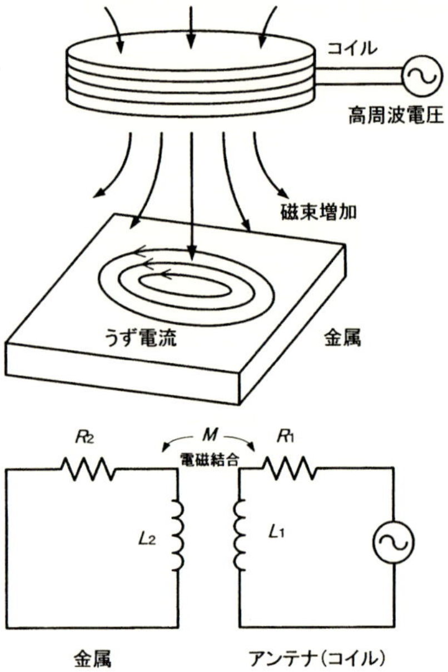

図 3.29　電磁誘導を利用した金属検出センサの計測原理

アンテナ（コイル）と金属が近接すると相互インダクタンス M の値が大きくなり，複素インピーダンス $\dot{Z}$ の抵抗部とリアクタンス部が大きく変化し，Q（= リアクタンス成分/抵抗成分）値が小さくなる．一般に交流電流が流れるコイルを金属に近づけると磁束変化を打ち消すように金属表面にうず電流を生じ，この磁束がセンサコイルを貫く．対象となる金属の導電度に依存するが，コイルに一定の交流電圧を加えると，コイルと金属との距離に逆比例する電流が流れ，距離センサとしても使用できる．

b.　インテリジェントデータキャリア

非接触で，しかもリアルタイムに読み書きができるデータキャリアは，分散配置可能なメモリであり，ロボット間の情報伝達手段として非常に有用であるため，ヒューマノイド・ロボット・プロジェクトでも使用されている．動作電力を質問器から電磁波エネルギで受け，これを蓄積して利用でき，通信距離は放射電力，アンテナの寸法などに依存するが，1 m 程度まで可能である．また，通信可能な範囲にある複数のデータキャリアと時間切り換えにより，リアルタイムに通信できる．現在，質問器との通信に用いられる搬送周波数は，13.56 MHz，2.45 GHz が主流である．

演 習 問 題

3.1　直流モータの性能表が与えられており，定格電圧が 24 V，定格電流値が 1.9 A，定格出力が 23 W，定格トルク 0.0735 N·m，慣性モーメント $J = 4.7\times10^{-6}$ kg·m^2，電機子抵抗の値が 3.2Ω，電機子インダクタンスの値が 3.2 mH，トルク定数が 0.046 N·m/A，誘導電圧定数が 4.9 mV/rpm である．モータの効率，パワーレートと電気的時定数，機械的時定数を求めよ．

3.2　ステッピングモータへの印加電圧を E，コイル抵抗を R，コイルインダクタンスを L とすると，コイルの励磁電流値 i は次のように変化する．

$$i = (E/R)\{1-\exp(-Rt/L)\}$$

定格電圧 $E = 3$ V，$R = 4.0\Omega$，$L = 8.7$ mH のステッピングモータに対して印加電圧を 140 V とするとき，定格電流値に達するまでの時間を求めよ（定電流チョッパ方式では定格電流値を目標値として励磁電流の制御を行う）．

3.3　距離 d，面積 $S(=WL)$ の 2 枚の電極で構成される静電アクチュエータと同様の大きさをもつ磁極による磁気吸引力は $F_m \dfrac{WL}{2\mu}B^2$ で表される．いま，$d = 1\,\mu$m として磁束密度 B が 1 T（テスラ）の場合に得られる電磁力と等しい力を得るためにはどれくらいの電圧を加えればよいか．ただし，空気中における透磁率 μ は $4\pi\times10^{-7}$ H/m，誘電率は 8.854×10^{-12} F/m として計算せよ．

3.4　超音波センサの等価回路（図 3.21）から直列共振周波数と並列共振周波数を求めよ．

3.5　光ファイバジャイロの光路差が式（3.18）で与えられることを示せ．

3.6　物体位置と各センサのなす角をそれぞれ θ_1, θ_r，センサ間の距離を B とするとき，

1)　物体までの距離 h が式（3.21）で表されることを示せ．

2)　視差が一定のとき，P はどのような位置にあるか．

3.7　2×2 のマトリクスセンサの行電極を 5 V で順次走査し，特定の列電極を接地して，出力される電流値を計測する．5 V を加えない電極と読み出しを行わない電極はハイインピーダンス（開放）状態にあるものとする．このマトリクスセンサに力を加えると行と列の交差する格子点（1, 1），（1, 2）の抵抗値が 100Ω，（2, 1）の抵抗値が 50Ω，（2, 2）の格子点の抵抗値は無限大であった．

1) 駆動する行電極 1，2 に対して，計測する列電極 1，2 の電流値を求めよ．

2) 格子点間の干渉を除くにはどのようにすればよいか考えよ．

3.8　一定周期のパルス列信号を入力とする速度制御系において指令パルス X［ref］が F［pps］で与えられるとき，偏差カウンタへの溜まりパルス ε は十分に時間経過する

とき，どのような値になるか．ただし，制御系の開ループ伝達関数を K_p/s とし，出力が直接フィードバックされるものとする．

3.9 差動容量方式による加速度センサを構成する直列コンデンサに V_s，$-V_s$ の電圧を加え，加速度が 0 のときの電極間距離が x_0，加速度が加わったときの電極間距離を $x_0-\delta$，$x_0+\delta$ とすると出力電圧 V_0 が式（3.16）で表されることを示せ．

3.10 センサアンテナと金属が近接するとき，アンテナからみた複素インピーダンス $\dot{Z}$ が式（3.25）で与えられることを示せ．

参考文献

1） 日本ロボット学会編：ロボット工学ハンドブック，コロナ社，1990.
2） K.S フー・R.C. ゴンザレス・C.S.G リー：ロボティクス，日刊工業新聞，1989.

4. ロボットの機構と設計

本章では産業用ロボットを例にとって，機構に関する基礎的な事項を解説した後，簡単な設計例を述べる．ロボットの機構の特徴は運動の自由度が大きく，本体の寸法に比べて広い動作範囲をもっていることである．

4.1 ロボットの機構

ロボットの機構部は一般に，アーム(arm，腕)，エンドエフェクタ(end effector，手先効果器)，および移動機構（locomotion mechanism）からなっている．エンドエフェクタはアームの先端に取り付けるさまざまな工具類やハンドである．アームはエンドエフェクタを作業位置に正確に位置決めするためのものであり，人間でいえば肩口から手首までが相当する．移動機構は足や車であり，アームの作業範囲を拡張するものと考えることができる．産業用ロボット(industrial robot）では移動機構を省いて，据付け形にするものが多い．

4.1.1 関節と自由度

ロボットアームは，機構学的にいえば棒を関節（joint）で接続したものであり，リンク機構と呼ばれる．図 4.1 は直動(slide)，回転(rotary)，旋回(swivel)

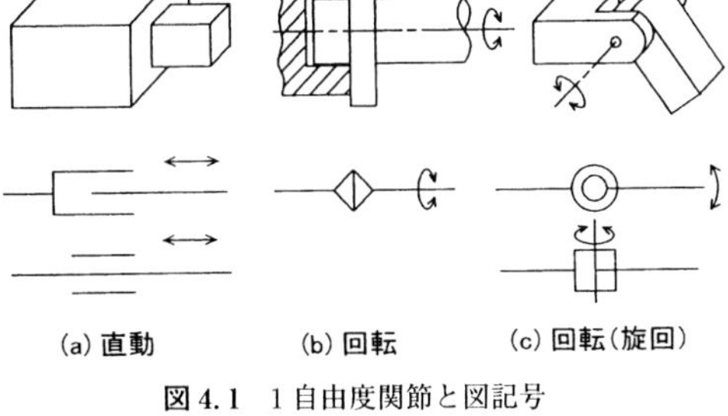

図 4.1　1 自由度関節と図記号

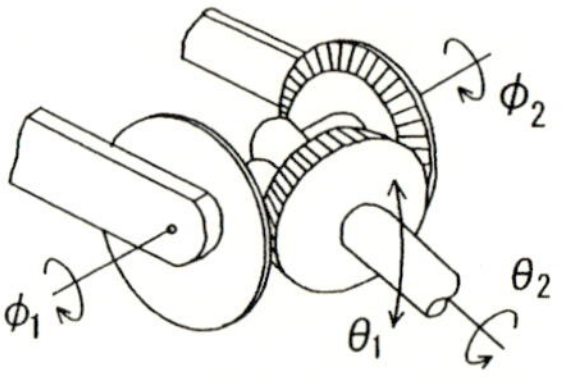

図4.2　2自由度関節（差動歯車）

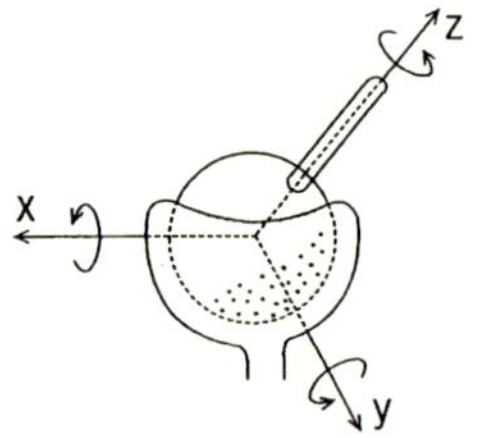

図4.3　3自由度関節（ボールジョイント）

する関節とその図記号である．これらの関節では部品相互の運動は1つの変数（スライド距離，回転角）で決定されるから，1自由度関節という．これに対して，図4.3のボールジョイント（玉継手）では，ボールに直交座標を取り付けると，ボールは各軸のまわりに独立に回転できるから，これは3自由度関節と呼ばれる．自由度（degree of freedom）は一般に，そのシステムに含まれる独立した運動の個数である．

空間内を自由に動く剛体の自由度は6である．実際，この剛体に直交座標を取り付けてみれば，座標原点を指定するために3変数，各軸まわりの回転を指定するために3変数，合計6変数が必要になる．したがって，産業用ロボットのアームでは，先端に取り付けられたエンドエフェクタの位置と姿勢を決めるために，一般に6自由度が必要になる．関節は駆動が容易な1自由度関節が使用されるから，関節数も6個である．しかし，作業によっては必ずしも6自由度すべてが必要ではない場合があり，このような場合には5自由度以下のアームが使用される．逆に，アームを屈曲させて障害物を回避しながら作業をする場合には，7自由度以上が必要になる．たとえば，人間の腕は肩関節に3，肘に1，手首に3の合計7自由度をもっているから，肩と手を固定したまま肘を動かすことができる．

4.1.2　アームの機構

ロボットアームでは基本的に，1自由度関節6個を用いてアームを構成しているが，関節の結合方法は直列と並列の2通りあり，前者を直列リンク機構，後者を並列リンク機構と呼ぶ．並列リンク機構が使われるのは特殊な場合であり，大部分は直列リンク機構が用いられる．直列リンク機構における各関節のおもな役割は，ベース側3関節はエンドエフェクタの位置を，手先側3関節はエンドエフェクタの姿勢を，それぞれ決定することである．手先側3関節を手首（wrist）と呼ぶ．図 4.4 は代表的なロボットアームの機構である．スケルトンからわかるようにいずれも直列リンク機構であり，ベース側 3 関節の特徴によって名称が与えられている．

直交座標形ロボット（Cartesian coordinate robot）はベース側 3 関節に直動関節を配置している．剛性が高く，位置決め精度がよく，操作も容易である．その反面，速度はあまり速くなく，作業領域（working space）のわりには占有床面積が大きい，回り込みなどの複雑な作業ができないなどの欠点がある．xy 面内での高い位置決め精度を要する作業に適している．

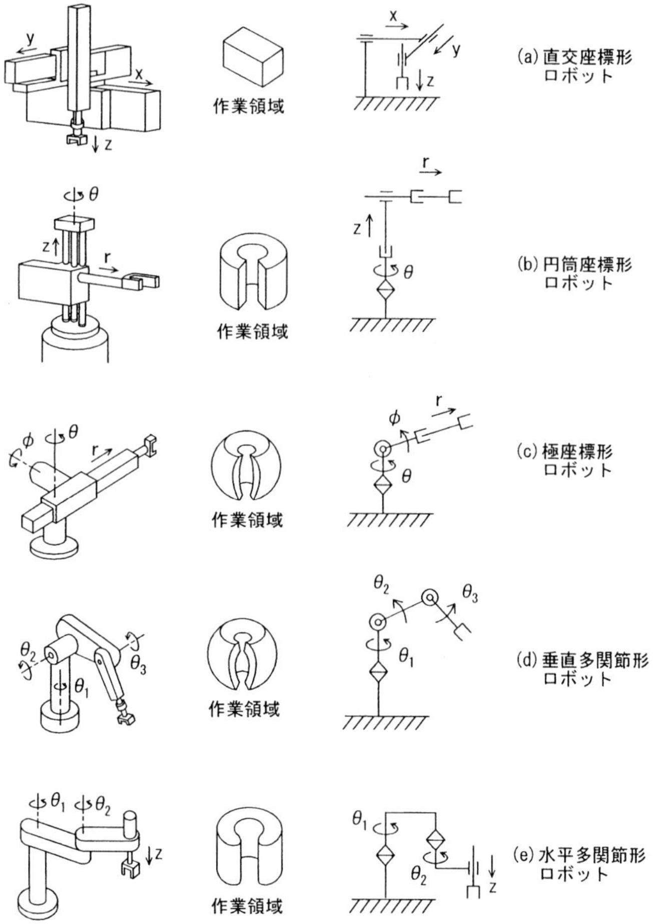

図 4.4　アームの代表的な機構

円筒座標形ロボット（cylindrical coordinate robot）はベース側に回転，直動，直動の順に関節を配置したもので，直交座標形に比べて作業領域は広く，速度も回転動作のために速い．しかし，回り込みなどの複雑な動作は困難である．機械へのワークの取り付け，箱詰めなどのハンドリング作業に適している．

極座標形ロボット（polar coordinate robot）は回転，回転，直動の順に関節を配置したものである．円筒座標形に比べてロボットの上部や下部での作業領域が広くなっている．以前はユニメートの名称で販売されたが，現在ではほとんど製造されていない．

垂直多関節形ロボット（articulated robot）はベース側の 3 関節すべてを回転関節とし，第 2，第 3 関節の軸は水平に配置されている．物体の裏側で作業ができるほど回り込み性がよく，複雑な動作が可能で，円運動のため速度も速い．剛性や精度は高くなく，操作も複雑である．複雑な曲面上での作業に適している．

水平多関節形ロボットはベース側 2 関節を回転関節としたもので，その軸は鉛直に配置されている．この形式は開発当初，はめあい作業を目的として，ハンドの z 方向の剛性が高く，それ以外の方向では剛性が低くなるように設計されたので，スカラ形ロボット（SCARA, selective compliance assembly robot arm）とも呼ばれている．下向きの組立作業に適している．

図 4.5 は手首の機構例である．図中の囲み数字はベースを 0 番としたときのリンク番号である．手首はエンドエフェクタの姿勢を決定するためのものであるから，すべて回転関節で構成される．そして多くの場合には図のように，各関節の軸が一点で交叉するように配置され，球面手首（spherical wrist）と呼ばれる．球面手首の利点は逆運動学方程式が解析的に解けることである．なお，応用によっては手首の自由度は 1 または 2 でよい場合がある．たとえば，円柱状部品を穴

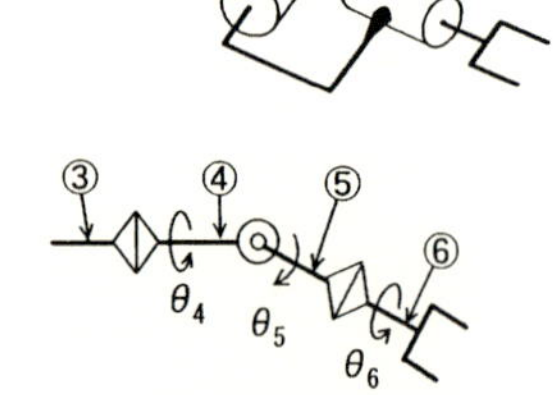

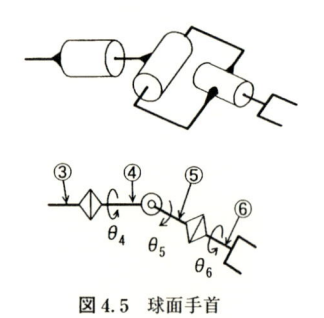

図 4.5　球面手首

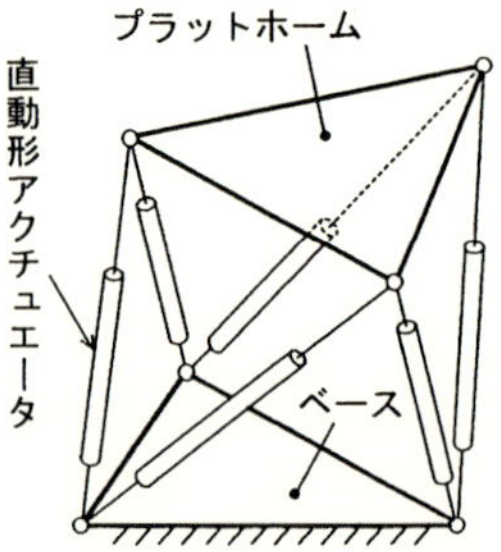

図 4.6　スチュアートプラットホーム

に挿入する作業では θ_6 は不要である．図 4.2 の差動歯車（differential gears）やスリーロールリスト(three roll wrist)も手首関節の機構としてよく使用される．

図 4.6 は並列リンク機構を採用した 6 自由度アームの例である．ベースとプラットホームの間に 6 個の直動アクチュエータが並列に配置されている．通常のロボットに使用するには作業領域が狭すぎるが，大発生力，高剛性，高速という特徴があり，テーマパークのシミュレータなどに使用されている．

4.1.3　関節の駆動方法

ロボットに用いられるアクチュエータは前章で述べたようにさまざまなものがあるが，産業用ロボットの駆動に関しては，①数十 W～数 kW の出力，②速応性，③出力・質量比，④耐久性，⑤取り扱いおよび保守の容易さ，⑥安定性，⑦価格などを考慮して，サーボモータと減速機の組み合せがおもに利用されている．

直動関節の駆動には，後で述べる図 4.28 のようにボールねじを利用する方法が一般的であるが，この他にラック・ピニオンやリニアモータも利用される．いずれの場合も作業領域全体に案内要素を設置する必要があるから，機構的には類似している．

回転関節の場合は，直動関節と異なって，さまざまな工夫が必要である．図 4.7 は各関節にモータと減速機を直接配置する方法であり，関節駆動の最も簡単かつ基本的な方法である．モータと被駆動リンクの間には，減速機以外にはバックラッシュや弾性たわみを生じる要素がないので，制御も容易である．しかし，直接駆動では，先端側のモータがベース側モータの負荷になるので，高速・高精度の運動性能の妨げになる．したがって，可搬重量の大きいロボットではモータをできる限りベースに近い部分に配置し，リンク，チェーン，タイミングベルト，シ

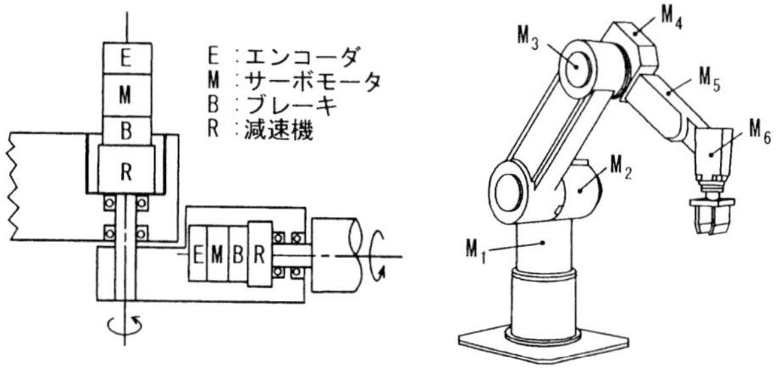

図 4.7　回転関節の直接駆動例

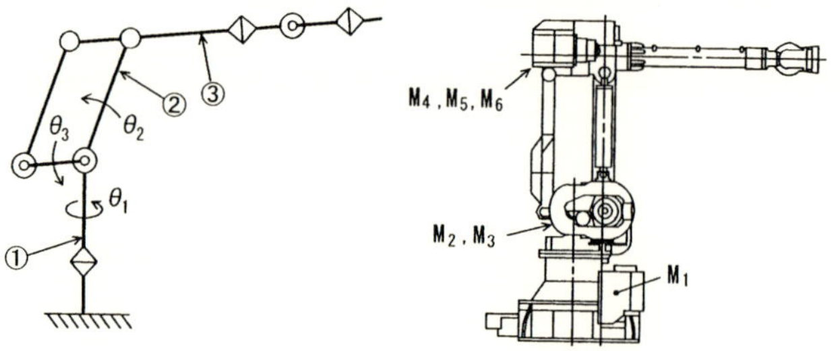

図 4.8　平行リンク機構を用いた駆動例

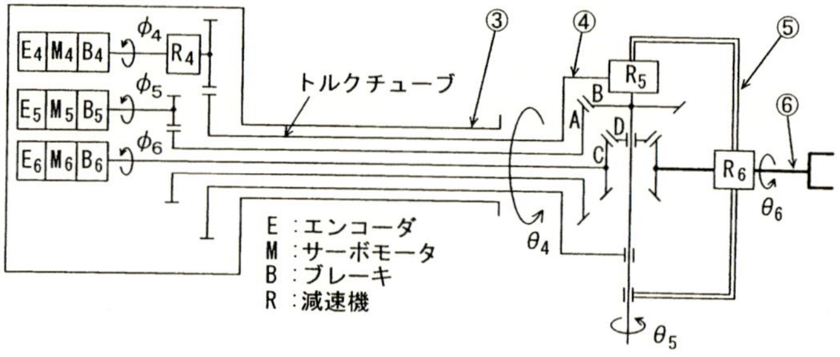

図 4.9　かさ歯車による手首関節の駆動例

ャフトなどを用いて運動を先端側関節に伝達する必要がある．図 4.8 は，平行リンク機構を用いて，第 3 リンク駆動用モータを第 2 リンク先端から基部へ移動した例である．また，手首関節駆動モータはベースから最も遠く影響が大きいので，これも第 3 リンク基部へ移動している．チェーンを用いて，モータ M_4 と M_5 を第 2 リンク基部へ移動することもできる．図 4.9 は伝達要素として三重のトルクチューブを用いた手首関節駆動例である．

図 4.9 の減速機 R_5 と R_6（正確にいえば，減速比 R_5 と R_6 を有する減速機）はモータ軸ではなくて手首関節軸に配置されている．このようにすると，歯車のバックラッシュやトルクチューブのねじり変形の影響を減らす効果がある．図中のブレーキは，電源が切れたときに作動し，ロボットの姿勢を保持するためのものである．

【例題 4.1】　図 4.9 において，モータ回転角 $\phi_4 \sim \phi_6$ と手首回転角 $\theta_4 \sim \theta_6$ の関係を求めよ．ただし，かみ合っている 1 対の歯車の歯数は等しく，減速機の入出力軸は同一方向に回転するものとする．

［**解答**］　まず，θ_4 については

$$\theta_4 = i_4 \phi_4 \tag{4.1}$$

となることは明らかである．ここで，$i_4=1/R_4$ であり，以下の i_5，i_6 も同様である．次に，θ_5 は θ_4 と歯車Aの回転角 ϕ_5 によって決まるから，これを $\theta_5=a\theta_4+b\phi_5$ と表す．定数 a，b を求めるために $\theta_4=0$ の場合を考えると，$\theta_5=i_5\phi_5$ となるから，$b=i_5$ である．また，$\phi_5=\theta_4$ の場合には歯車Bはリンク④に対して回転しないから，$a\theta_4+b\theta_4=0$ となり，$a=-b$ となる．したがって，次式が得られる．

$$\theta_5=i_5(\phi_5-i_4\phi_4) \tag{4.2}$$

最後に，θ_6 は θ_4，θ_5 および歯車Cの回転角 $-\phi_6$（θ_4 の矢印方向を正とする）によって決まるから，これを $\theta_6=p\theta_4+q\theta_5+r\phi_6$ とおく．定数 p，q，r を求めるために，$\theta_4=\theta_5=0$ の場合を考えると $\theta_6=i_6\phi_6$ となるから，$r=i_6$ である．また，$\theta_4=0$ かつ $-\phi_6=\theta_5$ の場合および $\theta_5=0$ かつ $-\phi_6=\theta_4$ の場合には，歯車Dはリンク⑤に対して回転しないから，$q\theta_5-r\theta_5=0$ および $p\theta_4-r\theta_4=0$ となる．したがって，$p=q=r=i_6$ となるから，

$$\theta_6=i_6[(1-i_5)i_4\phi_4+i_5\phi_5+\phi_6] \tag{4.3}$$

【例題4.2】 図4.10のようにモータを配置して負荷重量 W を支えるとき，モータのトルクはいくらか．ただし，モータとリンクの重量の影響は省略する．

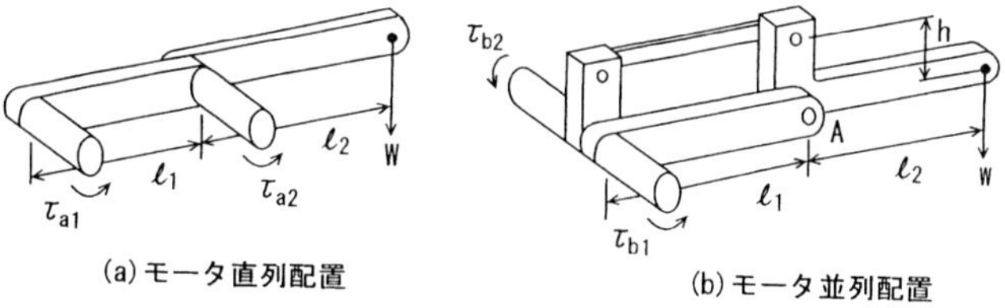

図4.10　モータの配置と負荷トルクの関係

［**解答**］ 図4.10(a) では，第1，第2モータの軸に関するモーメントの釣り合いより $\tau_{a1}=W(l_1+l_2)$，$\tau_{a2}=Wl_2$ となる．一方，図4.10(b) では，関節Aに作用する鉛直方向の力を F，平行リンクの張力を T とすると，第2リンクにおける力とモーメントの釣り合いより $F=W$，$Th=Wl_2$ となる．したがって，$\tau_{b1}=Fl_1=Wl_1$，$\tau_{b2}=Th=Wl_2$ となり，第1モータのトルクは図4.10(a) の場合よりも小さくなる．

4.1.4 エンドエフェクタの機構

アームの先端に取り付けるエンドエフェクタとしては，物をつかむためのハン

ドや組立用の柔軟機構のほか，電気溶接機，塗装用ノズル，ねじ回し，電気ドリル，グラインダー，レーザ切断機，真空・磁気吸着装置などの専用工具が使用される．

図 4.11 はハンドの例である．同図（a）では空気圧によってハンドを開閉するが，シリンダの発生力とハンドの把握力の関係は

$$P = \frac{F}{l_3}\{\sqrt{l_2{}^2 - (a - l_1 \sin\beta)^2}\tan\beta + l_1\sin\beta - a\} \tag{4.4}$$

となる．同図（b）はモータとラック・ピニオンによって 2 本指を平行に保ったまま開閉する方式である．回転形に比べて把持面の姿勢が一定に保たれるという特徴があり，把握力の調節も容易である．

図 4.12 は組立作業で用いられる柔軟機構の例で，RCC 機構と呼ばれる．これは同図（b）の平行リンク機構 ABCD と同図（c）の台形リンク機構 EFGH を直列に接続したものである．ピンを吊り下げて先端が穴の面取り部分に接触するまでアームを移動し，そこで少し押し込むと，ピン先は横からの力を受けて平行移動し，穴とピンの中心が一致する．さらに押し込むと，ピン先に穴の側面からモーメントが作用するから，台形リンク機構の作用によってリモートセンタ（RC）

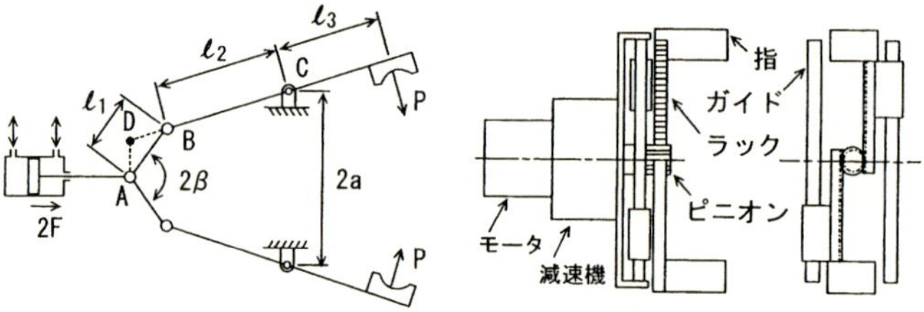

(a) 回転形ハンド　　(b) 並進形ハンド

図 4.11　ハンドの例

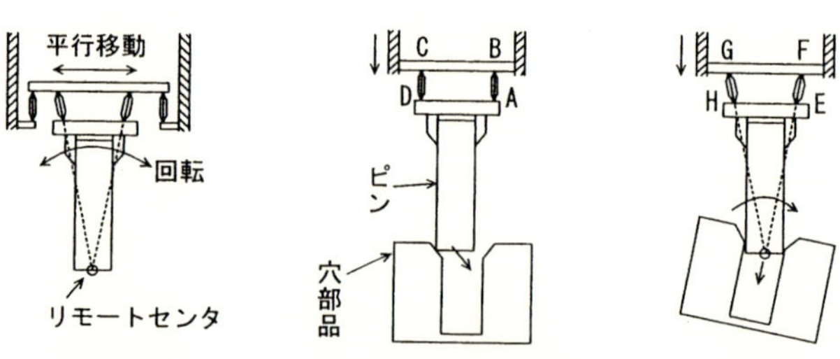

(a) RCC機構　　(b) 平行移動　　(c) 回転

図 4.12　RCC 機構の動作原理

を中心にピンが回転し，ピンと穴の軸が一致して滑らかに挿入が行われる．この機構では，穴側面からモーメントを受けたときにピン先が容易に回転できるように，ピン先とRCを一致させることが重要である．

【例題4.3】 式（4.4）を導出せよ．

［**解答**］ A点の仮想変位をδx，B点の仮想変位をδyとすると，δxはピストンロッド方向，δyは線分BCに垂直方向であるから，リンクABの運動は，これらに直交する直線の交点Dが回転中心となっている．したがって，$\overline{AD}=p$，$\overline{BD}=q$とおけば，$\delta x/p=\delta y/q$となる．そして，仮想仕事の原理より$\delta x\cdot F=\delta y\cdot(l_3P/l_2)$であるから，$P=l_2pF/(l_3q)$となる．一方，線分BCとピストンロッドのなす角を$\alpha$とすると，$\angle DBA=\beta-\alpha$，$\angle DAB=\pi/2-\beta$であるから，正弦定理より$p/q=\sin(\beta-\alpha)/\cos\beta=\cos\alpha\tan\beta-\sin\alpha$となる．そして，$\alpha$は$a=l_2\sin\alpha+l_1\sin\beta$より求められる．以上の関係から式（4.4）が得られる．

4.2 機 構 要 素

ロボットの機構部には，歯車，ボールねじ，タイミングベルト，チェーンなどの運動伝達要素のほか，軸継手，転がり軸受，転がり案内などがよく使われる．これらの概要を述べる．

4.2.1 運動伝達要素

a. 歯 車

歯車には多くの種類があるが，基本的なものを図4.13に示す．平歯車（super gear）は最も基本的な歯車である．通常のかみ合いでは，製作誤差や運動時の熱膨張を処理するために約1°のバックラッシュ（backlash，ガタ，遊び）は避けられない．かみ合い状態は図4.14のようになり，ピッチ円どうしが転がり接触をしている．ピッチ円直径を歯数で割ったものはモジュール（module，単位はmm）と呼ばれ，歯の大きさや強度の目安となる．モジュールが大きいほど歯は大きく，強度も大きい．また，かみ合う歯車のモジュールは等しい．

はすば歯車（helical gear）は平歯車を薄くスライスして，ずらせたものと考えることができる．かみ合いが滑らかで，強度も大きい．しかし，回転に伴って軸方向に推力が発生するので2つの歯車を対向させるか，スラスト軸受を併用す

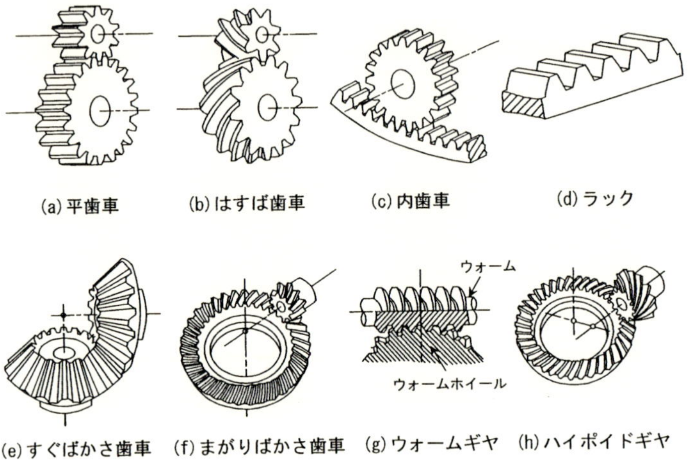

図 4.13　歯車の種類

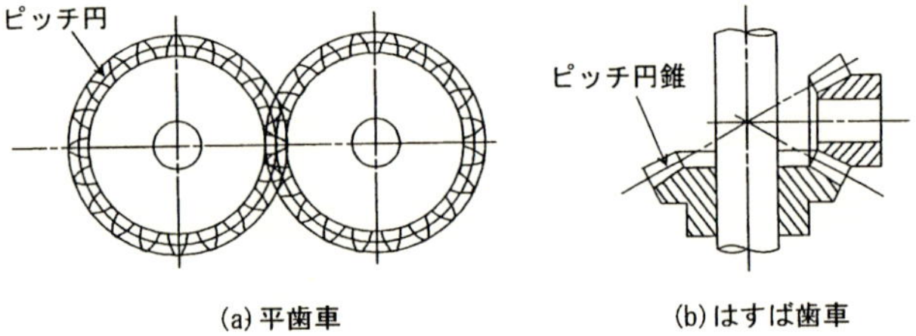

図 4.14　歯車のかみ合い状態

る必要がある．

かさ歯車（bevel gear）は交わる 2 軸間に運動を伝える円錐の歯車である．歯すじが直線の“すぐばかさ歯車”と，曲線になっている“まがりばかさ歯車”とがある．後者の方がかみ合いは滑らかである．

ウォームギヤ（worm gearing）は，ウォームとこれにかみ合うホイールからなっている．ウォームギヤはほかの歯車と異なり，回転中の騒音が少なく，減速比も大きく取れる．しかし，バックラッシュが大きく，歯面の摩擦のために伝達効果も劣っている．

b.　ボールねじ

図 4.15 のように，ねじ軸とナットのねじ溝の間に多数の鋼球を挿入したものをボールねじ（ball screw）という．鋼球による転がり接触であるので伝達効率は 90% 以上あり，直線運動を回転運動に変換することもできる．

c. ベルト・チェーン

ベルトおよびチェーンは平行 2 軸間に回転を伝えるために使われる．ベルトコンベアのように回転を直線運動に変換する使用法もある．ロボットではベルトのすべりは許されないから，図 4.16 のように台形の歯をつけたタイミングベルト（synchronous belt）が用いられるが，多少のバックラッシュと伸びは避けられない．図 4.17 に示したローラチェーン（roller chain）は高速ではローラとスプロケットの歯が衝突し，騒音と振動を発生するので低速回転でのみ使用される．

d. カップリング

モータ軸と負荷軸の間の偏心や偏角を吸収するために，カップリング(coupling，軸継手）が用いられる．カップリングは入出力軸間に中間要素として弾性体を挿入したもので，ロボットでは弾性体として金属ばねが用いられる．図 4.18 はその例である．ベローズ形はいわゆるミニチュアカップリングで，エンコーダや回転形センサに利

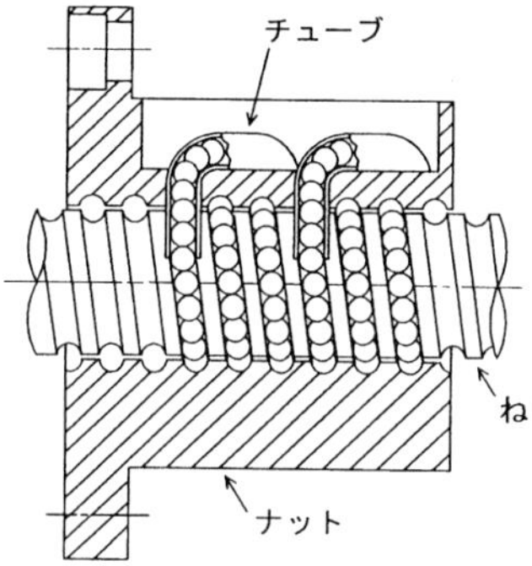

図 4.15　ボールねじの構造（チューブ循環方式）

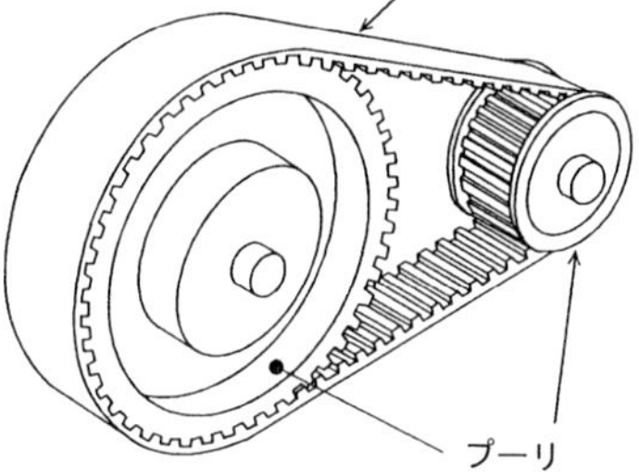

図 4.16　タイミングベルト

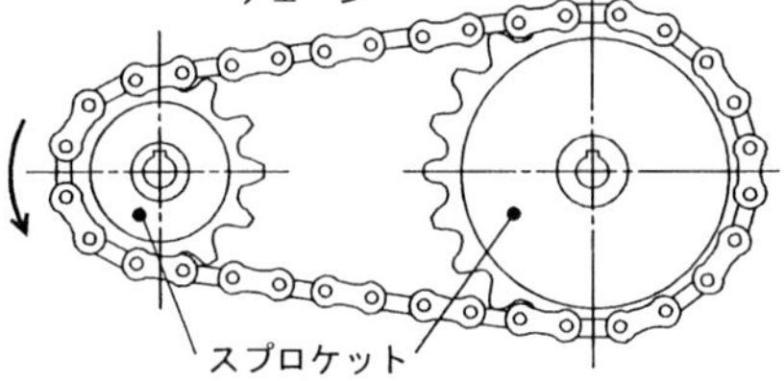

図 4.17　ローラーチェーン

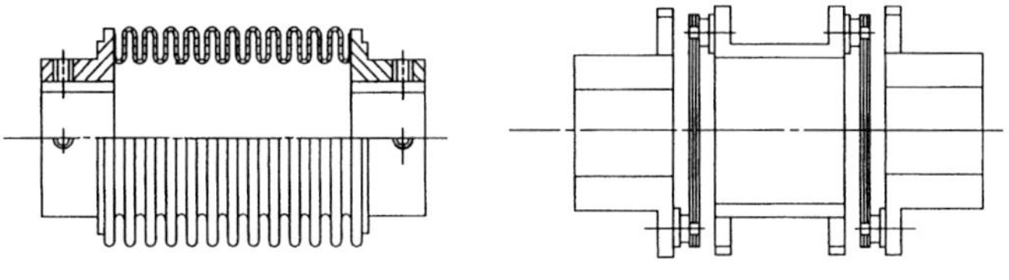

(a) ベローズ形　(b) 板ばね形

図 4.18　金属ばねカップリング

用されることが多い．図4.19のユニバーサルジョイント（universal joint）は偏角や偏心の大きい軸に適用されるもので，金属ばねの代わりに十字軸が用いられている．1回転中に入出力軸間の速度比が2回変動するので，これを相殺するために通常2個を対にして使用する．

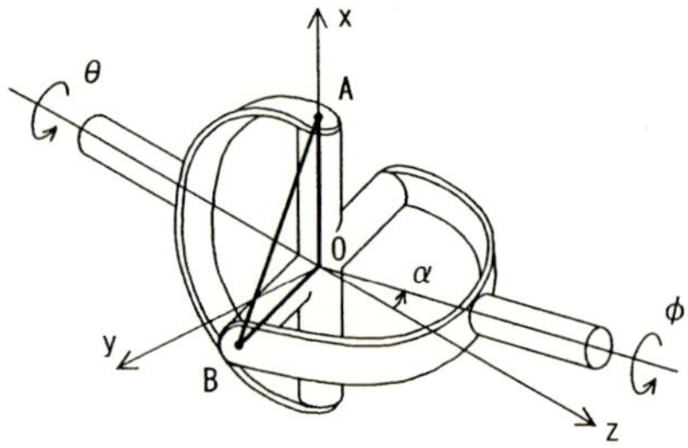

図4.19　ユニバーサルジョイント

4.2.2　軸受・案内要素

a.　転がり軸受

転がり軸受は外輪，内輪，転動体（ボール，ころ）および転動体の間隔を一定に保つための保持器からなる．軸方向の荷重（スラスト荷重またはアキシャル荷重と呼ぶ）を支えるスラスト軸受と，軸直角方向の荷重（ラジアル荷重と呼ぶ）を支えるラジアル軸受とがある．図4.20は基本的なラジアル軸受の略図である．単列深溝玉軸受（deep groove ball bearing）は最も一般的な形であり，多少のスラスト荷重も受けることができる．アンギュラ玉軸受（angular contact ball bearing）は，ラジアル荷重と一方向のスラスト荷重を受けることができる．円筒ころ軸受（straight roller bearing）は，ころを転動体にしているので大きなラジアル荷重を受けることができる．円錐ころ軸受（tapered roller bearing）はラジアル，スラストの両荷重を受けることができ，重荷重，衝撃荷重に適している．

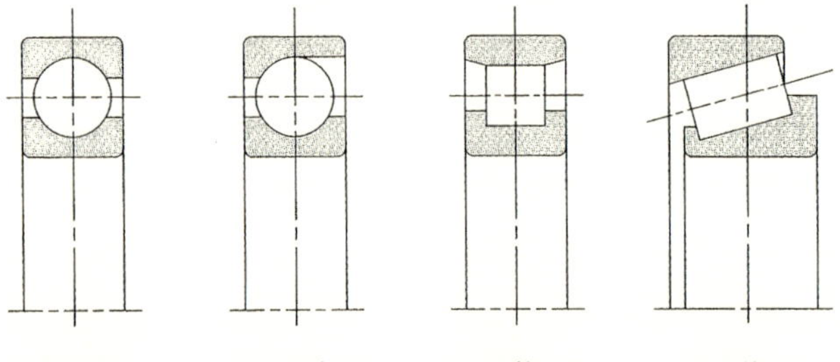

図4.20　ラジアル軸受の種類

b. クロスローラベアリング

クロスローラベアリング（cross roller bearing）は，図 4.21 のようにＶ字型の溝にころを交互に直交させて配列したもので，ラジアル荷重 F_r，アキシャル荷重 F_a，モーメント M を同時に受けることができる．ラジアル軸受なら 2 個必要なところを 1 個ですませることができるので，コンパクトで高い剛性と精度を必要とする産業用ロボットに広く使用されている．

クロスローラベアリングを選定する場合には，カタログに記載されている基本動定格荷重 C と基本静定格荷重 C_0 から，寿命時間 L_h と静的安全係数 f_s を次式で計算し，これらが目標値を越えていることを確認する必要がある．

$$L_h = \frac{1}{60n}\left(\frac{C}{f_w P_C}\right)^{10/3} \times 10^6\,\mathrm{h} \tag{4.5}$$

$$f_s = C_0/P_0 \tag{4.6}$$

ここで，n は平均回転速度［rpm］，f_w は荷重係数（ほとんど衝撃のない場合は 1～1.2，やや衝撃のある場合 1.2～1.5），P_C は動等価ラジアル荷重，P_0 は静等価ラジアル荷重である．P_C は

$$P_C = X(F_r + 2M/d) + Y \cdot F_a \tag{4.7}$$

で与えられる．ここで係数 X と Y は，$v = F_a/(F_r + 2M/d)$ とおくと，$v \leq 1.5$ のとき $X = 1$，$Y = 0.45$ であり，それ以外では $X = Y = 0.67$ である．P_0 は式 (4.7) で $X = 1$，$Y = 0.44$ としたときの値である．静的安全係数は普通荷重のとき 1～2 以上，衝撃荷重のとき 2～3 以上が必要である．

【例 題 4.4】 図 4.21(b) において $F_r = 1.1$ kN，$W_1 = 0.7$ kN，$W_2 = 0.4$ kN，$W_3 = 1.5$ kN，$l_1 = 1.0$ m，$l_2 = 0.5$ m である．$C = 66.9$ kN，$C_0 = 100$ kN，$d = 148.7$

(a) 外観

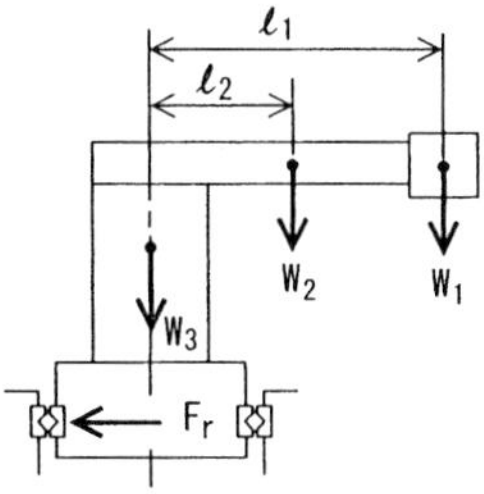

(b) 使用例

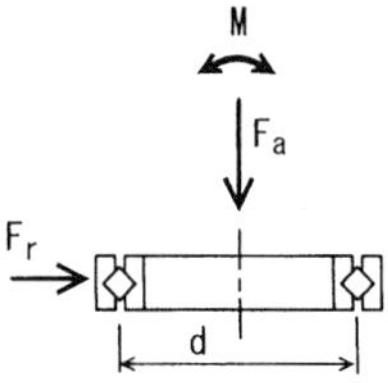

(c) 記号の定義

図 4.21 クロスローラベアリング

mm のクロスローラベアリング（軸径 120 mm，外径 180 mm，幅 25 mm，質量 2.6 kg）の寿命時間と静的安全係数を求めよ．ただし平均回転数を 30 rpm，荷重係数を 1.5 とする．

［**解答**］ アキシャル荷重 F_a とモーメント M を求める．図 4.21(b) より

$$F_a = W_1 + W_2 + W_3 = 2.6\,\mathrm{kN}$$
$$M = W_1 l_1 + W_2 l_2 = 0.9\,\mathrm{kN \cdot m}$$

となる．これより比 v は

$$v = 2.6/(1.1 + 2 \times 0.9/0.1487) = 0.1969 \leq 1.5$$

となるから，動等価ラジアル荷重の係数は $X = 1$，$Y = 0.45$ である．したがって，式（4.7）より

$$P_C = 1 \times (1.1 + 2 \times 0.9/0.1487) + 0.45 \times 2.6 = 14.37\,\mathrm{kN}$$
$$P_0 = 1 \times (1.1 + 2 \times 0.9/0.1487) + 0.44 \times 2.6 = 14.35\,\mathrm{kN}$$

となる．ゆえに式（4.5），（4.6）より

$$L_h = \frac{1}{60 \times 30}\left(\frac{66.9}{1.5 \times 14.37}\right)^{10/3} \times 10^6 = 24200\,\mathrm{h}$$
$$f_s = \frac{100}{14.35} = 6.97$$

c. 転がり案内

ねじや軸受と同様に案内要素にもすべり案内と転がり案内がある．すべり案内は昔から工作機械のすべり面によく用いられていたが，低速では摩擦が大きく高精度な位置決めができない．これに対して，転がり案内（linear rolling guide）は図 4.22 のようにスライダーとレールの間にボールやころを入れたもので，摩擦係数がきわめて小さく，剛性も高いので，直交座標形ロボットやスライドテー

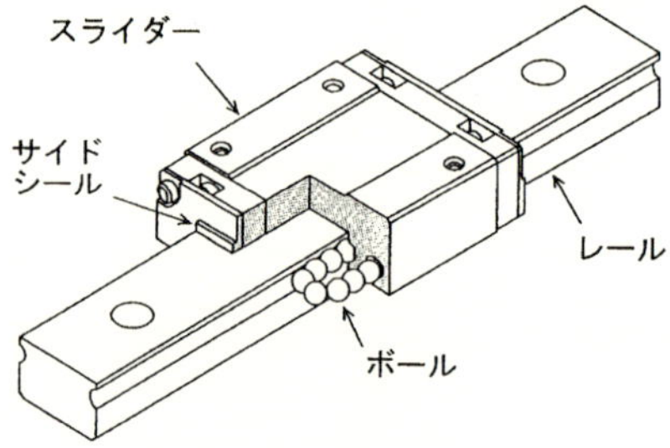

図 4.22　転がり案内

ブルとして広く利用されている．LMガイド，リニアガイド，リニアウェイなどと呼ばれている．

4.3 減　速　機

モータは通常3000 rpm程度で回転するが，これをロボットの関節や車輪などに必要な低い回転速度に変換する機械要素を減速機（reduction gears）という．減速機を用いることによってトルクを増大し，モータの慣性モーメントに対する負荷の慣性モーメントを相対的に小さくして，運動性能を向上させることができる．減速機はコンパクトで大きな減速比（reduction ratio）が得られ，剛性（stiffness）が高く，バックラッシュがなく，エネルギー損失の小さいものが望ましい．この要求にかなうものとして，ハーモニックドライブ，RV減速機，サイクロ減速機などが利用されている．高精度が必要でない場合には，遊星歯車減速機もよく使用される．

4.3.1 遊星歯車減速機

遊星歯車減速機（planetary reduction gears）は，図4.23に示すように太陽歯車，遊星歯車，内歯車およびキャリヤからなる．通常は内歯車を固定し，太陽歯車を入力軸とし，遊星歯車の公転をキャリヤによって出力軸に取り出すものである．太陽歯車，遊星歯車，内歯車の歯数を z_1, z_2, z_3 とすると，減速比は

$$R = (z_1 + z_3)/z_1 \tag{4.8}$$

となる．この減速比は次のようにして求められる．まず，キャリヤを固定して太陽歯車を1回転すると，遊星歯車は $-z_1/z_2$ 回転，内歯車は $-z_1/z_3$ 回転，キャリヤは0回転となる．ここでマイナスの符号は太陽歯車と逆方向に回転すること

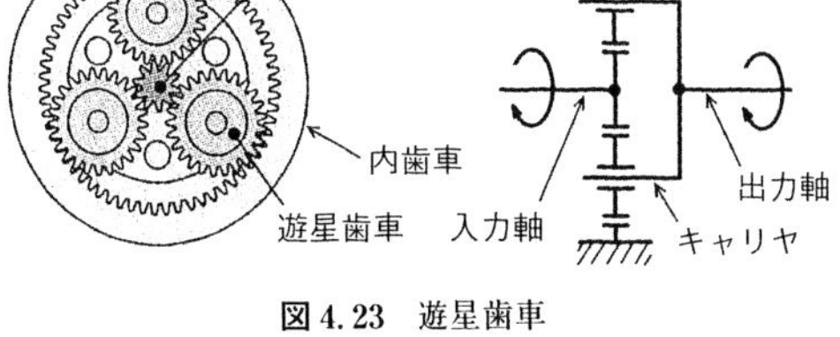

図4.23　遊星歯車

を表している．次に，内歯車の回転を打ち消すために全体を糊付けして z_1/z_3 回転する．その結果，合計の回転数は太陽歯車が $1+z_1/z_3$，キャリヤが z_1/z_3，内歯車が 0 となる．したがって，太陽歯車とキャリヤの回転数の比として式 (4.8) が得られる．

遊星歯車減速機の減速比は，1 段では 10 以下であるので，高い減速比を得るには多段にする必要がある．また，歯車の単純な組み合せでは 20 分(1 分は 1/60°) 程度のバックラッシュを生じるので，バックラッシュ除去のための特別な工夫が必要になる．

4.3.2 ハーモニックドライブ

図 4.24 に示すように，ハーモニックドライブ (harmonic drive gearing) はウェーブジェネレータ，フレクスプライン，サーキュラスプラインの 3 部品で構成されている．ウェーブジェネレータは楕円状の外周にボールベアリングを配置したものである．フレクスプラインはカップ状の薄肉弾性体であり，開口部外周に歯が刻まれている．サーキュラスプラインはリング状の剛体部品であり，内周に歯が刻まれている．その歯数はフレクスプラインの歯数より 2 枚多くなっている．

動作原理としては，サーキュラスプラインをケースに固定して，モータ軸によってウェーブジェネレータを回転すると，フレクスプラインとサーキュラスプラインの歯が順々にかみ合い，ウェーブジェネレータが 1 回転したとき，フレクス

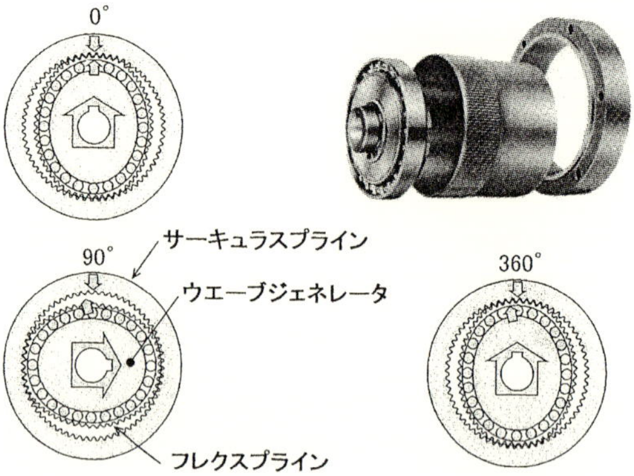

図 4.24 ハーモニックドライブ

プラインは反対方向に歯数2枚分だけ回転する．したがって，この回転を出力として取り出せば，減速比は

$$R = z_f/(z_f - z_c) \tag{4.9}$$

となる．たとえば，$z_f = 200$，$z_c = 202$ の場合には $R = -100$ となり，入力軸が100回転したとすると出力軸は反対方向に1回転する．

ハーモニックドライブは1段で $R = 30 \sim 300$ という高い減速比が得られること，軽量であること，フレクスプラインをサーキュラスプラインに押しつけた状態で使用するのでバックラッシュがほとんどないこと，などの特徴があり，ロボットの手首や肘などの比較的軽負荷で高精度を要する関節によく用いられる．しかし，他の減速機に比べるとやや剛性が低い．効率は80%程度といわれている．

4.3.3 RV減速機

RV減速機（rotor vector reduction gears）は図4.25に示すように，2段減速器であり，1段目は平歯車による減速，2段目はRV歯車とピン歯車による減速となっている．ピン歯車はケース内側に設けられた半円状の溝に細いころを置いただけのものであり，ピン数はRV歯車の歯数より1つ多い．RV歯車の回転を

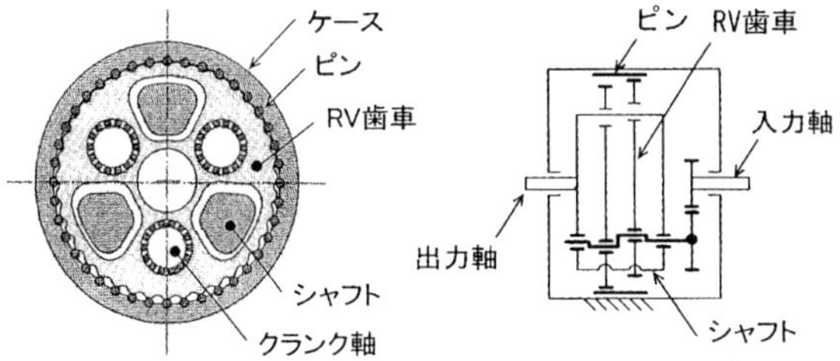

図4.25　RV減速機

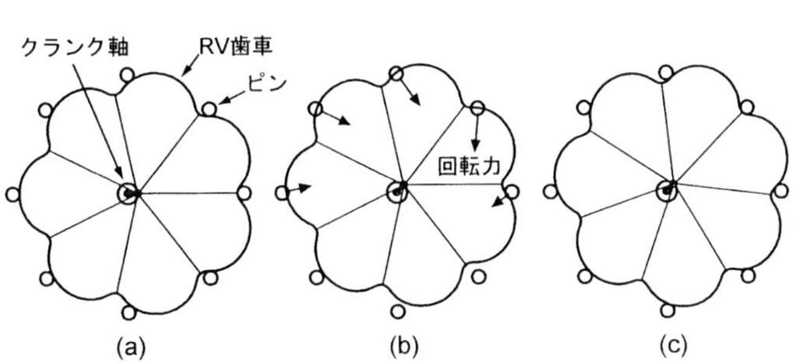

図4.26　RV歯車の回転原理

出力として取り出すために2本または3本のクランク軸を用いている.

図4.26はクランク軸を1本にして，RV歯車の回転原理を示したものである．この歯形曲線はトロコイド平行曲線と呼ばれる．トロコイド曲線はある基準円に別の円を外接させ，それを転動させたときに，円内の1点（ピンの中心に相当）が描く軌跡である.トロコイド曲線は太さのないピンとかみ合うことができるが，実際には太さが必要なので，その半径分だけ歯形曲線を内側に平行移動したものがトロコイド平行曲線である．図中の（a）は，クランク軸の回転角が0°のとき，ピンと歯車が正しくかみ合っている状態である．この状態から（b）のようにクランク軸を少し回転させると，歯はピンに押しつけられ，その反力によって歯車は（c）の正常かみ合い位置へ回転する．入力軸に取り付けられた平歯車の歯数をz_1，クランク車の平歯車の歯数をz_2，ピンの本数をz_4とすると，減速比は次式となる.

$$R = 1 + z_2 z_4 / z_1 \tag{4.10}$$

RV減速機は多数のピンが歯車と同時にかみ合っているので，衝撃に対して強いという特徴があり，ロボットでは腰関節などによく使用される．効率は90%程度といわれている．なお，RV減速機と同様の歯車を用いたものにサイクロ減速機（cyclo reduction gears）があるが，これは図4.26において，出力軸に取り付けたローラ付きピンで歯車の回転を取り出すものである.

4.3.4 減速機の剛性とロストモーション

減速機の入力軸を固定して出力軸にトルクを加え，それを定格トルクの範囲内で徐々に増減すると，トルクとねじれ角の関係は図4.27のようなヒステリシス曲線を描く．ヒステリシスの原因はバックラッシュと内部摩擦である．このヒス

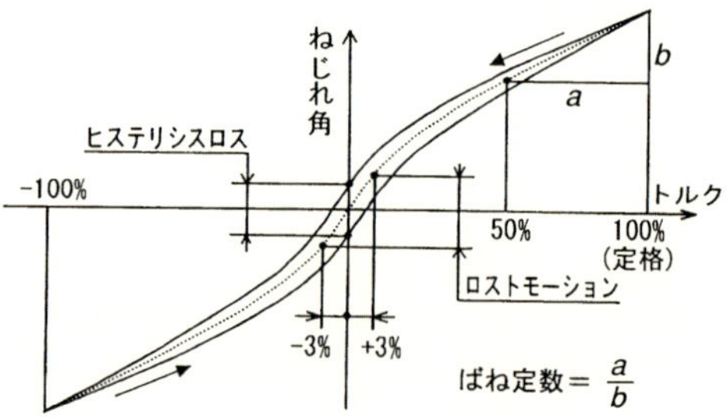

図4.27 ヒステリシス曲線

テリシス曲線は図中に示したように，ばね定数，ロストモーション(lost motion)およびヒステリシスロス（hysteresis loss）によって特徴づけられ，減速機の性能尺度として利用される．ロストモーションとヒステリシスロスはロボットアームの位置精度に大きな影響を与えるので，ロボットではこれらの小さいものを用いる必要がある．ハーモニックドライブ，RV 減速機，サイクロ減速機では，これらは約 1 分またはそれ以下である．もちろん，ばね定数が大きいことも重要であるが，それは減速機のサイズに依存している．

なお，ロストモーションは減速機の精度の目安である．精度の目安としてはバックラッシュ（ガタ，遊び）があるが，ハーモニックドライブではバックラッシュはほとんど 0 であるので，微小トルクによる減速機自身のたわみをバックラッシュに加算したものがロストモーションである．

4.4 スライドテーブルの設計

スライドテーブルは直交座標形ロボットの xyz 各軸に対応している．本節ではスライドテーブルを題材にして，ボールねじとサーボモータの選定法を述べる．

4.4.1 スライドテーブルの概要

図 4.28 のスライドテーブルに対して，表 4.1 のような性能が求められているものとしよう．運転条件とテーブル最高速度からサイクルタイム $t_c = t_1 + t_2 + t_3 + t_4 = 2.5$ s 内の速度パターンは図 4.29 のようになるから，このテーブルは 2.5 s で 0.5 m 移動し，それを反復（往復）することがわかる．

表 4.1 の要求仕様が満たされるようにあらかじめボールねじと AC サーボモー

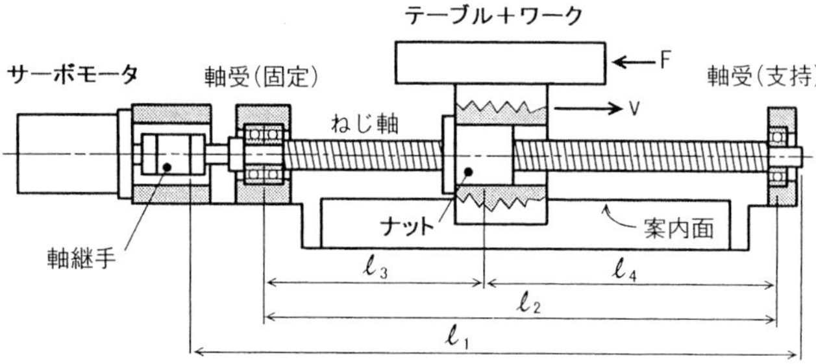

図 4.28 スライドテーブル

表 4.1　スライドテーブルの要求仕様と運転条件

機構の要求仕様	テーブル最高速度	0.25 m/s
	分解能	0.02 mm
	加減速時間	$t_1 = t_3 = 0.1$ s
	目標寿命時間	30000 h
テーブルとワークの仕様	テーブルとワークの総質量	$m = 100$ kg
	摺動部の摩擦係数	$\mu = 0.04$
	ボールねじの効率	$\eta = 0.9$
	外力	$F = 50$ N
運転条件	2.1 秒運転 0.4 秒停止 この繰り返し	$t_1 + t_2 + t_3 = 2.1$ s $t_4 = 0.4$ s

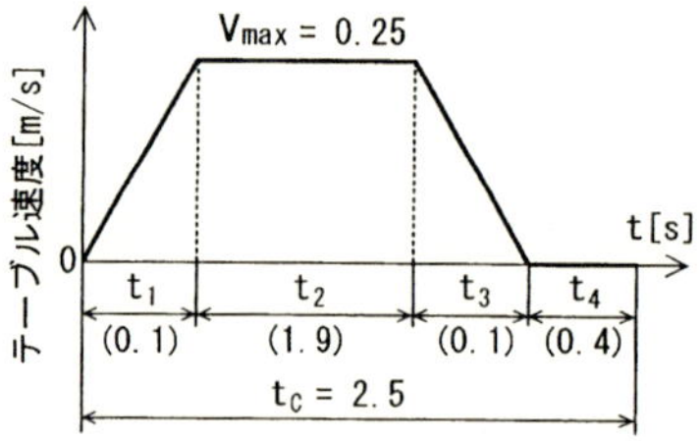

図 4.29　テーブルの速度パターン

表 4.2　ボールねじの仕様

軸外径	$d = 20$ mm
軸谷径	$d_1 = 16.4$ mm
ボール中心径	$d_2 = 21.25$ mm
リード	$p = 10$ mm
基本静定格荷重	$C_0 = 25.1$ kN
基本動定格荷重	$C = 10.6$ kN
DN 値	$DN = 50000$ mm · rpm
ねじ部全長	$l = 1000$ mm
軸取付間距離	$l_1 = 1100$ mm
軸全長	$l_2 = 1200$ mm
軸取り付け方法	モータ測固定，他端支持

表 4.3　サーボモータの仕様

定格出力	150 W
定格回転速度	$n_R = 3000$ rpm
定格トルク	$T_R = 0.49$ Nm
瞬時最大トルク	$T_{\max} = 0.98$ Nm
回転子慣性モーメント	$J_M = 0.905 \times 10^{-4}$ kg m^2
許容負荷慣性モーメント	$J_{L-\max} = 27.1 \times 10^{-4}$ kg m^2
分解能	0.36 deg/pulse
質量	1.8 kg

タを選定したが，その結果が表4.2と表4.3である．この選定のための設計計算を以下で説明する．なお，テーブルの位置分解能は以下では扱わないが，モータの分解能（ドライバへの入力パルス1個当たりのモータ回転角）が0.36°であり，ボールねじのリード（1回転当たりのナットの移動距離）が10 mmであるから，1パルス当たりのテーブルの移動量は0.01 mmとなる．要求仕様は0.02 mmであるから，これは満たされている．

4.4.2 ボールねじの選定

ボールねじは次の3条件を満たす必要がある．

(a) 軸方向加重（F_a）≦{ねじ軸の座屈加重（F_b），
ナットの軸方向許容加重（F_n）}

(b) 回転速度（n）≦{DN値による許容回転速度（N_{dn}），
ねじ軸の危険速度（N_c）}

(c) 目標寿命時間≦寿命時間（L_h）

ここでF_b，F_n，N_{dn}，N_cおよびL_hの計算は次式による．

$$F_b = \left(\frac{\pi}{l_1}\right)^2 \lambda_b EI \times 0.5[\mathrm{N}] \tag{4.11}$$

$$F_n = \frac{C_0}{f_s}[\mathrm{N}] \tag{4.12}$$

$$N_{dn} = \frac{DN}{d_2}[\mathrm{rpm}] \tag{4.13}$$

$$N_c = \frac{60}{2\pi}\left(\frac{\lambda_c}{l_1}\right)^2 \sqrt{\frac{EI}{\rho A}} \times 0.8\,[\mathrm{rpm}], \quad A = \frac{\pi d_1{}^2}{4} \tag{4.14}$$

$$L_h = \frac{1}{60 n_{av}}\left(\frac{C}{f_w F_{av}}\right)^3 \times 10^6\,[\mathrm{h}] \tag{4.15}$$

式（4.11）は長柱に対するオイラーの座屈公式であり，図4.28における長さl_3の部分の座屈荷重を求めている．したがって，l_1は本来は$(l_3)_{\max}$であるが，便宜的にl_1を用いる．λ_bは取り付け方法による係数であるが，両端固定であるから$\lambda_b = 4$となる．Iは断面2次モーメント，0.5は安全係数である．式（4.12）のf_sは先にクロスローラベアリングの項で述べた静的安全係数である．ここでは$f_s = 2$とする．式（4.13）のDNはボールの公転速度を便宜的に表しており，DNが大きいと繰り返し衝撃力により循環部やボール溝に損傷が発生するので，上限が仕様で定められている．式（4.14）の N_c は図における長さ l_4 の部分の危険速度である．したがって，l_1 は $(l_4)_{max}$ の代用品である．λ_c は取り付け方法による係数で，図では一端固定，他端支持であるから $\lambda_c = 3.93$ となる．0.8 は安全係数である．最後に式（4.15）は玉軸受の寿命の計算式であり，n_{av} は平均回転速度，F_{av} は回転数［rev］に関する軸方向荷重 F_a の絶対値の 3 乗平均値である．f_w は荷重係数で，テーブルの移動速度が 0.25〜1.0 m/s では 1.2〜1.5 が用いられる．ここでは $f_w = 1.5$ とする．

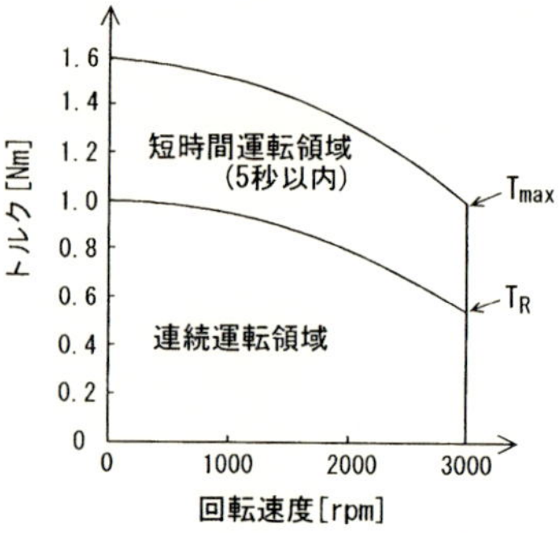

図 4.30　回転速度-トルク特性

【例題 4.5】　表 4.2 のボールねじが選定条件 (a)，(b)，(c) を満たしていることを確かめよ．ただし，ヤング率は $E = 206$ GPa，密度は $\rho = 7850$ kg/m^3 とする．

［**解答**］　(1)　軸方向荷重と回転速度のパターン：ボールねじに作用する軸方向加重は，摺動部摩擦力 $\mu mg = 39.2$ N，外力 $F = 50$ N，テーブルの加減速力 $ma = 250$ N である．ここで，a は図 4.29 の t_1 および t_3 の区間での加速度の絶対値であり，$a = 2.5$ m/s^2 である．したがって，t_1，t_2，t_3 の区間でボールねじに作用する力を F_1，F_2，F_3 とすると，

$$F_1 = \mu mg + F + ma = 339 \text{ N}$$

$$F_2 = \mu mg + F = 89.2 \text{ N}$$

$$F_3 = \mu mg + F - ma = -160.8 \text{ N}$$

となり，テーブルの往路での軸方向加重 F_a のパターンは図 4.31 のようになる．復路では符号が逆になるが，同じパターンである．図の上段は回転速度パターンであり，n_1 と n_3 は区間内の平均速度である．ボールねじのリードとテーブルの最高速度から，$n_2 = 1500$ rpm，$n_1 = n_3 = 750$ rpm となる．

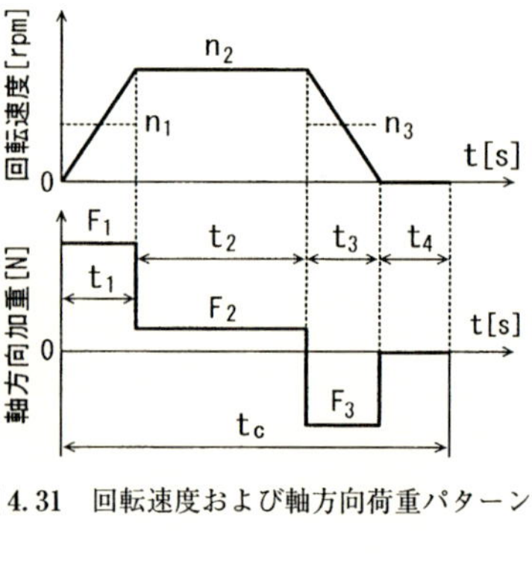

図 4.31　回転速度および軸方向荷重パターン

(2)　軸方向荷重の検討：式（4.11），（4.12）より F_b と F_n を求める．ここで断面 2 次モーメントは $I = \pi d_1{}^4/64 = 3.55 \times 10^{-9}$ m^4 であるから，$EI = 731$ Nm^2 となる．

$$F_b = (\pi/1.1)^2 \times 4 \times 731 \times 0.5 = 1.193 \times 10^4\,\mathrm{N}$$
$$F_n = 25.1 \times 10^3/2 = 1.255 \times 10^4\,\mathrm{N}$$

これらは F_a の最大値 $F_1 = 339\mathrm{N}$ より大きいから，条件（a）は満たされている．

（3）　回転速度の検討：式（4.13），（4.14）より N_{dn} と N_c を求める．ここで軸の断面積は $A = \pi {d_1}^2/4 = 2.11 \times 10^{-4}\,\mathrm{m}^2$ である．

$$N_{dn} = 50000/21.25 = 2350\,\mathrm{rpm}$$

$$N_c = \frac{60}{2\pi} \times \left(\frac{3.93}{1.1}\right)^2 \left(\frac{731}{7850 \times 2.11 \times 10^{-4}}\right)^{1/2} \times 0.8 = 2050\,\mathrm{rpm}$$

これらは最大回転数 $n_2 = 1500\,\mathrm{rpm}$ より大きいから，条件（b）は満たされている．

（4）　寿命時間の検討：図 4.31 から平均回転速度 n_{av} と平均荷重 F_{av} を求める．

$$n_{av} = \left(\sum_{i=1}^{3} n_i t_i\right) \Big/ t_c = 1200\,\mathrm{rpm}$$

$$F_{av} = \left[\left(\sum_{i=1}^{3} |F_i|^3 n_i t_i\right) \Big/ \left(\sum_{i=1}^{3} n_i t_i\right)\right]^{1/3} = 120.6\,\mathrm{N}$$

これらを式（4.15）に代入すると

$$L_h = \frac{1}{60 \times 1200} \left(\frac{10.6 \times 10^3}{1.5 \times 120.6}\right)^3 \times 10^6 = 2.79 \times 10^6\,\mathrm{h}$$

これは目標寿命の 30000 h より大きいから，条件（c）も満たされている．

4.4.3　等価慣性モーメント

図 4.28 の機構は，力学的には図 4.32 のような等価モデルに変換できる．ここで，T_M はモータの発生トルク，J_M は慣性モーメント，θ は回転角であり，J_L はモータ軸に換算した負荷（ボールねじとテーブル）の等価慣性モーメント，T_L はテーブルに作用する外力および摩擦力をモータ軸に換算した等価負荷トルクである．

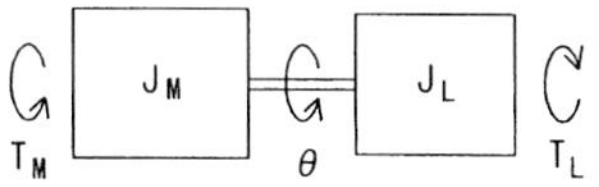

図 4.32　等価モデル

J_L を求めるためには，モータを回転したときの運動エネルギーを図 4.28 と図 4.32 で一致させればよい．図 4.28 におけるテーブルの速度は

$v=p\dot{\theta}/2\pi$ であるから，テーブルとボールねじの運動エネルギーは $J_B\dot{\theta}^2/2+m(p\dot{\theta}/2\pi)^2/2$ となる．ここで J_B はボールねじの慣性モーメントである．一方，図 4.32 から負荷 J_L の運動エネルギーは $J_L\dot{\theta}^2/2$ である．したがって，両者を等置することによって，

$$J_L = J_B + \left(\frac{p}{2\pi}\right)^2 m \tag{4.16}$$

となる．次に，T_L を求めるには，モータを回転したときに単位時間内に外部に与える仕事，すなわち動力を一致させればよい．図 4.28 ではテーブルに作用する力は外力 F と摺動面の摩擦力 μmg であるから，外部に与える動力は $(F+\mu mg)\times(p\dot{\theta}/2\pi)$ となる．一方，図 4.32 では見かけ上，外部に与える動力は $T_L\dot{\theta}$ であるが，ボールねじの摩擦の影響でその η 倍しか外部に伝わらないから，

$$T_L = \frac{p}{2\pi\eta}(F+\mu mg) \tag{4.17}$$

図 4.32 からモータの回転角 θ に関する運動方程式は，

$$(J_M + J_L)\ddot{\theta} = T_M - T_L \tag{4.18}$$

となる．モータを加速している場合には，T_M は T_L より通常十分大きい．そこで，$T_L=0$ として式（4.16）と（4.18）からテーブルの加速度 $\dot{v}$ を計算すると，

$$\dot{v} = \frac{(p/2\pi)T_M}{J_M + J_B + (p/2\pi)^2 m} \tag{4.19}$$

となり，モータトルク T_M とリード p の関数である．テーブルは起動・停止を頻繁に行うから，加速度は大きければ大きいほどよいが，T_M を大きくするためには大きなモータを必要とし，経済的でない．そこで，$\dot{v}$ を最大にする p を求めると，

$$p_0 = 2\pi\sqrt{(J_M + J_B)/m} \tag{4.20}$$

となり，このとき $(J_M+J_B)/[(p/2\pi)^2 m]=1$ となっている．これは，減速機構（ここではボールねじ）を境として，モータ側の慣性モーメントと負荷側の慣性モーメントが同一になるように減速機構を選定することによって，負荷の加速度を最大にできることを意味している．これをインピーダンスマッチング（impedance matching）という．図 4.28 のような PTP 制御ではそれほど大きな加速度は要求されないが，ロボットの CP 制御では加速度が大きいほど目標値追従性能が向上するから，このインピーダンスマッチングが行われる．

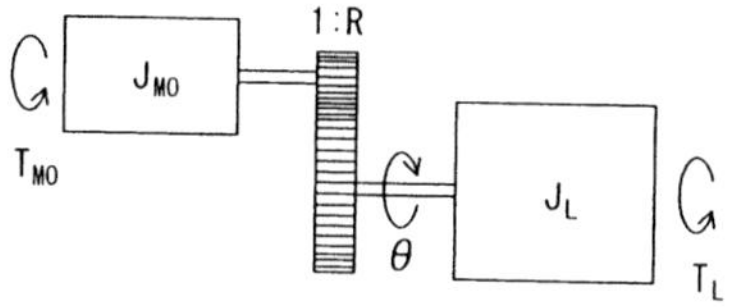

図 4.33　減速機を用いた駆動

【例題 4.6】　図 4.33 のように減速比 R の減速機を介して，サーボモータで負荷を駆動する場合，減速機出力軸に関する等価モータトルク T_M と等価慣性モーメント J_M を求めよ．また，負荷の角加速度を最大にする減速比を求め，そのとき $J_L/J_M = 1$ となることを確かめよ．ただし，減速機の効率を η とし，その慣性モーメントは無視する．

［**解答**］　J_{M0} の角速度は $R\dot{\theta}$ であるから，運動エネルギーは $J_{M0}(R\dot{\theta})^2/2$ となる．これが $J_M\dot{\theta}^2/2$ に等しいから，等価慣性モーメントは，

$$J_M = R^2 J_{M0} \tag{4.21}$$

となる．一方，モータトルクについては，T_{M0} が系に与える動力は $T_{M0}(R\dot{\theta})$ であるが，その $(1-\eta)$ 倍は摩擦熱となって散逸し，残りが運動に使われる．したがって，$\eta T_{M0}(R\dot{\theta}) = T_M\dot{\theta}$ より，

$$T_M = \eta R T_{M0} \tag{4.22}$$

が得られる．最後に最適減速比に関しては，式（4.18）および $T_L = 0$ より角加速度が，

$$\ddot{\theta} = \eta R T_{M0}/(R^2 J_{M0} + J_L) \tag{4.23}$$

となるから，$\partial\ddot{\theta}/\partial R = 0$ を計算することによって，

$$R_0 = \sqrt{J_L/J_{M0}} \tag{4.24}$$

を得る．このとき $J_L/J_M = 1$ となることは明らかである．

4.4.4　サーボモータの選定

サーボモータの出力を制限する条件は，①巻線の温度上昇，②ドライバの電流出力限界，③ドライバの電圧出力限界，④機械的耐遠心力強度の限界などがある．①による制限は定格トルクとして与えられている．また，②，③，④によって，サーボモータは図 4.30 に示したような回転速度—トルク特性の領域内で使用しなければならない．これらの制限のほかに，サーボモータの高加速度性能を生かすために $J_L/J_M = 1$〜10 の範囲で使用されている．以上をまとめると，サーボモータの選定条件は次のようになる．

(a)　最大回転速度≦定格回転速度（n_R）

(b)　最大トルク≦瞬時最大トルク（$T_{\max}$）

(c)　実効トルク（T_{rms}）= 定格トルク（T_R）÷(1.2〜2)

(d)　負荷慣性モーメント（J_L）= 回転子慣性モーメント（J_M）×(1〜10)

≦許容負荷慣性モーメント（$J_{L-\max}$）

ここで，実効トルクとはトルク T_M の時間に関する 2 乗平均値である．また，右辺の係数 1.2〜2 は安全率と経済性を考慮している．

【例題 4.7】　表 4.1 と表 4.2 のパラメータを用いて，表 4.3 のサーボモータが選定条件（a）〜（d）を満たしていることを確かめよ．

［**解答**］（1）　回転速度の検討：モータ回転速度の最大値は図 4.29 より 1500 rpm であり，定格回転速度は 3000 rpm であるから，条件（a）は満たされている．

（2）　最大トルクと負荷慣性モーメントの検討：式（4.16）と（4.17）より負荷慣性モーメントと負荷トルクは，

$$J_L = \frac{\pi}{32}\rho l_2 d^4 + \left(\frac{p}{2\pi}\right)^2 m$$

$$= \frac{\pi}{32} \times 7850 \times 1.2 \times (0.02)^4 + \left(\frac{0.01}{2\pi}\right)^2 \times 100 = 4.01 \times 10^{-4}\ \mathrm{kg\,m^2}$$

$$T_L = \frac{0.01}{2\pi \times 0.9}(50 + 0.04 \times 100 \times 9.8) = 0.1577\ \mathrm{Nm}$$

となる．区間 t_1 と t_3 での角加速度の絶対値は等しいから，これらを α とすると，

$$\alpha = \frac{2\pi n_2}{60 t_1} = \frac{2\pi \times 1500}{60 \times 0.1} = 1571\ \mathrm{rad/s^2}$$

となる．そこで，$J_L + J_M$ を加速するためのトルクを T_a とすれば，

$$T_a = (J_L + J_M)\alpha = (4.01 \times 10^{-4} + 0.905 \times 10^{-4}) \times 1571 = 0.772\ \mathrm{Nm}$$

したがって，区間 t_1，t_2，t_3 でのモータトルクを T_1，T_2，T_3 とすると，

$$T_1 = T_L + T_a = 0.930\ \mathrm{Nm}$$

$$T_2 = T_L = 0.1577\ \mathrm{Nm}$$

$$T_3 = T_L - T_a = -0.614\ \mathrm{Nm}$$

となり，トルクパターンは図 4.34 のようになる．この図から，最大トルク T_1 は瞬時最大トルク $T_{\max} = 0.98\ \mathrm{Nm}$ 以下であるから，条件（b）は満たされている．条件（d）

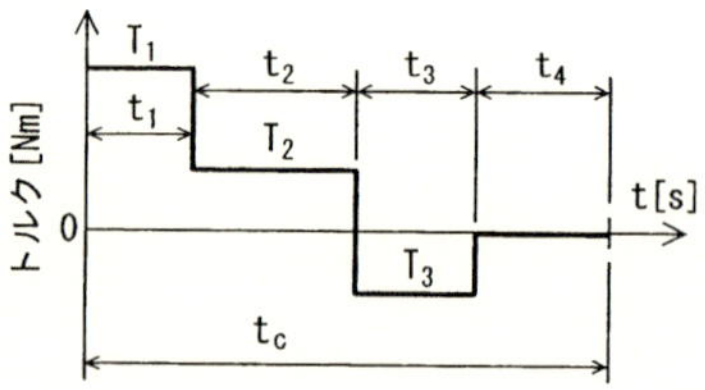

図 4.34　トルクパターン

については，$J_L/J_M = 4.01/0.905 = 4.43 < 10$ であり，かつ J_L は許容負荷慣性モーメント $J_{L-\max} = 27.1 \times 10^{-4}\,\mathrm{kg\,m^2}$ よりも小さいから，これも満たされている．

(3)　実効トルクの検討：図4.34よりトルクの2乗平均値は，

$$T_{rms} = \{(T_1^2 t_1 + T_2^2 t_2 + T_3^2 t_3)/t_c\}^{1/2} = 0.262\,\mathrm{Nm}$$

となる．したがって定格トルクとの比は $T_R/T_{rms} = 0.49/0.262 = 1.87$ となるから，条件 (c) も満たされている．

4.5　平面2自由度アームの設計

平面2自由度アームはスカラロボットのベース側2リンク（上腕と前腕）である．このアームを設計するには，アーム先端速度，モータのトルクパターン，減速機やクロスローラベアリングの寿命などの計算が必要になる．しかし，スライドテーブルのような1自由度の場合とは異なり，2個のモータの運動が相互に影響するので計算は複雑であり，また，紙面の余裕もないので，ここではアーム先端速度とモータトルクの計算式のみを述べる．

図4.35に示した平面2自由度アームを考えよう．機構を単純化するために関節はハーモニックドライブを組み込んだACサーボモータ（減速比はそれぞれ R_1 と R_2）で直接駆動している．アーム先端の質量 m_P と慣性モーメント J_P は，ハンドとそれを上下・回転させる機構部を表している．J_{M1} と J_{M2} は出力軸に関する回転子の慣性モーメント，m_{M2} はモータ2の全質量，J_{MB2} は回転子をケースに固定したときのモータ2全体の慣性モーメントである．

このアームの先端（m_p の重心位置）の速度は第2章で述べたように，

$$v = [l_1^2 \dot{\theta}_1^2 + l_2^2(\dot{\theta}_1 + \dot{\theta}_2)^2 + 2l_1 l_2 \dot{\theta}_1 (\dot{\theta}_1 + \dot{\theta}_2)\cos\theta_2]^{1/2} \tag{4.25}$$

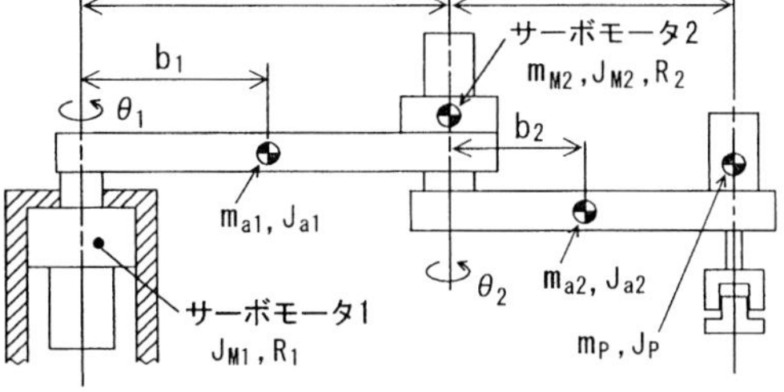

図4.35　平面2自由度アーム

である．また，モータトルク T_{M1}，T_{M2} は

$$\begin{pmatrix} T_{M1} \\ T_{M2} \end{pmatrix} = \begin{pmatrix} M_{11}(\theta_2) & M_{12}(\theta_2) \\ M_{12}(\theta_2) & M_{22}(\theta_2) \end{pmatrix} \begin{pmatrix} \ddot{\theta}_1 \\ \ddot{\theta}_2 \end{pmatrix} + \begin{pmatrix} h_1(\theta_2, \dot{\theta}_1, \dot{\theta}_2) \\ h_2(\theta_2, \dot{\theta}_1, \dot{\theta}_2) \end{pmatrix} \tag{4.26}$$

と表される．ここで，

$$\begin{aligned} M_{11}(\theta_2) = J_{M1} &+ (J_{a1} + m_{a1}b_1^2) + (J_{MB2} + m_{M2}l_1^2) \\ &+ [J_{a2} + m_{a2}(l_1^2 + 2l_1b_2\cos\theta_2 + b_2^2)] \\ &+ [J_p + m_p(l_1^2 + 2l_1l_2\cos\theta_2 + l_2^2)] \end{aligned} \tag{4.27}$$

$$\begin{aligned} M_{12}(\theta_2) = J_{M2}/R_2 &+ [J_{a2} + m_{a2}(l_1\cos\theta_2 + b_2)b_2] \\ &+ [J_p + m_p(l_1\cos\theta_2 + l_2)l_2] \end{aligned} \tag{4.28}$$

$$M_{22}(\theta_2) = J_{M2} + (J_{a2} + m_{a2}b_2^2) + (J_p + m_pl_2^2) \tag{4.29}$$

$$h_1(\theta_2, \dot{\theta}_1, \dot{\theta}_2) = -(m_{a2}b_2 + m_pl_2)l_1(2\dot{\theta}_1\dot{\theta}_2 + \dot{\theta}_1^2)\sin\theta_2 \tag{4.30}$$

$$h_2(\theta_2, \dot{\theta}_1, \dot{\theta}_2) = (m_{a2}b_2 + m_pl_2)l_1\dot{\theta}_1^2\sin\theta_2 \tag{4.31}$$

である．これらの式の右辺には多くの項が含まれているが，各質量，各慣性モーメントについて運動エネルギーを求め，ラグランジュの方法（2章参照）で個別のトルクを計算した後，それらを加算したものである．特に，M_{12} のなかには J_{M2}/R_2 という見慣れない項が表れているが，第2モータをケース，回転子，質量のない減速機に分けて運動エネルギーを考えると，この項の存在は容易に確認される．

演習問題

4.1　単列深溝玉軸受 6205 に 1000 N のラジアル荷重が作用し，1500 rpm で回転しているとき，この軸受の寿命時間を求めよ．また，寿命時間を 25000 時間にするには，ラジアル荷重を何 N にすればよいか．ただし，基本動定格荷重は 10800 N，荷重係数は 1.2 とする．

4.2　歯数 $z_1 = 12$，$z_2 = 29$，モジュール $m = 6$ の標準歯車がかみ合っている．ピッチ円直径，歯先円直径，中心間距離を求めよ．

4.3　図 4.19 のユニバーサルジョイントは入力軸と出力軸が角 α をなしている．両軸間の回転速度比を求めよ．

4.4　RV 減速機の減速比を求めよ．

4.5　図 4.2 に示した差動歯車において $\theta_1 = (\phi_1 + \phi_2)/2$，$\theta_2 = (\phi_1 - \phi_2)/2$ となることを示せ．

4.6　自動車をモータで走らせる場合を考える．モータからタイヤまでの減速比を R，タイヤの半径を r，その慣性モーメントを J，車両の全質量を m とすれば，モータ軸に関する等価負荷慣性モーメントはいくらか．

4.7　負荷トルクの2倍のトルクを発生できるモータを用いて，一定トルクの負荷を加速する．負荷の慣性モーメントはモータの5倍であるとして，減速機を用いずに直接駆動する場合の2倍の加速度を得るためには，減速比をいくらにすればよいか．減速機の効率は100% とする．

4.8　図4.33において，減速器のばね定数が k[Nm/rad] である．θ 軸のねじれ角を ϕ として運動方程式を導き，固有振動数を求めよ．ただし，減速器の効率は100% とする．

4.9　図4.35において，第1軸を支えるクロスローラベアリングの寿命を計算するには，第1軸に作用するラジアル荷重が必要になる．この計算方法を示せ．

参考文献

1)　海老原大樹編：モータ技術実用ハンドブック，日刊工業新聞社，2001.
2)　米田　完・坪内孝司・大隅　久：はじめてのロボット創造設計，講談社，2001.
3)　松日楽信人・大明準治：ロボットシステム入門，オーム社，1999.
4)　創造的設計研究会編：実践機械設計Ⅱ中上級編，工業調査会，1999.
5)　日本機械学会：新版機械工学便覧C4－メカトロニクス，丸善，1990.

5. ロボット制御理論

5.1 制御系の構成

ロボットの動作目標値（たとえば，ロボット手先の目標軌道など）は作業座標系で記述され，これを満足するための各軸（関節）当たりの目標値が関節座標系で表される．通常は，図 5.1 に示すように関節ごとにそれぞれの目標値に追従するためのサーボ系が構成される．各関節のアクチュエータを駆動する信号は操作量あるいは制御入力と呼ばれる．ロボットコントローラは階層構造を有し，上位より，作業座標系における目標軌道の生成，作業座標と関節座標系間の変換，各関節における制御入力の決定などの役割を果たす．本章では，作業座標から関節座標への座標変換を含め，主として関節サーボ系に利用される制御理論について解説する．

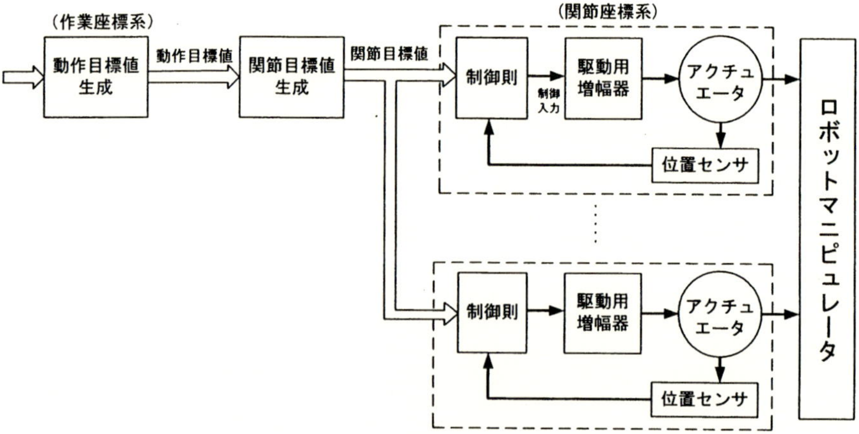

図 5.1　ロボット制御系の構成

5.2　ロボット制御基礎論

5.2.1　数学モデルの記述

ロボット制御系の解析や設計を行うためには，制御系を構成する各要素の入出力関係を数式的に表現する必要がある．ここでは，運動機構の数学モデルについて記述する．

a.　伝達関数

図5.2は基本的な機械運動系のモデルで，(a) は直線運動機構を示す．m を質量，b を粘性摩擦係数，k をばね定数とし，入力として外力 $f(t)$ を加えたときの変位 $x(t)$ を出力とすれば，入出力関係を表す微分方程式は次のようになる．

$$m\ddot{x}(t)+b\dot{x}(t)+kx(t)=f(t) \tag{5.1}$$

式 (5.1) をすべての初期値を0としてラプラス変換すると次式が得られる．

$$(ms^2+bs+k)X(s)=F(s) \tag{5.2}$$

ここで，$X(s)=\mathcal{L}[x(t)]$，$F(s)=\mathcal{L}[f(t)]$，s はラプラス演算子を表す．このとき，入出力のラプラス変換の比を伝達関数 $G(s)$ と呼び，$G(s)=X(s)/F(s)$ で表す．すなわち，図5.2(a) の直線運動系の伝達関数は次式で表される．

$$G(s)=\frac{1}{ms^2+bs+k} \tag{5.3}$$

図5.2(b) の回転運動系において，J を慣性モーメント，k_θ をねじりばね剛性，b_ω を回転粘性係数とし，外部から加えたトルク $\tau(t)$ を入力，それに起因する回転角度 $\theta(t)$ を出力とすれば，入出力関係を表す微分方程式は次のようになる．

$$J\ddot{\theta}(t)+b_\omega\dot{\theta}(t)+k_\theta\theta(t)=\tau(t) \tag{5.4}$$

よって，上と同様に，図5.2(b) の回転運動系の伝達関数は次式で表される．

$$G(s)=\frac{1}{Js^2+b_\omega s+k_\theta} \tag{5.5}$$

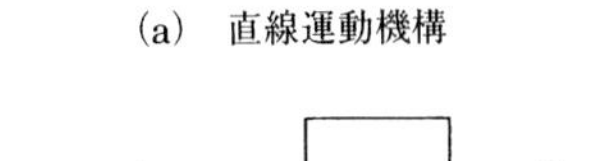

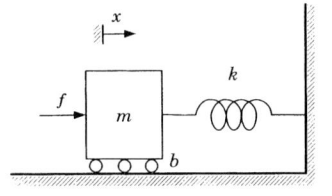

(a)　直線運動機構

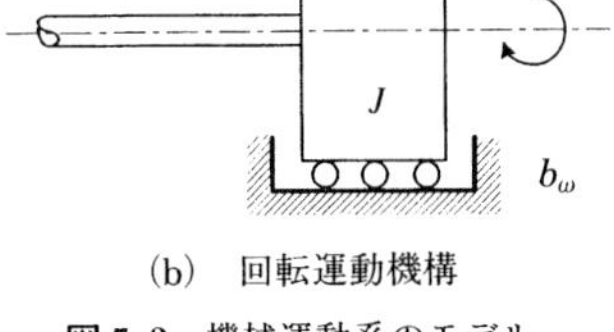

(b)　回転運動機構

図5.2　機械運動系のモデル

伝達関数を用いた数学モデルは，周波数領域における制御系の解析・設計に使用され，主として1入力1出力系を扱う古典制御理論において用いられる．つまり，ラプラス変換が数学的道具となる．

b. 状態方程式

状態方程式モデルは多入力多出力制御系の解析・設計に用いられ，主として現代制御理論において使用される．ここでは，線形代数学が数学的道具となる．

図5.2(a) の直線運動系において，外力を加えたときの平衡状態からの質量の変位を $x_1(t)$，速度を $x_2(t)$ とし，外力を $u(t)$ とすれば，微分方程式 (5.1) は次のような一階連立微分方程式に書き換えられる．

$$\dot{x}_1(t) = x_2(t) \tag{5.6 a}$$

$$\dot{x}_2(t) = -\frac{k}{m}x_1(t) - \frac{b}{m}x_2(t) + \frac{1}{m}u(t) \tag{5.6 b}$$

また，質量変位 $x_1(t)$ を出力検出値 $y(t)$ とすれば，次式が得られる．

$$y(t) = x_1(t) \tag{5.7}$$

式 (5.6) および式 (5.7) をベクトルと行列を用いて表現すると次式となる．

$$\dot{\boldsymbol{x}}(t) = \boldsymbol{A}\boldsymbol{x}(t) + \boldsymbol{b}u(t) \tag{5.8 a}$$

$$y(t) = \boldsymbol{c}\boldsymbol{x}(t) \tag{5.8 b}$$

ただし，$\boldsymbol{x}(t) = (x_1(t), x_2(t))^T$ であり，$\boldsymbol{x}(t)$ は状態変数ベクトル，$u(t)$ は制御入力，$y(t)$ は出力変数と呼ばれる．また，式 (5.8 a) は状態方程式，式 (5.8 b) は出力方程式と呼ばれ，それぞれの行列およびベクトルは次式で表される．

$$\boldsymbol{A} = \begin{pmatrix} 0 & 1 \\ -k/m & -b/m \end{pmatrix}, \quad \boldsymbol{b} = \begin{pmatrix} 0 \\ 1/m \end{pmatrix}, \quad \boldsymbol{c} = (1 \ \ 0) \tag{5.9}$$

それぞれの行列の特徴によりシステムの特性を知ることができる．行列 $\boldsymbol{A}$ の固有値はシステムの安定性や動特性を表す．また，行列 $\boldsymbol{A}$ とベクトル $\boldsymbol{b}$ よりシステムの可制御性，行列 $\boldsymbol{A}$ とベクトル $\boldsymbol{c}$ より可観測性などの性質を制御系設計に先んじて知ることができる．このような点が状態方程式を用いた現代制御理論の特徴である．ここでは，1入力1出力の場合について述べたが，多入力多出力の場合にはベクトル $\boldsymbol{b}$，$\boldsymbol{c}$ を行列 $\boldsymbol{B}$，$\boldsymbol{C}$ に変えて同様の取り扱いが可能である．

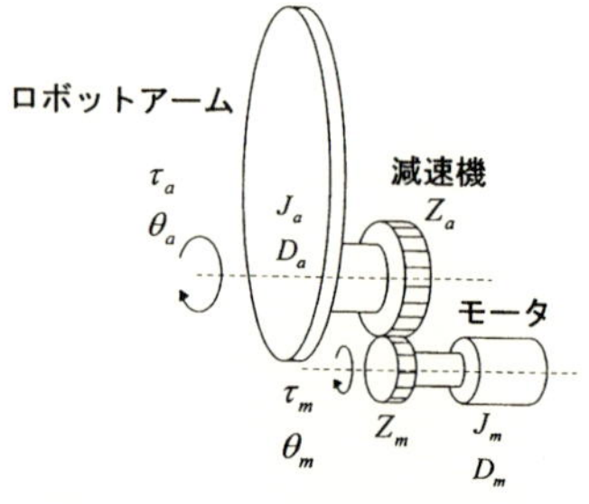

図5.3 ロボット駆動関節モデル

【例題 5.1】 図5.3に示す関節モデルについ

て，モータ発生トルク τ_m を入力，モータの回転角 θ_m を出力とする伝達関数を求めよ．減速機における伝達損失はないものとする．

［**解答**］ J は慣性モーメント，D は粘性摩擦係数，τ はトルク，θ は回転角度，Z は歯数，添字 m，a はモータ軸およびアーム軸に関する量を表す．

アーム軸に関する運動方程式は，

$$\tau_a = J_a \ddot{\theta}_a + D_a \dot{\theta}_a$$

モータ軸に関する運動方程式は次のようになる．

$$\tau_m = J_m \ddot{\theta}_m + D_m \dot{\theta}_m + \tau_a / n$$

ここで，$n = Z_a/Z_m$，$\theta_a/\theta_m = 1/n$ の関係を考慮すれば，モータ軸に換算した運動方程式は次式となる．

$$\tau_m = \left(J_m + \frac{J_a}{n^2} \right) \ddot{\theta}_m + \left(D_m + \frac{D_a}{n^2} \right) \dot{\theta}_m$$

減速機の存在により，モータ軸に及ぼすアームの影響は $1/n^2$ に低減されることがわかる．n を大きくすることにより負荷の影響を受けにくいロバストな制御系が構成できる．伝達関数は次式となる．

$$\frac{\theta_m}{\tau_m} = \frac{1}{s(as + b)}$$

ここで，$a = J_m + J_a/n^2$，$b = D_m + D_a/n^2$ である．

5.2.2 線形制御法

ロボット手先の軌道や対象物へ作用する力は，各関節の運動の合成によって実現される．図 5.1 に示したように，手先の目標軌道や目標力を実現するために必要な各関節当たりの目標値が求められ，それぞれの関節においてこれらの目標値を実現するためのサーボ系が構成される．線形制御法は，制御対象の特性が線形微分方程式により表現できる場合にのみ有効である．ロボットマニピュレータの動特性は，本来，非線形微分方程式で表現した方がより正確であるが，線形近似を用いることにより線形制御法が適用される場合が多い．

線形制御理論は上で述べた伝達関数や状態方程式を用いて展開される．ここでは，ロボット制御系を設計するために必要であると考えられる線形フィードバック制御の基礎理論について記述する．

a. PID 制御

実用されているほとんどの産業用ロボットでは図 5.4 のようなソフトウェアサ

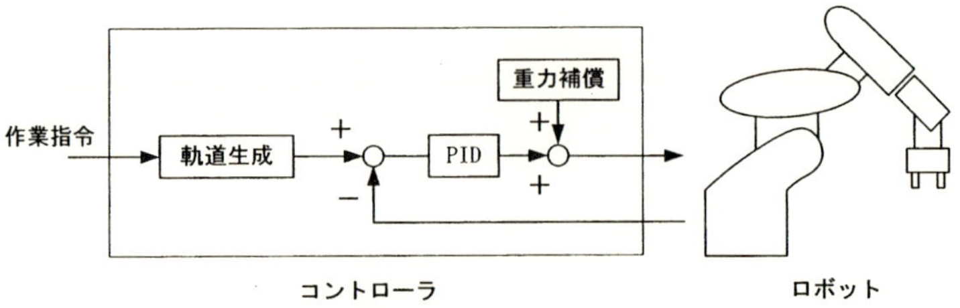

図 5.4　ロボットのソフトウェアサーボ系

ーボ系が構成され，PID コントローラに重力補償を付加した程度のものが一般的である．PID コントローラの伝達関数 $C(s)$ は次式で表される．

$$C(s) = K_P\left(1 + \frac{1}{T_I s} + T_D s\right) \tag{5.10}$$

ここで，K_P を比例ゲイン，T_I を積分時間，T_D を微分時間という．右辺の各項は，それぞれ比例動作，積分動作および微分動作に対応する．比例動作を強くすると速応性が向上し，減衰性が低下する．積分動作を強くすると，定常特性が向上する反面，速応性や減衰性が低下する．微分動作を強くすると，速応性や減衰性が改善されるが，定常特性や雑音除去特性が低下する．

ロボットの制御性能を向上させるためには，K_P，T_I および T_D を制御対象の特性に応じて適切に設定する必要がある．これらのパラメータの目安を与える方法として，ジーグラー・ニコルス（Ziegler–Nichols）の限界感度法と過渡応答法がよく知られている．限界感度法によるパラメータ調整則を表 5.1 に示す．ここで，K_c と T_c は比例動作のみで制御したときに制御系が安定限界となる比例ゲインおよびそのときの振動周期である．過渡応答法は制御対象のステップ応答曲線より，接線の勾配 R と接線が時間軸と交わる時刻 L を読み取り，これに基づいて表 5.2 のようにパラメータを与えるものである．

PID コントローラのパラメータ調整法に関して多くの研究が実施され，コンピュータを用いたセルフチューニング法なども提案されている．

b.　現代制御理論

1）　状態フィードバック制御　　現代制御理論では制御対象の特性は式 (5.8) の状態方程式と出力方程式によって表される．古典制御理論では入力と出力の関係のみに

表 5.1　限界感度法による調整則

	K_P	T_1	T_D
P	$0.5K_c$	∞	0
PI	$0.45K_c$	$T_c/1.2$	0
PID	$0.6K_c$	$0.5T_c$	$T_c/8$

表 5.2 過渡応答による調整則

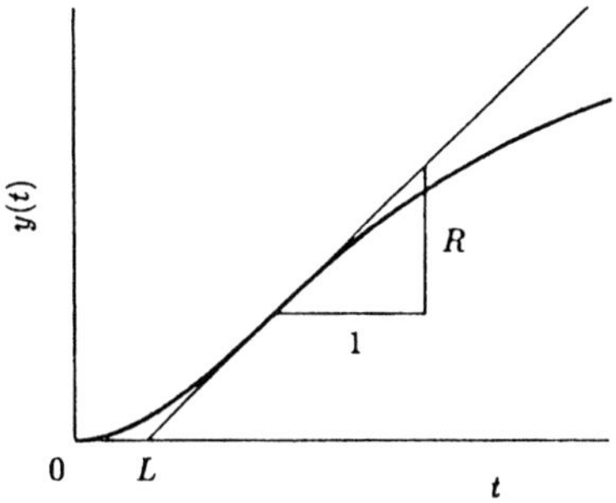

	K_P	T_1	T_D
P	$1/RL$	∞	0
PI	$0.9/RL$	$L/0.3$	0
PID	$1.2/RL$	$2L$	$0.5L$

注目するのに対し，現代制御理論では制御対象の内部状態まで考慮した制御系の設計ができる．内部状態は状態変数によって表される．すべての状態変数の目標値が0である制御系をレギュレータと呼び，レギュレータの設計問題が現代制御理論の基礎となる．

レギュレータの構成を図 5.5 に示す．状態フィードバックと呼ばれる制御則

$$\boldsymbol{u}(t) = -\boldsymbol{K}\boldsymbol{x}(t) \tag{5.11}$$

によって状態変数 $\boldsymbol{x}(t)$ から制御入力 $\boldsymbol{u}(t)$ を決定し，外乱などによって $\boldsymbol{x} = \boldsymbol{0}$ の状態から変動した状態変数を元の値に戻す．式 (5.11) を式 (5.8 a) に代入すれば，閉ループ系の特性は次式で表される．

$$\dot{\boldsymbol{x}}(t) = (\boldsymbol{A} - \boldsymbol{B}\boldsymbol{K})\boldsymbol{x}(t) \tag{5.12}$$

閉ループ系の特性方程式は次式で表される．

$$|s\boldsymbol{I} - \boldsymbol{A} + \boldsymbol{B}\boldsymbol{K}| = 0 \tag{5.13}$$

この方程式の根は制御系の極（特性根）と呼ばれる．

行列 $\boldsymbol{A} - \boldsymbol{B}\boldsymbol{K}$ の固有値は制御系の極と一致する．これらの固有値あるいは極は制御系の安定性や速応性などの基本特性を支配する．

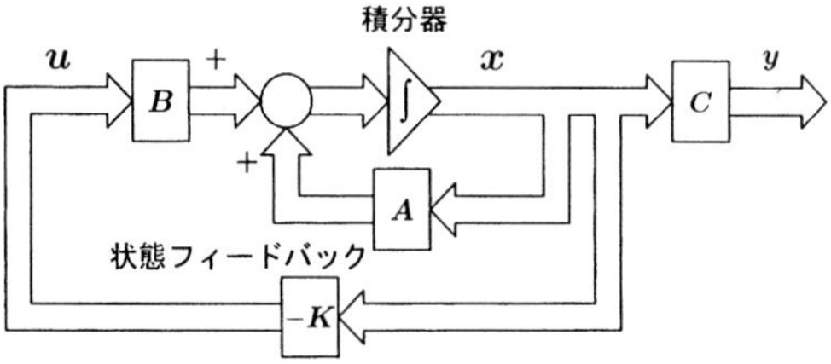

図 5.5 レギュレータの構成

2)　極配置制御法　　式 (5.8) で表される制御対象 (A, B) が可制御であれば，行列 $A - BK$ の固有値を任意な値に設定する係数ベクトル K が存在する．すなわち，K の調整によって任意の特性を有する制御系（レギュレータ）を設計することができる．特性方程式の係数比較などにより望ましい極（固有値）を満足する係数ベクトル K が決定できる．また，高次のシステムにおいては，可制御正準形式を利用することにより計算量が低減できる．極配置と制御系の特性との関係は必ずしも理論的に明確にされているわけでなく，望ましい極の設定にはある程度の試行錯誤が求められる．

3)　最適レギュレータ　　最適制御理論では，係数ベクトル K は次の 2 次形式評価関数が最小になるように決定される．

$$J = \int_0^\infty (\boldsymbol{x}^T(t)\boldsymbol{Q}\boldsymbol{x}(t) + \boldsymbol{u}^T(t)\boldsymbol{R}\boldsymbol{u}(t))\,dt \tag{5.14}$$

第 1 項は制御性能の向上，第 2 項は制御エネルギーを抑制するための指標である．一般に両者の要求は相反するため，重み行列 $\boldsymbol{Q}$，$\boldsymbol{R}$ を調整することにより両者の両立を図る．通常は，$\boldsymbol{Q}$ と $\boldsymbol{R}$ を適当に変えて制御系の応答をシミュレートすることにより，望ましい応答が得られるまで試行錯誤を繰り返す．

4)　状態観測器（オブザーバ）　　式（5.11）で表される状態フィードバック制御を実施するためには，すべての状態変数を知る必要があるが，このようなことはロボットなどの実際の制御対象では容易でない．このような問題に対応するため状態観測器（オブザーバ）が使用される．図 5.6 はオブザーバの一例である．制御対象とその数学モデルに同じ制御入力を加え，両者の出力差が 0 になるよう

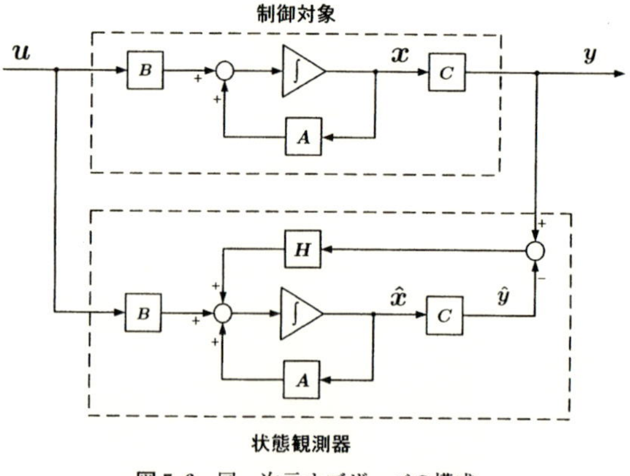

図 5.6　同一次元オブザーバの構成

にフィードバック操作を行う．このときのモデル内の状態変数を実際の状態変数の推定値として利用する．図 5.6 はすべての状態変数を推定する同一次元オブザーバと呼ばれるものである．このほか，外乱や制御対象のパラメータ変動を推定するための外乱オブザーバなどが使用される．

c. 安定性と制御性能

1） 特性根と制御系の応答　図 5.7 のようなフィードバック制御系を考える．閉ループ系伝達関数は次式で表される．

$$W(s)=\frac{G(s)}{1+G(s)H(s)} \tag{5.15}$$

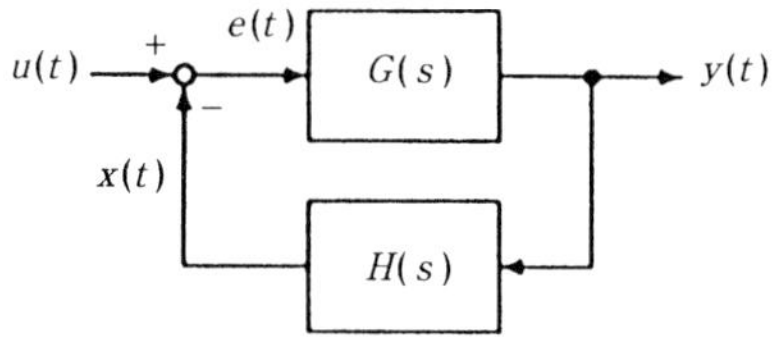

図 5.7　フィードバック制御系の構成

ここで，$G(s)H(s)$ は開ループ伝達関数あるいは一巡伝達関数と呼ばれる．また，閉ループ伝達関数の分母を 0 とおいた方程式

$$1+G(s)H(s)=0 \tag{5.16}$$

は特性方程式と呼ばれ，式（5.13）に相当する．特性方程式の根は上述のように特性根（閉ループ制御系の極）と呼ばれる．

一般的に次の閉ループ伝達関数を考える．

$$W(s)=\frac{b_m s^m+b_{m-1}s^{m-1}+\cdots+b_1 s+b_0}{s^n+a_{n-1}s^{n-1}+\cdots+a_1 s+a_0} \tag{5.17}$$

特性方程式は次式となる．

$$s^n+a_{n-1}s^{n-1}+\cdots+a_1 s+a_0=0 \tag{5.18}$$

簡単のため，特性根 $-p_1\sim-p_n$ に重複したものがない場合を考えると，式(5.17)は次式のように書き直すことができる．

$$W(s)=\frac{b_m s^m+b_{m-1}s^{m-1}+\cdots+b_1 s+b_0}{(s+p_1)(s+p_2)\cdots(s+p_n)} \tag{5.19}$$

式（5.19）を部分分数に展開し，ラプラス逆変換すると次式が得られる．

$$w(t)=a_1 e^{-p_1 t}+a_2 e^{-p_2 t}+\cdots+a_n e^{-p_n t} \tag{5.20}$$

$w(t)$ は制御系のインパルス応答に相当し，制御系の基本的特性を示す．時間の経過とともに制御系の出力 $w(t)$ が 0 に収束する場合に制御系は安定という（漸近安定ということもある）．制御系が安定であるためには式（5.20）の右辺のすべての項が0に収束する必要がある．このためには，すべての特性根 $-p_1$ から $-p_n$ の実数部が負でなければならない．このことは，現代制御理論において，行列 $\boldsymbol{A}-\boldsymbol{BK}$ のすべての固有値の実数部が負であることと等価である．このような行列は安定行列と呼ばれる．特性方程式が既知であれば，その根を求めることにより制御系の安定性を知ることができる．

特性根に共役複素根 $-\sigma \pm j\omega$ が存在する場合，これに対応する共役展開項

$$\frac{c-jd}{s+\sigma-j\omega}+\frac{c+jd}{s+\sigma+j\omega} \tag{5.21}$$

のラプラス逆変換は次式のような振動関数にまとめることができる．

$$(c-jd)e^{-\sigma t+j\omega t}+(c+jd)e^{-\sigma t-j\omega t}=2ae^{-\sigma t}\sin(\omega t+\phi) \tag{5.22}$$

ここで，$a=\sqrt{c^2+d^2}$，$\phi=\tan^{-1}c/d$ である．特性根の実数部 $-\sigma$ は振動振幅の減衰速度を表す．$-\sigma<0$ の場合には制御系は安定であり，σ の値が大きいほど振動は速く減衰する．$\sigma=0$ の場合には振幅一定の持続振動が生じる．$-\sigma>0$ の場合には制御系は不安定であり，振幅が時間とともに増加し，応答は発散する．

2)　安定判別法　　特性方程式を解いてすべての特性根を求めれば安定性が判別できるが，方程式が高次になると数値計算が必要になる．特性方程式を直接に解かないで方程式の係数の関係から安定性を判別するラウス（Routh）の安定判別法とフルビッツ（Hurwitz）の安定判別法が利用される．ここでは，ラウスの方法を紹介する．

ラウスの安定判別法は次のように記述される．

（i）　特性方程式（5.18）の係数がすべて正である．

（ii）　係数から表5.3のようなラウス表を作ったとき，その第1列目の係数がすべて正である．

条件（i）および（ii）が満足されたとき，特性方程式（5.18）のすべての特性根の実数部は負になり制御系は安定である．

表5.3　ラウス表

s^n	1	a_{n-2}	a_{n-4}	…
s^{n-1}	a_{n-1}	a_{n-3}	a_{n-5}	…
s^{n-2}	A_1	A_2	A_3	…
s^{n-3}	B_1	B_2	B_3	…
s^{n-4}	C_1	C_2	C_3	…
⋮	…	…	…	…
s^1	…	…	0	
s^0	…	0		

表5.3の第3行目以降の各要素は下記の要領で計算される．係数が存在しないところは0とおく．

$$
\begin{array}{lllllll}
\text{第}\,i\,\text{行} & x_1 & x_2 & \cdots & x_j & x_{j+1} & \cdots \\
\text{第}\,i+1\,\text{行} & y_1 & y_2 & \cdots & y_j & y_{j+1} & \cdots \\
\text{第}\,i+2\,\text{行} & z_1 & z_2 & \cdots & z_j & z_{j+1} & \cdots
\end{array}
$$

$$
z_j = -\frac{1}{y_1}\begin{vmatrix} x_1 & x_{j+1} \\ y_1 & y_{j+1} \end{vmatrix} \quad (j = 1,\ 2, \cdots)
$$

ラウスの方法の特徴は，安定性の判別だけでなく，制御系が不安定な場合にはラウス表第1列目の係数の符号変化回数と不安定根の数とが一致することである．

【例題 5.2】 図 5.8 のブロック線図に示す制御系の安定性をラウスの方法を用いて判別せよ．

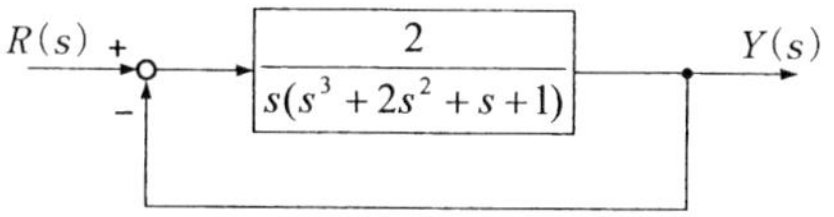

図 5.8 例題 5.2 の制御系

［**解答**］ 式 (5.16) より制御系の特性方程式は次式となる．ここでは，$H(s) = 1$ である．

$$
s^4 + 2s^3 + s^2 + s + 2 = 0
$$

表 5.4

s^4	1	1	2
s^3	2	1	0
s^2	1/2	2	
s^1	−7		
s^0	2		

係数はすべて正であり，上記の条件 (i) は満足される．また，表 5.3 に従ってラウス表を作ると表 5.4 のようになる．第1列に負の係数があるので図 5.8 の制御系は不安定である．また，符号変化の回数が2回であり，不安定特性根が2個存在することがわかる．

なお，フルビッツの方法では，ラウス表の代わりにフルビッツの行列式が用いられる．ラウスの方法とフルビッツの方法は数学的に等価であり，両者をまとめてラウス・フルビッツの安定判別法と呼ばれることもある．

また，フィードバック制御系の開ループ伝達関数（一巡伝達関数）の周波数応答から安定性を判別するナイキスト (Nyquist) の安定判別法が知られている．図 5.7 に示す制御系において $G(s)$，$H(s)$ は安定とする．このとき一巡伝達関数 $G(j\omega)H(j\omega)$ のベクトル軌跡が $-1+j0$ の点の右側を通る場合に制御系は安定である．図 5.9 に制御系が安定，安定限界および不安定な場合のベクトル軌跡を示す．ベクトル軌跡と $-1+j0$ の点との位置関係により位相余裕とゲイン余裕が定義される．これらは安定度を表し，周波数特性に基づいた制御系設計において設計仕様として用いられる．

3) リアプノフの安定理論　制御系が非線形の場合には上述の安定判別法は適用できない．リアプノフ（Lyapunov）の安定理論は，線形系と非線形系の両方に利用できる．

次式の微分方程式で表されるシステムについて考える．

$$\dot{\boldsymbol{x}}(t) = \boldsymbol{f}\{\boldsymbol{x}(t)\} \tag{5.23}$$

ここで，$\boldsymbol{x}$ は $n \times 1$ のベクトルである．$\boldsymbol{f}$ は非線形関数でもよく，$\boldsymbol{f}(\boldsymbol{x}) = 0$ を満たす平衡点は原点 $\boldsymbol{x} = \boldsymbol{0}$ にあるものとする．

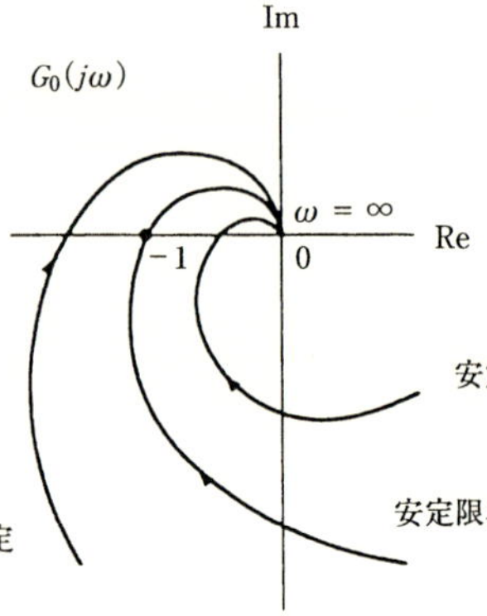

図 5.9　ナイキストの安定判別

いま，ベクトル $\boldsymbol{x}(t)$ に関するスカラー関数 $V(\boldsymbol{x})$ を考える．このとき，$V(\boldsymbol{x})$ が連続な 1 次偏導関数 $(\partial V/\partial \boldsymbol{x})$ をもち，すべての $\boldsymbol{x}(t)$ に対して $V(\boldsymbol{x}) > 0$（正定関数），かつ，式（5.23）で表されるすべての軌道に沿っての時間微分が $\dot{V}(\boldsymbol{x}) \leq 0$（準負定関数）の場合，このような関数はシステム（5.23）のリアプノフ関数と呼ばれる．リアプノフの安定理論によれば，原点近傍のある範囲内でリアプノフ関数が存在すれば，原点は安定であり，$\dot{V}(\boldsymbol{x}) < 0$（負定関数）であれば，原点は漸近安定である．さらに，$\boldsymbol{x}(t)$ の全域でリアプノフ関数 $V(\boldsymbol{x})$ が存在し，かつ，$\|\boldsymbol{x}\| \to \infty$ のとき $V(\boldsymbol{x}) \to \infty$ となれば，原点は大域的に漸近安定となる．

図 5.2 に示した機械運動系について考える．外力 $f = 0$ としたとき，系の運動方程式は次のようになる．

$$m\ddot{x}(t) + b\dot{x}(t) + kx(t) = 0 \tag{5.24}$$

平衡点は原点である．たとえば，

$$V(\boldsymbol{x}) = \frac{1}{2}m\dot{x}^2(t) + \frac{1}{2}kx^2(t) \tag{5.25}$$

と選ぶ．右辺第 1 項は運動エネルギー，第 2 項はばねに蓄えられるポテンシャルエネルギーであり，$V(\boldsymbol{x})$ はリアプノフ関数としての条件を満足する．さらに，両辺を時間微分すると次式が得られる．

$$\dot{V}(x) = m\dot{x}(t)\ddot{x}(t) + kx(t)\dot{x}(t) \tag{5.26}$$

式（5.24）および式（5.26）より次の関係が得られる．

$$\dot{V}(x) = -b\dot{x}^2(t) \tag{5.27}$$

通常は $b>0$ であるため，明らかに $\dot{V}(x)<0$ である．これより，式（5.24）で表される系の原点は漸近安定である．物理的には，時間とともに系の保有するエネルギーが減少することを表し，初め動いていた系は静止状態になるまでエネルギーを失っていくことを意味する．このように，リアプノフの安定理論はエネルギーに注目した安定判別法であると考えられる．

【例題 5.3】 次式で表される非線形系の安定性を調べよ．

$$\dot{x}_1(t)=x_2(t)$$

$$\dot{x}_2(t)=-x_1(t)-x_2{}^3(t)$$

［**解答**］ 平衡点は原点である．たとえば，

$$V(\boldsymbol{x})=\frac{1}{2}x_1{}^2(t)+\frac{1}{2}x_2{}^2(t)$$

と選ぶと，$V(\boldsymbol{x})$ はリアプノフ関数となり，さらに，$\dot{V}(\boldsymbol{x})$ は

$$\dot{V}(\boldsymbol{x})=x_1(t)\dot{x}_1(t)+x_2(t)\dot{x}_2(t)=-x_2{}^4(t)$$

となる．$\dot{V}(\boldsymbol{x})$ は原点以外では負定関数となるため，この系は漸近安定である．

5.2.3 アドバンスト制御

制御理論は制御対象の数学モデルに基づいて展開されるが，現実の制御対象には必ず何らかの未知特性が存在する．このため数学モデルにはモデル化誤差が存在し，また，制御対象の特性は動作条件や経年変化の影響を受けると考えておく必要がある．特に，ロボット制御系においては，マニピュレータの姿勢や負荷状態によって数学モデルのパラメータが大きく変化する．また，摺動部の摩擦やアクチュエータ発生トルクの飽和などの非線形特性が存在する．これらの問題には，ロボットコントローラに，適応，学習，ロバスト性などの機能を付与することにより対処できる．このような機能を有する制御理論は数多く提案され，コンピュータの演算能力を活用した知能的な制御手法として実用化が進みつつある．ここでは，それぞれの代表的な制御手法として，適応制御，学習制御およびスライディングモード制御について述べる．

a. 適 応 制 御

適応制御は，制御対象の特性をオンラインで同定しながらこれに基づいてコントローラのゲインを自動調整する制御方式である．適応制御には，セルフチューニング制御，モデル規範形適応制御，適応極配置制御などの方式があるが，この

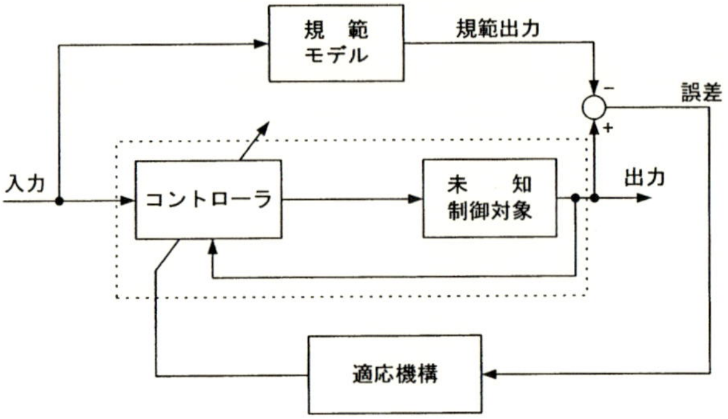

図 5.10　モデル規範形適応制御系

うち，モデル規範形適応制御が代表的である．一般に，適応制御では制御則がかなり複雑になるため，制御アルゴリズムがディジタル計算機を用いてソフトウェアにより実現できる離散時間制御が便利である．そこで，ここでは，離散時間モデル規範形適応制御について説明する．

モデル規範形適応制御系（MRACS）は，図 5.10 に示すようにプラント（制御対象）パラメータの同定機構とゲイン可変コントローラにより構成され，特性が未知のプラントを制御する際，プラントとコントローラを一体とした制御系の特性が規範モデルと呼ばれる理想モデルの特性に一致するようにコントローラのゲインを適応的に調整するものである．

1 入出力のプラントの離散時間モデルを次式で表す．

$$
\begin{aligned}
A(z^{-1})\,y(k) &= z^{-d}B(z^{-1})\,u(k) \\
A(z^{-1}) &= 1 + a_1 z^{-1} + \cdots + a_n z^{-n} \\
B(z^{-1}) &= b_0 + b_1 z^{-1} + \cdots + b_m z^{-m}
\end{aligned}
\tag{5.28}
$$

$u(k)$，$y(k)$ は kT 時刻におけるプラントの入力および出力であり，T はサンプリング周期である．パラメータ a_i，b_i は未知の定数，ただし $b_0 \neq 0$ とする．多項式 $A(z^{-1})$，$B(z^{-1})$ は互いに素であり，次数 n，m およびむだ時間 $d(\geqq 1)$ は既知とする．また，$B(z^{-1})$ は漸近安定な多項式とする．$r(k)$ を有界な目標入力として次式の規範モデルを考える．

$$
A_M(z^{-1})\,y_M(k) = z^{-d}B_M(z^{-1})\,r(k) \tag{5.29}
$$

ここで，$A_M(z^{-1})$ は n 次の漸近安定な多項式，$B_M(z^{-1})$ は m 次の多項式である．

MRACS の制御目的は，$y(k)$ を基本モデルの出力 $y_M(k)$ に漸近的に一致させ

ることであり,

$$D(z^{-1})[y(k+d)-y_M(k+d)]=0$$
$$D(z^{-1})=1+d_1z^{-1}+\cdots+d_nz^{-n} \tag{5.30}$$

が満足されるように制御入力 $u(k)$ を決定すればよい. $d>1$ のときは, 最小実現の形で $u(k)$ を求めることはプラントの未来出力を必要とし実現不可能である. そこで, 次の関係を導入する.

$$D(z^{-1})=A(z^{-1})R(z^{-1})+z^{-d}S(z^{-1})$$
$$R(z^{-1})=1+r_1z^{-1}+\cdots+r_{d-1}z^{-(d-1)}$$
$$S(z^{-1})=s_0+s_1z^{-1}+\cdots+s_{n-1}z^{-(n-1)} \tag{5.31}$$

式 (5.31) の両辺に $y(k+d)$ をかけ, 式 (5.28) の関係を用いると, 次のようなプラントの非最小実現モデルが得られる.

$$\begin{aligned} D(z^{-1})y(k+d) &= B(z^{-1})R(z^{-1})u(k)+S(z^{-1})y(k) \\ &= b_0u(k)+\boldsymbol{\theta}_0{}^T\boldsymbol{\zeta}_0(k) \\ &= \boldsymbol{\theta}^T\boldsymbol{\zeta}(k) \end{aligned} \tag{5.32}$$

ただし,

$$\boldsymbol{\theta}_0{}^T=[b_1+b_0r_1,\cdots,b_mr_{d-1},s_0\cdots,s_{n-1}]$$
$$\boldsymbol{\zeta}_0{}^T=[u(k-1),\cdots,u(k-m-d+1),y(k),\cdots,y(k-n+1)]$$
$$\boldsymbol{\theta}^T=[b_0,\boldsymbol{\theta}_0{}^T],\boldsymbol{\zeta}^T(k)=[u(k),\boldsymbol{\zeta}_0{}^T(k)]$$

式 (5.30), 式 (5.32) より, $u(k)$ は次式で与えられる.

$$u(k)=[D(z^{-1})y_M(k+d)-\boldsymbol{\theta}_0{}^T\boldsymbol{\zeta}_0(k)]/b_0 \tag{5.33}$$

$y_M(k+d)$ は式 (5.29) より与えられる. $u(k)$ はプラントの未来出力に依存せず実現可能である. プラントのパラメータは未知であるので, 式 (5.33) 中の未知パラメータ $(b_0,\boldsymbol{\theta}_0{}^T)$ を推定パラメータ $\{\hat{b}_0(k),\hat{\boldsymbol{\theta}}_0{}^T(k)\}$ に置き換えて $u(k)$ を計算する.

式 (5.32) のプラントモデルに対応して,

$$D(z^{-1})\hat{y}(k)=\hat{\boldsymbol{\theta}}^T(k)\boldsymbol{\zeta}(k-d) \tag{5.34}$$

なる同定モデルを考える. $\hat{y}(k)$, $\hat{\boldsymbol{\theta}}(k)$ はそれぞれ $y(k)$, $\boldsymbol{\theta}$ に対する推定値である.

同定誤差 $e(k)$ を次式のように定義する.

$$\begin{aligned} e(k) &= D(z^{-1})[y(k)-\hat{y}(k)] \\ &= [\boldsymbol{\theta}-\hat{\boldsymbol{\theta}}(k)]^T\boldsymbol{\zeta}(k-d) \end{aligned} \tag{5.35}$$

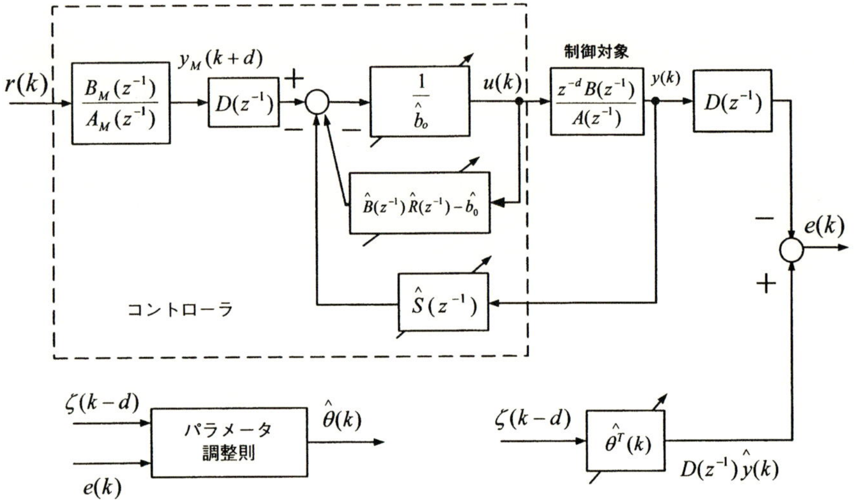

図 5.11　モデル規範形適応制御系の構成[3)]

すでにいくかのパラメータ調整則が提案されている．それに従えば，$k \to \infty$ で $e(k) \to 0$，$\hat{\boldsymbol{\theta}}(k) \to \hat{\boldsymbol{\theta}}^*$（＝一定）とすることができ，これらの推定パラメータを用いて式（5.33）より計算される $u(k)$ により，制御目的 $y(k) \to y_M(k)$ が達成できる．図 5.11 にモデル規範形適応制御系の構成を示す．

b.　学 習 制 御

学習制御法は，何度か同じ運動を繰り返しながら理想の制御入力パターンを獲得していく手法である．制御対象の数学モデルが不要であり，また，ロボットのリンク質量，慣性モーメント，摩擦などのパラメータを推定する必要がないことが特徴である．学習制御系は，ニューラルネットワークや繰り返し動作による誤差学習アルゴリズムにより実現される．

図 5.12 は，ニューラルネットワークを用いた学習制御系の例である．階層型ニューラルネットワークが使用され，制御偏差 e を 0 に近づける制御入力を生成するようにネットワークの結合係数がオンラインで更新される．ニューラルネットワーク制御の問題点の 1 つは，結合係数の初期値の与え方が不適切な場合，学習初期において不安定な応答が生じる恐れがあることである．図に示す制御系では，この問題を抑えるため，通常の PID コントローラを並列に設置している．この場合，PID コントローラには精密なゲイン調整は要求されず，ロボットの

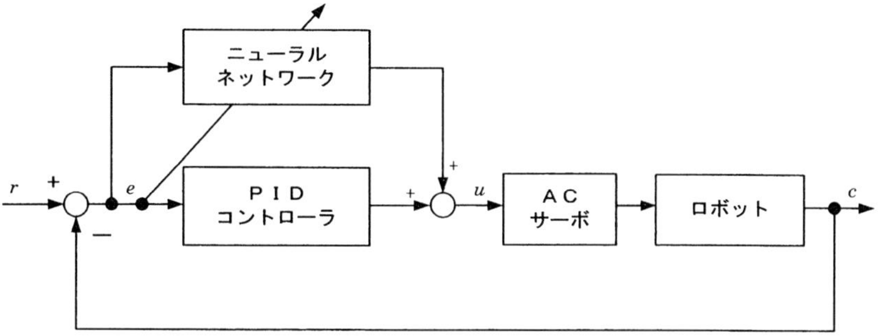

図 5.12 ニューラルネットワークを用いたロボット制御系

パラメータ変動への対応はニューラルネットワークが受け持つことになる．ニューラルネットワーク制御はサンプリング間隔ごとに結合係数の更新を行うため，1 回の試行動作により学習が完了することもある．

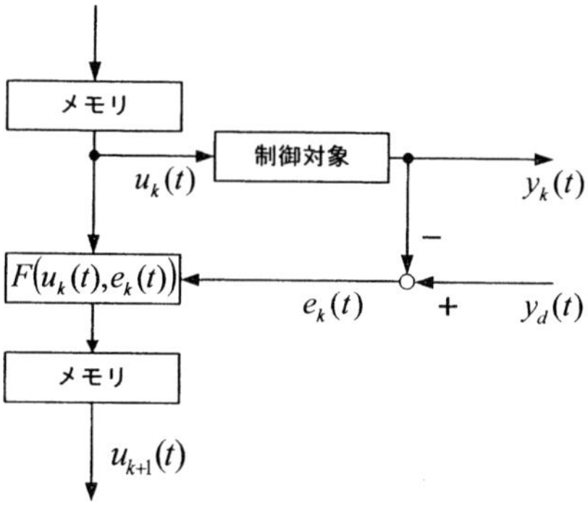

図 5.13 繰り返し学習制御アルゴリズム

繰り返し動作による誤差学習制御は，同じ目標運動パターンが繰り返し与えられる場合に，前回試行時の誤差に基づいて次回試行時の制御入力パターンを修正する方法である．図 5.13 は学習制御アルゴリズムを示す．$y_d(t)$ は目標軌道，$y_k(t)$ は実際の運動軌道，$u_k(t)$ は制御入力を表し，添字 k は第 k 回目試行時の値を示す．ディジタル制御の場合には，これらのパターンは離散化された時系列データとして与えられる．第 k 回目試行時の誤差 $e_k(t)$ を次式で計算し，

$$e_k(t) = y_d(t) - y_k(t) \tag{5.36}$$

これを用いて第 $(k+1)$ 回目の制御入力を次式で与える．

$$u_{k+1}(t) = F(u_k(t),\ e_k(t)) \tag{5.37}$$

関数 F の与え方には種々の形式が考えられるが，これまでに次のような学習則が考案されている．

$$u_{k+1}(t) = u_k(t) + D\dot{e}_k(t) \tag{5.38 a}$$

$$u_{k+1}(t) = u_k(t) + \Phi e_k(t) \tag{5.38 b}$$

それぞれの学習則について誤差の収束条件が示されている．しかし，収束性を吟味するためには制御対象の数学モデルが必要であり，特性が未知の制御対象に対して事前に学習の収束を保証することはできない．

ニューラルネットワーク制御も含め，学習制御には学習初期の不安定応答の恐れや学習の収束の問題など検討すべき問題が残されているが，制御系設計に際して多くの専門的知識を必要としない実用性の高い制御手法である．当面は，従来の制御方式と組み合わせた形での利用が現実的である．

c. スライディングモード制御

制御動作の途中において制御系の構造を切り換えることにより望みの特性を実現する制御手法を可変構造制御と呼び，スライディングモード制御はそのなかの代表的な制御法である．スライディングモード制御は，適切な切換面を設定することにより制御系の状態を切換面上に拘束する．このような拘束状態をスライディングモード（滑り状態）と呼ぶ．スライディングモードが発生した状態では，制御系の挙動は，切換面の特性のみに支配され，制御対象のパラメータ変動や外乱に影響されないロバストな制御系が実現できる．

スライディングモード制御はゲインや制御入力の高速な切換えを必要とするため，初期の段階では実システムへの適用は容易でなかったが，ディジタル制御の普及によりこのような問題は解決され，有力かつ実用的な非線形ロバスト制御法の1つとして，理論の体系化と応用研究が進みつつある．

多入力系に対する一般的なスライディングモード制御については他書に詳しく記述されている．本書では，簡単のため1入力の2次系について，スライディングモード制御の原理を説明する．

図5.14に示すような基本的なロボットアーム制御系を考える．$\theta(t)$ を回転角度，θ_R をその目標値とし，制御偏差を $x = \theta - \theta_R$ とする．アームの動作が次の2次系で表現できると仮定する．

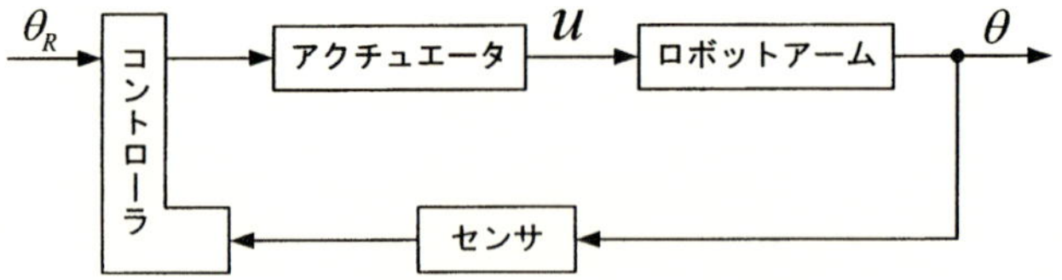

図5.14 基本的なロボットアーム制御系

$$\ddot{x}(t) + p\dot{x}(t) = u(t) \tag{5.39}$$

u はアクチュエータが発生するトルクであり，次式により切り換える．

$$u(t) = \begin{cases} u^+ : x(t)s(t) > 0 \ (\text{領域 I}) \\ u^- : x(t)s(t) \leqq 0 \ (\text{領域 II}) \end{cases} \tag{5.40}$$

$$s(t) = cx(t) + \dot{x}(t), \ c > 0 \tag{5.41}$$

$u(t) = u^+$ および $u(t) = u^-$ の場合の位相面軌道をそれぞれ図 5.15(a) および (b) とする．u^+，u^- および c を次式を満たすように与えれば，スライディングモードが発生する．

$$\lim_{s \to 0} s(t)\dot{s}(t) < 0 \tag{5.42}$$

式 (5.42) の切換えにより図 5.15(c) および (d) のような軌道が得られる．(c) はスライディングモードが発生した場合，(d) は発生しない場合である．スライディングモードが発生した場合には，制御系の状態は切換直線 $s(t) = 0$ 上を原点に向かって滑っていく．

実際の制御系では種々の動作遅れに起因してチャタリングが生じる．チャタリングを考慮した典型的な位相面軌道を図 5.16 に示す．軌道が切換直線 $s(t) = 0$

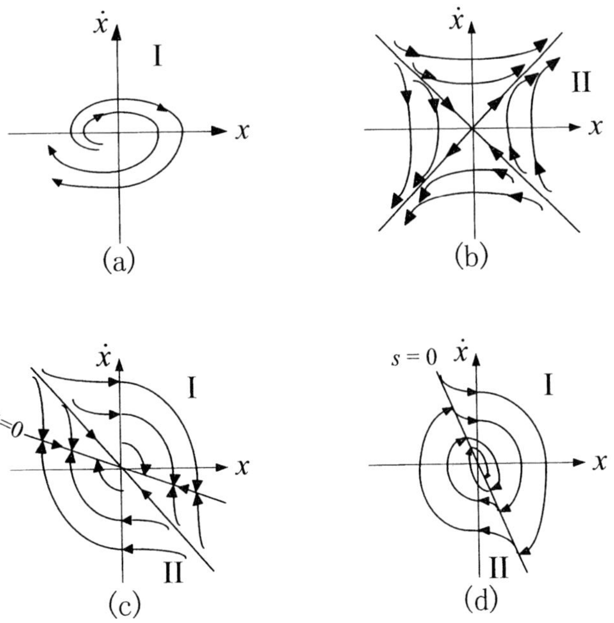

図 5.15 2 次系の位相面軌道

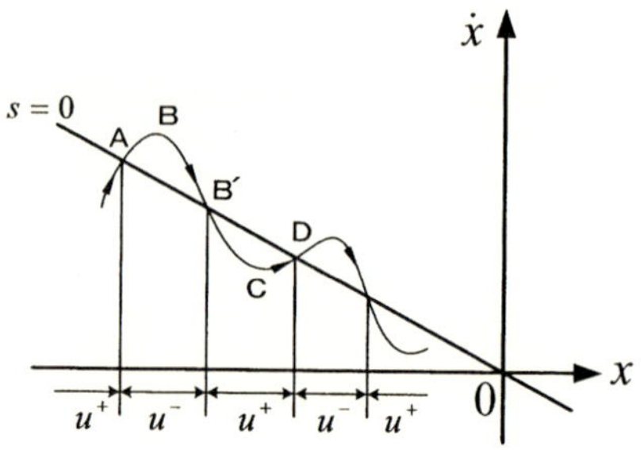

図 5.16 スライディングモード制御におけるチャタリング

とA点で交わった場合，その瞬間に $u(t)=u^+$ から $u(t)=u^-$ への切換えがコントローラにより指令される．ここで，実際にはアクチュエータに遅れが存在するため，軌道はB点まで行き過ぎる．次に，B′点においては $u(t)=u^-$ から $u(t)=u^+$ への切換えが指令されるが，軌道はC点まで行き過ぎる．同様にして，軌道は切換直線を中心に振動（チャタリング）しながら原点に収束する．動作遅れが大きい場合には，チャタリング振幅が増大して滑らかな応答が得られない．

スライディングモードが発生した状態では，理想的には（チャタリングが小さければ)，制御系の動特性は切換直線の特性により決定され，この場合には，$s(t)=cx(t)+\dot{x}(t)=0$ の関係を満足する応答が生じる．そこで，スライディングモード制御系の設計においては，次の2点が重要である．

1） 望ましい動特性を実現するための切換面（切換直線）を決定する．

2） 切換面（切換直線）の外にあるすべての状態を有限時間で切換面（切換直線）に到達させ，かつチャタリングができるだけ小さくなるような制御入力を決定する．

ここで，1）に対しては等価制御系を用いた極配置や最適制御による設計法が研究され，2）についてはリアプノフ関数を用いた方法などが提案されている．

d. 外乱オブザーバ

モデル化誤差や外乱の影響を最小限に抑えることを目的とした制御手法がロバスト制御と呼ばれる．ロバスト制御法として，2自由度制御，H_∞ 制御，外乱オブザーバを用いた制御などが代表的である．このうち，制御系の構造が単純で実用性の高い外乱オブザーバについて説明する．

図 5.17 は外乱オブザーバを用いた制御系の基本構成を示す．P は制御対象の伝達関数，P_n はそのノミナルモデル，Q は制御系の安定性を保証するためのフィルタである．観測ノイズ $\xi=0$ とすれば，制御系の出力 Y は次式で表される．

$$Y=\frac{R+D\,(1-Q)}{P^{1}(1-Q)+P_n^{-1}Q} \tag{5.43}$$

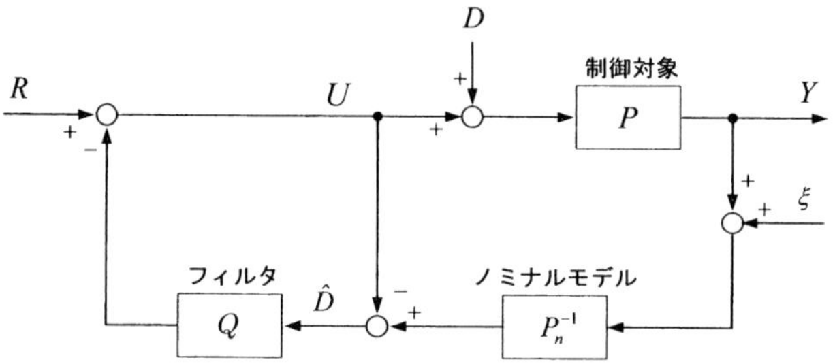

図 5.17　外乱オブザーバを用いた制御系

$P = P_n$ のとき $\hat{D} = D$ となり，外乱 D を $\hat{D}$ として推定できる．$Q = 1$ のとき，制御量 Y に及ぼす外乱 D の影響は完全に除去でき，また，目標値追従特性（Y/R）は P_n に固定され，制御系はモデルマッチングの機能を有する．しかし，Q が 1 に近づくと観測ノイズ ξ の影響が大きくなるため，Q はこれらの妥協の下に決定される．通常，Q は P_n と同次数の低域フィルタとして設定される．

外乱オブザーバは，制御対象のパラメータ変動も外乱として推定できるため，ロボット制御系において問題となる摩擦力などとともに，非線形性に起因する特性変動やロボットアーム間の干渉問題にも対応でき，多自由度運動機構への応用が有効である．

5.3　ロボットの運動制御

5.3.1　分解速度制御

図 5.18 に示す多関節型ロボットマニピュレータの制御について考える．必要に応じてロボット上に種々の座標系が設定されるが，ここでは，ロボット据付け位置を原点とする作業座標ならびに関節座標を設定する．作業座標系の変数 $\boldsymbol{x}(t) = (x_1(t), \cdots, x_n(t))^T$ はロボット手先の位置と姿勢を表し，関節座標の変数 $\boldsymbol{q}(t) = (q_1(t), \cdots, q_n(t))^T$ は各関節の回転（あるいは並進）変位を表す．ロボットに所定の作業を行わせる場合，通常，

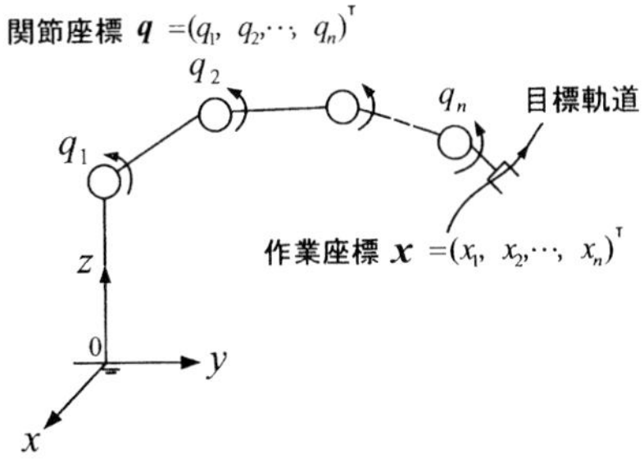

図 5.18　多関節型ロボットマニピュレータの座標表現

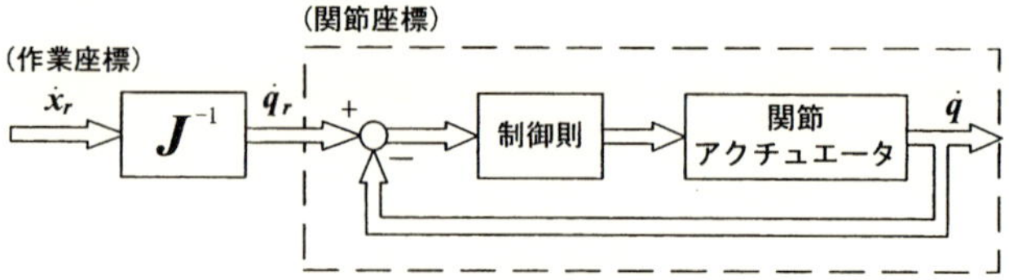

図 5.19　分解速度制御法

その目標軌道は作業変数 $\boldsymbol{x}(t)$ により与えられ，具体的な制御動作は各関節の運動制御により実施される．そこで，作業座標系で与えられた目標軌道を満足する各関節変数の目標値を求めることが問題となる．

関節座標から作業座標への変換 $\boldsymbol{x}=f(\boldsymbol{q})$ を順変換，作業座標から関節座標への変換 $\boldsymbol{q}=h(\boldsymbol{x})$ を逆変換と呼ぶ．上記の問題は逆変換を求める問題（逆運動学問題）に相当し，この問題は一般に複雑であり，解の存在性や一意性が保証されないことがある．

分解速度制御（resolved motion rate control）は，このような困難に対応するために提案された方法である．図 5.19 に示すように，次式で定義されるヤコビアン $\boldsymbol{J}(\boldsymbol{q})$ を用いて，

$$d\boldsymbol{x}(t)=\boldsymbol{J}(\boldsymbol{q})\,d\boldsymbol{q}(t) \tag{5.44}$$

次式により，作業座標で与えられたロボット手先の目標速度を関節座標での目標速度に分解して，これらに対して関節ごとに速度サーボ系を構成する．

$$\dot{\boldsymbol{q}}(t)=\boldsymbol{J}^{-1}(\boldsymbol{q})\,\dot{\boldsymbol{x}}(t) \tag{5.45}$$

ヤコビアンの逆行列が存在すれば，線形演算により逆運動学問題に対応できる．ただし，$\boldsymbol{J}^{-1}(\boldsymbol{q})$ はロボットの位置や姿勢によって変化するため，制御時に逐次計算しなおす必要がある．また，マニピュレータの特異点（$|\boldsymbol{J}|=0$ となる位置・姿勢）においては $\boldsymbol{J}^{-1}$ が存在しなくなるので，別の対策が必要となる．

5.3.2　計算トルク制御

通常のロボット制御系においては各関節ごとに独立したサーボ系が構成されることが多いが，ロボットの動作が高速になると関節間の干渉などの影響が無視できなくなる．これらの問題に対応する方法として計算トルク制御（computed torque method）が提案されている．

一般に，ロボットマニピュレータの挙動を表す運動方程式は次式となる．

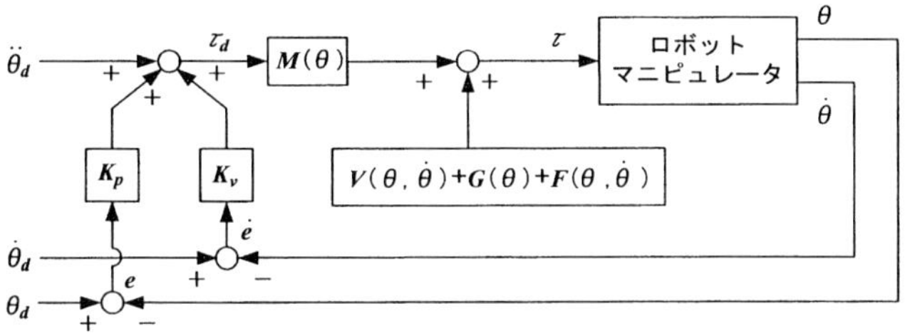

図 5.20　計算トルク制御法

$$\boldsymbol{\tau}=\boldsymbol{M}(\boldsymbol{\theta})\ddot{\boldsymbol{\theta}}+\boldsymbol{h}(\boldsymbol{\theta},\dot{\boldsymbol{\theta}})+\boldsymbol{g}(\boldsymbol{\theta})+\boldsymbol{F}(\boldsymbol{\theta},\dot{\boldsymbol{\theta}}) \tag{5.46}$$

ここで，$\boldsymbol{\tau}$ は関節トルク，$\boldsymbol{\theta}$は関節角度，$\boldsymbol{M}(\boldsymbol{\theta})$はマニピュレータの慣性行列，$\boldsymbol{h}(\boldsymbol{\theta},\dot{\boldsymbol{\theta}})$は遠心力とコリオリ力，$\boldsymbol{g}(\boldsymbol{\theta})$は重力項，$\boldsymbol{F}(\boldsymbol{\theta},\dot{\boldsymbol{\theta}})$は摩擦力である．

これに対して，図 5.20 に示すような制御系を構成し，次式のような制御則を実行する．

$$\boldsymbol{\tau}=\boldsymbol{M}(\boldsymbol{\theta})\boldsymbol{\tau}_d+\boldsymbol{h}(\boldsymbol{\theta},\dot{\boldsymbol{\theta}})+\boldsymbol{g}(\boldsymbol{\theta})+\boldsymbol{F}(\boldsymbol{\theta},\dot{\boldsymbol{\theta}}) \tag{5.47}$$

$$\boldsymbol{\tau}_d=\ddot{\boldsymbol{\theta}}_d+\boldsymbol{K}_v\dot{e}+\boldsymbol{K}_p e \tag{5.48}$$

$$e=\boldsymbol{\theta}_d-\boldsymbol{\theta} \tag{5.49}$$

このとき，ロボットマニピュレータ制御系の特性は次式で表される．

$$\ddot{e}+\boldsymbol{K}_v\dot{e}+\boldsymbol{K}_p e=0 \tag{5.50}$$

ロボットの挙動は，$\boldsymbol{M}(\boldsymbol{\theta})$，$\boldsymbol{h}(\boldsymbol{\theta},\dot{\boldsymbol{\theta}})$，$\boldsymbol{g}(\boldsymbol{\theta})$，$\boldsymbol{F}(\boldsymbol{\theta},\dot{\boldsymbol{\theta}})$のパラメータと無関係に $\boldsymbol{K}_v$ と $\boldsymbol{K}_p$ により指定でき，これらを対角行列とすれば多自由度マニピュレータのアーム間の干渉は除去される．さらに，遠心力やコリオリ力，重力，摩擦力などの影響も除去できる．ただし，本制御法を実行するためには，式（5.46）の動的モデルとそのパラメータをロボットの位置・姿勢の変化に応じて正確に知る必要がある．

5.3.3　インピーダンス制御

ロボットに各種の接触作業を行わせる場合，対象物の特性や作業の種類に応じてロボット自身の機構的なダイナミクスを任意に調整できれば好都合である．このような目的で利用される制御手法がインピーダンス制御（impedance control）と呼ばれる．

図 5.21 に示すような平面内で運動する 2 リンクロボットを考える．たとえば，ある平衡状態においてロボット手先に加えられた外力 $f(t)$ に対して，ロボット

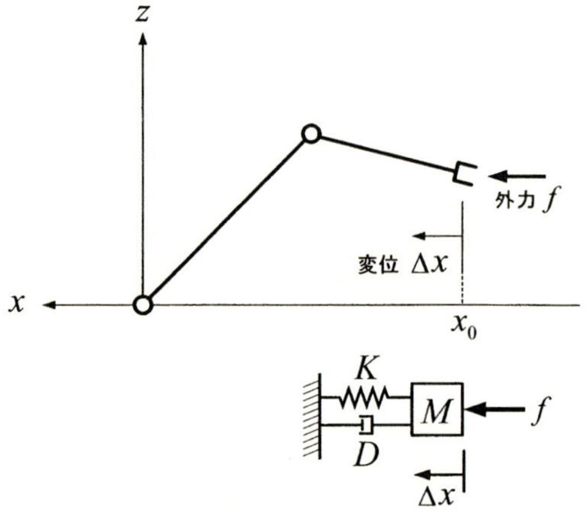

図 5.21　インピーダンス制御の概念

手先位置が x 軸方向に $\varDelta x(t)=x(t)-x_0$ だけ変位したとする．このとき，インピーダンス制御は，$f(t)$ と $\varDelta x(t)$ の関係が次式を満足するようにロボットを制御するものである．

$$M\varDelta\ddot{x}(t)+D\varDelta\dot{x}(t)+K\varDelta x(t)=f(t) \tag{5.51}$$

ここで，M は慣性，D は粘性係数，K は剛性である．これらのパラメータを変えることにより，ロボットマニピュレータのインピーダンス（動的な柔らかさ）を任意に調整することができる．なお，式（5.51）において，$M=0$，$D=0$ とした場合には，ロボットマニピュレータの静的な弾性特性を制御する問題となり，この場合には，剛性制御（stiffness control）あるいはコンプライアンス制御（compliance control）と呼ばれる．コンプライアンスは柔らかさを表す量であり，剛性 K の逆数として定義される．

インピーダンス制御法には，図 5.22 に示すように，力フィードバックループの内側に位置制御ループを構成する位置ベース型，逆に位置フィードバックループの内側に力制御ループを構成する力ベース型がある．位置ベース型によれば，非接触状態における位置制御性能が設定インピーダンスに影響されない利点がある．反面，低インピーダンスを設定した場合に，接触時の制御系の安定性が低下する恐れがある．一方，低インピーダンスを設定する場合，安定性の観点からは力ベース型が有利であるが，非接触時の位置制御性能は低下する．

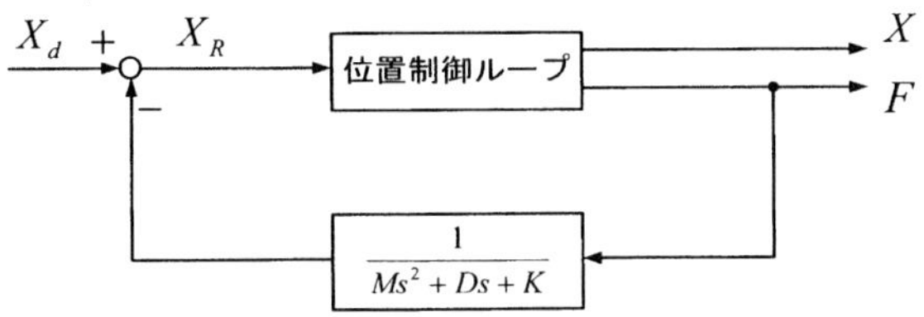

(a) 位置ベース型

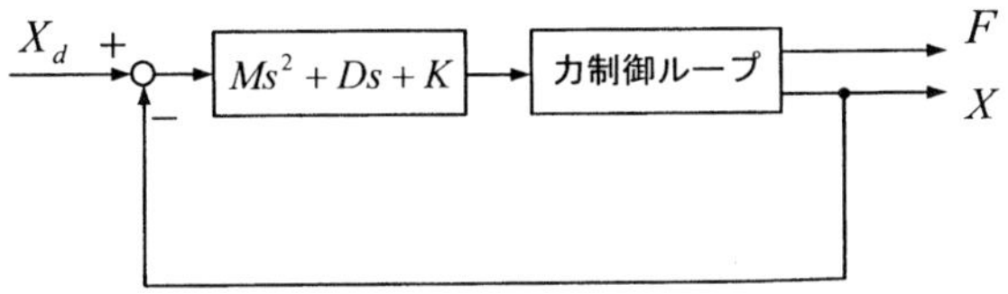

(b) 力ベース型

図 5.22 インピーダンス制御法

5.4 人間協調型制御

遠隔操作型ロボットや作業支援ロボットなどは，人間とロボットが協調して1つの作業を実行する場合が多い．このようなロボットを制御するためには，人間とロボットの情報交換や作業分担モデルの定式化が必要である．ここでは，代表的なマスタスレーブシステムの制御と選択行列を用いた人間協調型制御について説明する．

5.4.1 マスタスレーブシステム

図 5.23 にマスタスレーブシステムの構成を示す．オペレータはマスタマニピュレータを操作して作業場に置かれたスレーブマニピュレータを操縦する．オペレータは，視覚や聴覚などの情報に基づいて作業遂行のための状況判断や目標値を生成する．ここで，作業時にスレーブマニピュレータに作用する反力をマスタマニピュレータにフィードバックしない方式をユニラテラル（unilateral）制御，フィードバックする方式をバイラテラル（bilateral）制御と呼ぶ．バイラテラル制御では，オペレータは作業対象物への接触力を認識しながら作業を遂行することができ，ユニラテラル制御に比べて繊細な作業が可能となり，対象物に対する安全性も確保される．

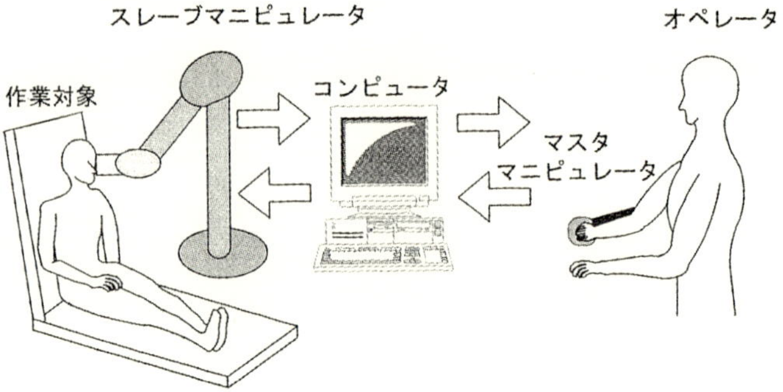

図 5.23　マスタスレーブシステムの構成

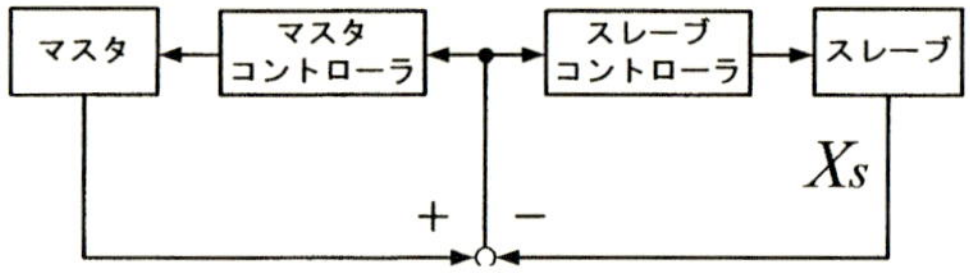

(a)　対称型

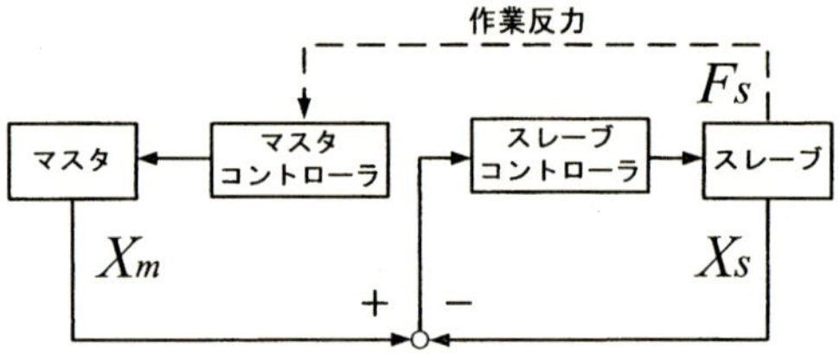

(b)　力逆送型

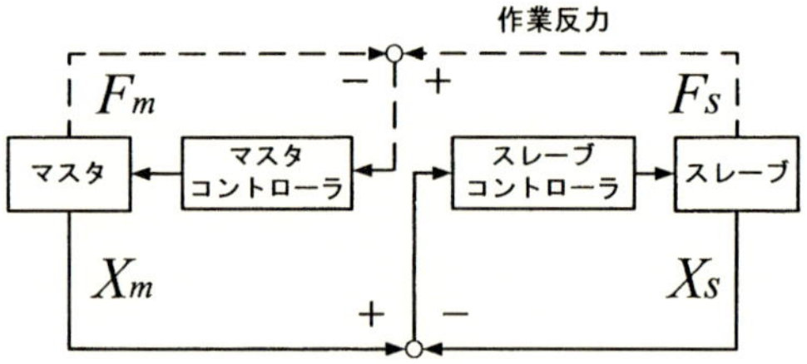

(c)　力帰還型

図 5.24　バイラテラル制御系の構成

図 5.24 はバイラテラル制御系の構成を示す．対称型，力逆送型および力帰還型が代表的である．対称型は，マスタとスレーブの位置偏差を減ずる方向にマスタとスレーブの両者に駆動力を与えるものである．偏差の大小に応じて，マスタ

のオペレータが感じる反力も変化する．力逆送型においては，スレーブにはマスタにより指令された位置目標値に追従する位置サーボ系が構成され，マスタにはスレーブの作業反力に応じた駆動力が与えられる．力帰還型では，スレーブには位置サーボ系，マスタにはスレーブの作業反力を目標値とする力制御系が構成される．力帰還型にはマスタマニピュレータにも力センサを設置する必要があるが，マスタの操作反力を積極的に制御できるため，マスタの操作性は高い．

このように，バイラテラル制御方式マスタスレーブシステムは基本的に位置制御系と力制御系により構成される．このほか，インピーダンス制御を応用することにより，スレーブの作業対称物の柔軟性をオペレータに呈示するマスタマニピュレータなども研究されている．

5.4.2　人間協調型制御

マスタスレーブシステムを用いて人間とロボットが協調して1つの作業を実行する方法について述べる．作業内容を人間が得意な部分とロボットが得意な部分に分離し，前者を人間によるマスタ操作，後者をロボットの自律制御とするものである．図5.25に人間とロボットの協調制御の原理を示す．協調制御を実行するためには，人間とロボットが共通に認識できる作業空間（作業座標）においてロボットの運動を表現する必要がある．すなわち，マスタマニピュレータとスレーブマニピュレータの関節座標変数を共通の作業座標変数に変換する．これより，

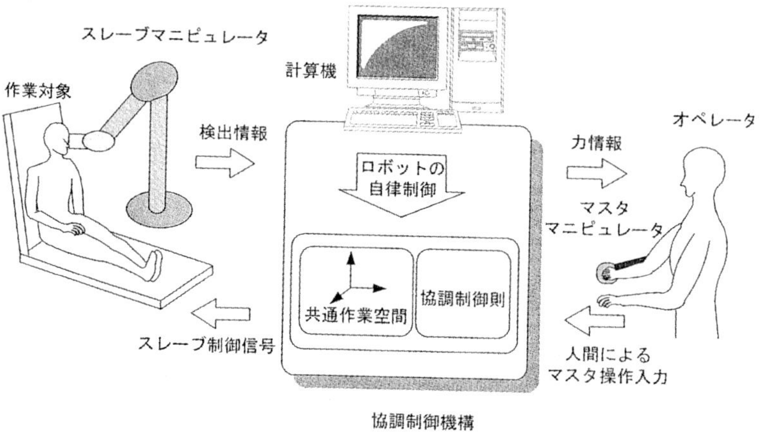

図5.25　マスタスレーブ方式による人間協調型制御の原理

人間がマスタ操作により制御する変数とロボットが自律的に制御する変数が選択される．選択された作業変数は再び関節角度に変換され，制御則に基づいてスレーブマニピュレータの制御入力が生成される．

ここでは，具体的なイメージとして図 5.23 に示すような人体への接触作業を考える．このような作業を行うためには，人間とロボットが制御を担当する作業変数を瞬時に選択する必要がある．その 1 つの方法として，図 5.26 に示すような 2 種類の選択行列を用いた協調制御系が有効である．

添字の c および m はそれぞれロボットによる自律制御および人間によるマスタ操作を表し，$\boldsymbol{F}$ および $\boldsymbol{X}$ は力および位置を表す．$\boldsymbol{\theta}$ はスレーブマニピュレータの関節角度，$\boldsymbol{\Lambda}$ は関節座標から作業座標への変換関数を表す．$\boldsymbol{X}_{dc}$ は自律制御による位置目標値，$\boldsymbol{X}_{dm}$ はマスタ操作による位置目標値である．$\boldsymbol{F}_{dc}$ は自律制御による力目標値，$\boldsymbol{F}_{dm}$ はマスタ操作による力目標値である．$\boldsymbol{\theta}_e$ は位置制御ループから生じる関節角度偏差，$\boldsymbol{\tau}_e$ は力制御ループから生じる関節トルク偏差である．$\boldsymbol{I}$ は単位行列，$\boldsymbol{J}$ はヤコビ行列である．

第 1 の選択行列 S_1 によって位置制御または力制御する座標軸を分離し，いわゆる位置と力のハイブリッド制御系を構成する．第 2 の選択行列 S_2 によって人間がマスタ操作により制御する作業変数（座標軸）とロボットが自律的に制御する作業変数を選択する．これら 2 つの選択行列は，互いに独立であり，作業に応じて任意に決定される．行列 S_1 は，位置制御すべき座標軸に対応する要素が 0 で，力制御すべき座標軸に対応する要素が 1 の対角行列である．行列 S_2 は，ロボットが自律的に制御する座標軸に対応する要素が 1 で，人間がマスタ操作で制御する座標軸に対応する要素が 0 の対角行列である．位置制御すべき座標軸につ

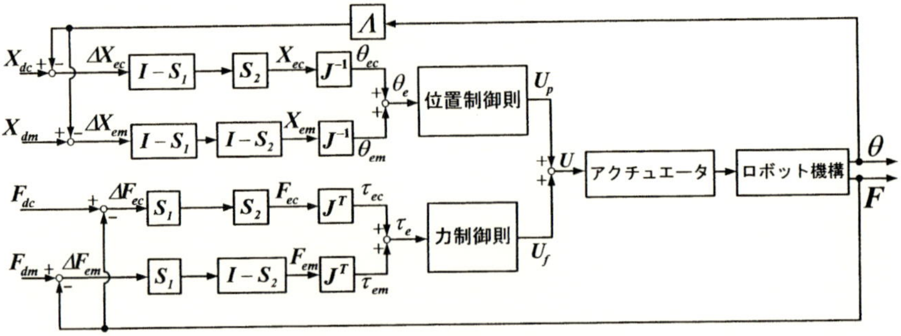

図 5.26　人間協調型制御系の構成例

いて考えれば，そのうち自律制御を行う座標軸の偏差が $S_2 \varDelta X_{ec}$ として抽出でき，マスタ操作で制御される座標軸の偏差が $(\boldsymbol{I}-S_2)\varDelta X_{em}$ として抽出できる．これらの偏差 X_{ec} および X_{em} は，関節角度 $\boldsymbol{\theta}_{ec}$ および $\boldsymbol{\theta}_{em}$ に変換され，これらの和に基づいてコントローラは制御入力 $\boldsymbol{U}_p$ を生成する．

力制御は，位置制御を行わない座標軸についてのみ実行される．力の自律制御を行う座標軸の力偏差が $S_2 \varDelta \boldsymbol{F}_{ec}$ として抽出でき，マスタ操作で力制御を行う座標軸の力偏差が $(\boldsymbol{I}-S_2)\varDelta \boldsymbol{F}_{em}$ として抽出できる．これらの $\boldsymbol{F}_{ec}$ および $\boldsymbol{F}_{em}$ は，関節トルク偏差 $\boldsymbol{\tau}_{ec}$ および $\boldsymbol{\tau}_{em}$ に変換され，両者の和がコントローラへ入力されて制御入力 $\boldsymbol{U}_f$ が生成される．$\boldsymbol{U}_p$ と $\boldsymbol{U}_f$ を加えたものをスレーブマニピュレータのアクチュエータへの制御入力とする．

このように，2種類の選択行列を導入することにより，人間とロボットが制御を担当する作業変数の選択が可能となる．作業の進行に応じて，これら2つの選択行列を適切に設定することが重要であるが，その詳細については文献5）を参照されたい．そこでは，図5.23に示すようなシステムにおける選択行列の設定について議論されている．

演習問題

5.1　式（5.1）をラグランジュの運動方程式を用いて導出せよ．

5.2　例題5.1において，モータトルクがステップ状に変化した場合のモータ回転角速度および回転角度の応答を求めよ．

5.3　図5.2の1自由度運動系において，速度フィードバック補償の効果を示せ．

5.4　制御系の係数行列を

$$\boldsymbol{A}=\begin{pmatrix} -2 & 0 \\ 1 & -1 \end{pmatrix}, \qquad \boldsymbol{b}=\begin{pmatrix} 2 \\ 0 \end{pmatrix}$$

とする．この制御系の固有値を，$\lambda_1=-3$，$\lambda_2=-4$ に配置するための状態フィードバックゲイン $\boldsymbol{f}$ を求めよ．

5.5　図5.2(b）において，J，b_ω および k_θ の同定方法を述べよ．

5.6　式（5.39）のロボットアーム制御系において，$s(t)=0$ を満足するスライディングモードが発生した場合の応答を求めよ．

5.7　ロボットの制御は，要求される動作を満足する目標軌道に沿って実行される．始点 $x(0)=x_0$，終点 $x(t_f)=x_f$ とするとき，1次補間および3次補間による目標軌道を作成せよ．

5.8　ロボット制御におけるセンサの役割について述べよ．

参考文献

1)　John J. Craig 著（三浦宏文，下山　勲訳）：ロボティクス，共立出版株式会社，1991.
2)　則次俊郎ほか：制御工学―古典から現代まで―，朝倉書店，pp. 125–147，2001.
3)　計測自動制御学会編：自動制御ハンドブック―基礎編―，オーム社，1983.
4)　則次俊郎・高岩昌弘：外乱オブザーバを用いた空気式パラレルマニピュレータの位置決め制御．日本ロボット学会誌，15–7，pp. 1089–1096，1997.
5)　則次俊郎・井上浩行：皮膚電気反射を利用したマスタ支援型ロボットによる人体に対する安全接触倣い作業．日本機械学会論文集（C 編），67–659，pp. 2246–2251，2001.

6. ロボット応用技術

6.1 ロボット制御システム

6.1.1 ロボット制御システムの構成

最近のPC（Personal Computer）の性能向上にはめざましいものがあり，従来は専用装置でしか行えないと考えられていた，ロボットのリアルタイム制御も可能となってきた．しかし，PCを用いたロボット制御装置（PC-RC：PC based Robot Controller）を構成する場合には，いくつか考慮しなければならない点もある．たとえば，制御ループを組む際に重要なサンプリング周期をいかに保証するか，アクチュエータ（サーボモータなど）というPCにとっては非標準な周辺装置をどのように駆動するかといった項目である．

PC-RCを構成する際の課題は，制御に必要なリアルタイム処理をいかに実現するかということである．このため，リアルタイム処理に対応できないOS(Operating System)を採用しているPCを利用してPC-RCを構成するには，OSの取り扱い方により2つの方式が考えられる．

1つは，ロボット制御専用のCPU基盤を拡張スロットに挿入して利用する方式である．この方式では，PC用の市販アプリケーションプログラムをPC-RCで利用できるというユーザメリットがあり，ロボットメーカのPC-RCで採用されている．もう1つは，OSをリアルタイムOSに変更することである．リアルタイム処理機能をもったUNIX系のOS（Linux）の登場により，今後研究分野で広く採用される方式であると思われる．

PCを用いたロボット制御システムの基本的な構成例を図6.1に示す[1]．

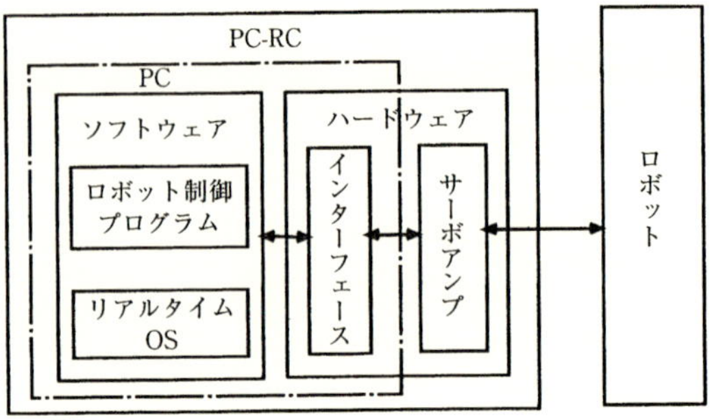

図 6.1　PC を用いたロボット制御システムの基本的構成例

6.1.2　移動ロボットの制御[2)]

a.　移動ロボットの運動学

移動ロボットを機能レベルに分類すれば，1 次元移動（レール上走行，パイプ内走行など），2 次元移動（いわゆる Autonomous Land Vehicle：ALV，壁面走行など），3 次元移動（海中遊泳，宇宙遊泳など）に分けられる．ALV はさらにその移動性（mobility）のレベルによって分類すれば，平面走行，段差・階段乗り越え走行，不整地走行に分けられる．機構は，後者になるほど地面に対する対応が難しくなるのでより複雑になり，運動の自由度を増さねばならないのは当然である．

ALV に採用されている移動方式は，1）車輪式，2）クローラ式（キャタピラ式ともいう），3）脚式の 3 つが大多数を占めている．車輪式は，四輪タイプと三輪タイプがほとんどであるが，二輪タイプ，一輪タイプもわずかながらある．

車輪式の長所は他の機構と比べてエネルギ効率がよいこと，機構が簡単であること，自動車などの技術的な蓄えがあることなどである．車輪式の基本的な機構は，三輪車で 2 駆動系と 1 キャスタ，1 駆動系と 1 操舵（steering）の 2 種類ある．四輪車はそのバリエーションと考えてよい．2 駆動系と 1 キャスタの例を図 6.2 に示す．ALV の駆動には最小で，前進後退と操舵の 2 自由度あれば十分である．

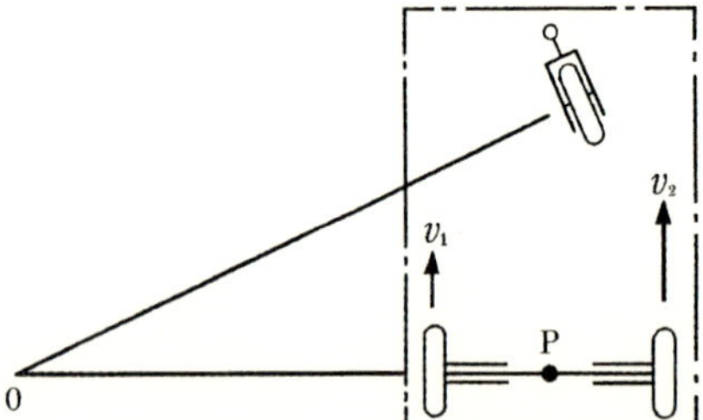

図 6.2　2 自由度三輪 ALV の基本機構例（2 駆動 1 キャスタ）

ロボットアームの運動は，位置姿勢ベクトルを $\boldsymbol{x}$，関節（回転，直動）変位ベクトルを $\boldsymbol{q}$ とすると，

$$\boldsymbol{x} = f(\boldsymbol{q}) \tag{6.1}$$

と表される（5.3.1項参照）．ALVの場合は，自分自身の平面上の位置姿勢ベクトルを $\boldsymbol{x}$，駆動源（前進，操向）変位ベクトルを $\boldsymbol{q}$ とすると，

$$\dot{\boldsymbol{x}} = \boldsymbol{J}(\boldsymbol{q})\,\dot{\boldsymbol{q}} \tag{6.2}$$

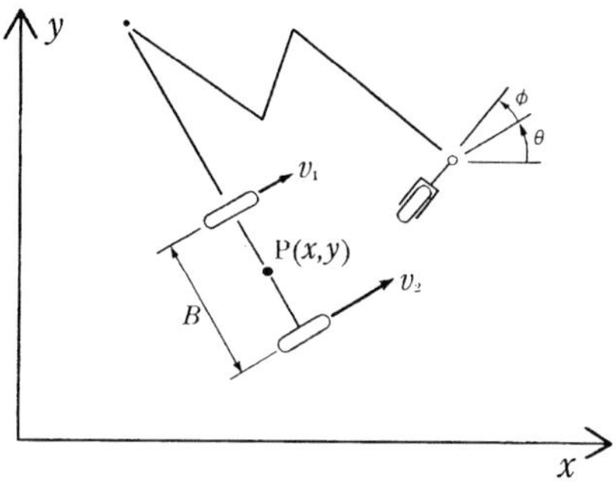

図6.3 2自由度三輪ALVの運動学（2 DW 1 C）

と表される．たとえば，図6.3の2駆動1キャスタ（2 DW 1 C）の機構では，

$$\begin{pmatrix} \dot{x} \\ \dot{y} \\ \dot{\theta} \end{pmatrix} = \begin{pmatrix} \cos\theta & \cos\theta \\ \sin\theta & \sin\theta \\ -\dfrac{1}{2}B & \dfrac{1}{2}B \end{pmatrix} \begin{pmatrix} v_1 \\ v_2 \end{pmatrix} \tag{6.3}$$

である．ALVがロボットアームと違う点は，ある地点での速度ベクトルを与えることができるだけであり，その時間積分として位置姿勢が表現されることである[2)]．

b. ナビゲーション

ナビゲーションとは航海術のことであり，歴史的には船が大海のなかで行き先を誤らずに目的地に達するための技術を指す．この技術は，船位置の推定（レコニング），水先案内，ガイダンス（誘導）などに分けられる．移動ロボットにとっても，このような行き先や経路の概略をコストなどとの関連で決めたあとの，実際の環境下を与えられた経路に沿って安全に運行させるための技術は，きわめて重要である．ロボットが現在位置を知るための技術として，デッドレコニング，環境に置いた目印を用いる方法などがある[2)]．

1) デッドレコニング

(1) 車輪の回転数の累積による方法： 地上を動くロボットは，たとえば車輪の回転やステアリング角を検出し，それを累積計算することにより，自己の移動距離や方向の変化を計測することができる．このように，自己の内界センサで得られる移動量情報の累積で，ロボットの位置を推定する方法をデッドレコニングという．

この技術は，ロボットが自己の現在位置を知るうえで基本となるものの1つであるが，誤差が累積していくという問題点を有する．特に，ロボットが環境に固

定した座標系上で自己の位置を追跡する場合，自分が認識している自己の方向情報 $\theta(t)$ の誤差は，位置ベクトル $(x(t), y(t))$ の計算値に大きな影響を与える．一方，ロボットの方向変化をステアリング角や，2つの車輪の回転数の差から求める測定には，現実的な精度に限りがある．

(2)　慣性センサ，ジャイロセンサの利用：　水中や氷上を動く移動ロボットで車輪の回転が測定できない場合や，車輪による移動の測定がスリップや路面の影響を大きく受ける場合は，加速度センサなどの慣性センサを用いて，その測定量を2階積分することにより自己の位置の変化を求めることができる．しかし，この方法は2階の積分のため，センサのドリフト信号などによりさらに大きな累積誤差を生じさせることに注意を要する．

回転角速度を知るためのジャイロセンサも，慣性センサの一種である．しかし，回転検出の場合は，角速度がジャイロセンサの出力として得られるので，累積誤差の生じ方は，車輪の回転を検出する場合と同等のオーダーとなる．このことから，デッドレコニングにおける方位測定にジャイロセンサを用いる方法が考えられている．

2）　環境に置いた目印を用いる方法　　デッドレコニングでは累積誤差が避けられない．何らかの方法で，環境をセンシングして現在位置を知り，誤差を補正する必要がある．このための方法として，以下のものがある．

(1)　ランドマーク：　ロボットが走行する床面上に適当な間隔で目印を置き，ロボットが現在位置を確認するのに利用する．この目印をランドマークと呼び，特殊な形状のマークや光反射板，磁性体板，あるいはバーコードなどを利用する．

(2)　灯台の設置：　ランドマークは，ロボットがそのマーク上に行ったときに限り位置情報をロボットに知らせる．これに対し，灯台にあたるものを用意し，ロボットが走行するかなり広い領域から灯台の方向や位置が確認できれば，ロボットは必要なときにいつでも現在位置を知ることができる．灯台としては，視覚で確認できる目印，レーザ光などを用いた光源，ロボットがもつ光源に対する反射板やコーナキューブプリズムなどのほか，ミリ波やマイクロ波を用いる電波灯台，超音波の発信器などが利用できる．

c.　経路探索と障害物回避

1）　経路探索問題　　経路探索問題とは与えられた環境のもとで，初期点から出発して障害物を避けながら目標点に到達する道を見いだすことであり，場合によっては，その道がある種の性質を満足すること（最適性）を要求されることもある．

経路探索の問題は移動ロボットとは無関係に古くから行われており，さまざまなアルゴリズムが問題の状況に応じて開発されている．これらを移動ロボットの観点から類別すると，以下の3つに分けることができよう．

(1) 直感的探索法あるいは試行錯誤的探索法： この手法は環境に関する知識がほとんどない場合に使用されるものであり，その経路探索の状況は未知の地域へ地図なしで行った人間の探索状況と似たものである．すなわち，経路を探索するロボットは，その出発点においては目標点が大体どっちの方向にあるという程度の情報しかもっておらず，最初はとにかく目標点に近い方向に動いてみる．そしてその行動の結果により得られた新しい情報に基づいて，より目標点に近いと思われる方向に動くことにより，経路の探索を継続する．ロボットはこのような過程を目標点に到達するまで繰り返す．この手法に属する最も簡単なものは触角情報を利用するものであり，目標点に向かって進み，障害物に触ったら，その情報を考慮して次の進むべき方向を決定するというものである．

(2) グラフ理論的探索法あるいは数理計画的探索法： 環境に関する知識が完全である場合，すなわち環境中に存在する障害物の配置が前もってわかっている場合，あるいは実際にロボットが移動するときに視覚装置などによって障害物の全体的な配置が決定できれば，(1)の手法より効率的な探索手法が適用できる．

このグラフ理論あるいは数理計画法に基づく経路探索は，どのように環境が複雑であっても，計量的最適性のみを追求するのであれば，必ず最適解が理論的には求まる．しかし，実際には組み合せの数が膨大となってしまうなどの問題が生じるため，何らかの工夫が必要となることが多い．

(3) 発見的探索あるいはハイブリッド探索法： 環境に関する情報が不完全であったり，あるいは環境があまりにも複雑であったり，さらには経路に要求される最適性があまりにも強すぎると，(1) の手法では経路が発見できない，また (2) の手法では時間がかかりすぎたり，組み合せ論的爆発が起きる，といった事態が生ずることがある．このような場合には，何らかの発見的手法やいくつかの手法を組み合せて使用するハイブリッド法が役に立つことがある．

2) 障害物回避問題 ロボットがある経路を走行しようとするとき，その走行すべき通路上に，

(1) ロボットにとっての障害物が一時的あるいは恒久的に置かれているとき
(2) 人間や他のロボットが移動しているとき

ロボットはその衝突を回避しなければならない．このために，まず (1) の場合には，以下の3つを実行することが要求される．

① 障害物の発見と大ざっぱな形状の認識
② 障害物を避けるコースの計画
③ 実際にそのコース上を走行

そのためには，形状を認識するための視覚センサなどを装備し，障害物を回避する経路生成アルゴリズムをもっていること，計画されたコース上を走行するためのセンサ類を装備していることが必要となる．

次に (2) の場合には，ロボット本体の大きさに比べて環境が狭いことが多く，必然的に他の固定障害物や壁などの境界条件をも考慮しなければならない．また，ロボットの運動そのものも断続的な動きが多くて，微分方程式で記述しにくいなどの問題点もあるため，シミュレーションによる方法など新しい手法の開発が望まれる．この場合，環境に関する情報が完全であれば，ロボットの行動を実際の行動の前に完全に予測できるので，衝突回避が可能となるが，情報が不完全な場合には不確定性が残る．また，実際には，今予測された回避行動を実行することによって，新しい衝突問題を引き起こす可能性もあることに注意しなければならない．

6.2 ロボット応用の現状と将来

6.2.1 産業用ロボット

a. 生産システムにおけるロボット[3)]

1970年代から1980年代にかけて，多くの産業分野でロボットが普及した．これは当時の社会環境・経済環境において，生産形態とロボット技術がうまくマッチしたことによる．当時のいわゆる同品種大量生産時代は，画一的な製品をいかに安く，しかも大量に市場へ供給するかが製造業の課題であり，生産ラインの機械化・自動化が1つの解決策であった．たとえば，複雑な製品であっても製造プロセスを分解すれば，作業対象は単純要素の組み合せと見なすことができる．たとえ単機能ロボットであっても，高速，高精度，高信頼性でもってこの単純作業を処理できる場合には，これを製造ラインに導入することにより，高い生産効率を実現することができた．これは，時代の要請であった大量生産により，単機能ロボットでも高い稼働率を維持することができたからである．

ロボットの機能を構成する3要素は知能・感覚・運動であるが，このうちの運動を主体に考えればよいというのが利点であった．知能部分は作業者からの教示により与えられた行動を再生する程度でよく，感覚機能はロボットとしてもつ必要はほとんどなかった．したがって，ロボット動作の基本であるリンク機構を中心としたメカニズムと，それを動かすための高速・高精度のサーボ制御が技術の中心であった．

高度経済成長のなかで，大量生産に適したロボット技術，自動化技術の次に生産システムに大きな変革をもたらしたのは，高度情報化社会におけるコンピュータ・ネットワーク技術である．コンピュータ統合生産システム（CIMS：Computer Integrated Manufacturing System）が導入され，生産レベルを階層化することにより分散処理が可能となった．3次元CAD（Computer Aided Design）の導入により，設計から製造に至るまでデータが一元管理され，さらに販売情報も素早く生産工程にフィードバックされることにより，効率のよい生産システムが構築されたのである．

b. ロボットコントローラ

ロボットコントローラは，ロボットというメカニズムに適切な運動を行わせるための制御装置のことである．産業用ロボットの特徴は「教示モード」と「繰り返しモード」を有することにあるので，コントローラはこれを実現するために，以下の3大機能をもっていなければならない．すなわち，アームの移動に関する情報や作業に関する情報などを記憶する記憶部，記憶された情報を作業手順に応じて読み出すシーケンス制御部，アーム各軸に指令値を伝えるサーボ制御部が必要である．

いわゆる産業用ロボットが世に出たのは1960年代初めであり，ユニメート，バーサトランの2つであった．これらは油圧駆動であったが，1970年代からDCサーボモータを利用した全電気式のロボットが登場し，ほぼ現在の形のロボットコントローラの原型が誕生した．最初の頃は，工作機械用NC（Numerically Controlled）装置を利用したもので，8ビットCPU（Central Processing Unit）を使用し，5軸多関節型ロボットを関節補間のみでティーチングプレイバックが行える程度でしかなかった．

その後，マイクロプロセッサの進歩とともに，直線補間，円弧補間が可能になり，さらに外部軸，多軸治具との協調や，2 台のマニピュレータの協調作業のような，高度な座標演算を必要とする機能が実現できるようになった．また，モータ駆動用のパワー素子の高性能化，DC サーボから AC サーボへといったサーボモータ技術の進歩も，コントローラの進歩に大きく貢献している．

近年，パソコン（PC）の進歩やインターネットの急速な普及により，産業用ロボットのような生産設備機器においても，PC 環境の導入と IT（Information Technology）の応用が強く望まれている．各ロボットメーカのロボットの違いに依存しない，共通な PC アプリケーション・ソフトウェアの開発が可能となるよう，ロボットコントローラにオープン化の要請が出ている．また，コントローラの PC 化は世界的な傾向にあり，PC とロボットコントローラ間通信インターフェースの標準化をめざすプロジェクト ORiN（Open Robot Interface for the Network）もある[4)]．

6.2.2 非産業用ロボット

a. 農業ロボット

農業は産業の根幹をなす重要な産業の 1 つであるが，現在の日本の農業を取り巻く背景として農業従事者の減少・高年齢化があげられ，労働力不足は深刻な状況にあり，農作業の効率化は急務となっている．このためには，従来人間が行ってきた作業の機械化，人間が操作してきた農作業機械の自律化というアプローチが考えられるが，近年急速に発達してきたロボット技術を応用することにより，農作業の効率化が可能になると考えられる．

農業ロボットが行うタスクは，大きく分けると，1）耕うん，2）施肥，3）除草・スプレー作業，および 4）収穫があげられる．

1）耕うんロボット　耕うんとは田や畑を耕す作業であり，一定の作業幅をもつ耕うん装置を用いて，対象となる畑全体を漏れることなく覆うように，移動経路を計画する必要がある．したがって，耕うんロボットの研究においては，現在位置を知るためのセンシングが重要な課題であり，さまざまな位置センシング手法が考えられている．たとえば，人工的に設定した磁場内での磁気検出による方法，GPS（Global Positioning System）と地磁気方位センサおよび慣性航法装置を組み合せたもの，車両の自動追尾による方法，マシンビジョン・GPS・光ファイバジャイロを組み合せたもの，ジャイロと推測航法を用いたものなどがある．耕うんに限らず，屋外移動ロボットのナビゲーションに関して，高価な高精度GPSを使わず，安価な低精度GPSを用いる方法，GPSとジャイロのセンサフュージョン技術などが提案されている．生物系特定産業技術研究推進機構（生研機構）が提案した耕うんロボット[5]を図6.4に示す．

2) 収穫用ロボット 農作物の収穫は，中腰の作業など人間の作業者に大きな肉体的負担を強い，また短い収穫時期のうちに作業を完了しなければならないため，多大なる人的資源も必要とされ，ロボット化が大きく期待されている．農作物は，一般に柔らかく，また各個体の形状には大きなばらつきがあることが特徴としてあげられる．さらに，その位置も地中，地上，つるの先，木の枝上など各作物ごとに大きく異なる．そのため，収穫用エンドエフェクタは，対象とする作物に依存した装置となる傾向がある．例としてレタス収穫ロボット[6]の収穫実験のようすを図6.5に示す．この他にも，マニピュレータ，エンドエフェクタ，視覚センサ，移動機構からなるイチゴ収穫システム，人間のようにリンゴをもぎ取るロボットハンド，画像処理と5自由度マニピュレータを利用した苗の移植ロボット，スイカのような重量物を収穫するロボットなどが提案されている．

b. 建設ロボット

建設用ロボットの導入方法の違いを製造業と比べてみると，製造業の多くで，産業用ロボットメーカが開発・販売している汎用ロボットを選択して，自社の生産工程へ導入している．ある程度の特化はなされるにしろ，基本的な部分はロボットメーカが標準仕様として用意しているものを使用することが多い．これに対し

図6.4 耕うんロボット（生研機構）

図6.5 レタス収穫ロボットの外観

て建設業の場合は，本来ユーザであるべき建設業自体がロボットを開発し，導入しているところに特徴がある．大手建設業各社においては，ここ 20 年ほどの間に，さまざまなロボットを開発している．最も開発機種が多いのが，コンクリート工事や鉄骨工事などの躯体工事関連ロボットで，次いで外壁タイルの剥離診断やクリーンルームの計測ロボットが含まれる保守工事関連ロボット，外壁の塗装工事やガラスの取り付けを行う外部仕上工事関連ロボット，仮設工事関連ロボット，建材のハンドリングやプラスターボードの取り付けを行う内部仕上工事関連ロボット，設備工事関連ロボット，解体工事関連ロボットなどがある．

図 6.6　自動玉掛け外し装置

開発されたこれらのロボットのなかでも，完成度が高いものが商品化されて販売されている．最も販売台数が多いのが「自動玉掛け外し装置」（図 6.6 参照）である．この装置は，工事現場において鉄骨の柱などをクレーンで吊り上げた後にボルトで柱を仮止めし，その後吊治具を無線による遠隔操縦により取り外すものであり，高所で危険な作業の安全化を図ったものであり，多くの現場で使用されている．

次に多いのが，「建材ハンドリングロボット」（図 6.7）である．このロボットは質量が 100 kg/個程度の重量建材をハンドリングするもので，有線によりリモ

図 6.7　建材ハンドリングロボット

図 6.8　コンクリート床仕上げロボット

ートコントロールされる．第3番目は「コンクリート床仕上げロボット」(図6.8)で，コンクリート床面を移動しながら仕上げを行う本格的な作業用ロボットであり，無線方式のリモートコントロールのものから全自動制御のものまである．この3種で全販売台数の約8割を占めるというデータもある[5)].

c.　マイクロマシン

マイクロマシンは，数mm以下の部品により構成された微小な機械である．このマイクロマシンを実現するためのマイクロマシン技術は，医療分野，情報通信分野をはじめとして，あらゆる産業分野への波及効果が見込まれる革新的な技術として注目され，近年，世界各国で活発な研究開発が行われている．

わが国においては，マイクロマシン技術の研究開発の1つとして，1991年度より10年計画のナショナルプロジェクト「マイクロマシン技術の研究開発」が推進された．このプロジェクトでは，マイクロマシン技術の技術体系の確立をめざし，微小機構要素としてのアクチュエータ，センサ，運動伝達機構などのマイクロ化・高機能化の研究や，マイクロマシンシステムを構成するために必要となるエネルギー供給技術，システム制御技術，計測・評価技術などの研究といった幅広い研究開発が行われた．

この研究開発は旧通商産業省工業技術院の機械技術研究所，電子技術総合研究所，計量研究所の3つの国立研究所（当時）とNEDO（新エネルギー・産業技術総合開発機構）から（財）マイクロマシンセンターを通じて委託を受けた国内22企業，2団体と海外2団体が取り組んだ．

研究開発の推進に当たっては，マイクロマシン技術の技術体系の確立をめざし，具体的なマイクロマシン技術の応用システムとして，以下の3つのシステムを想定し，それらを実現するために必要な技術を中心とした研究開発が行われた．

①　発電施設用高機能メンテナンスシステム：発電施設の熱交換機用配管内など，狭い場所で高度な検査・補修作業をするシステム

②　マイクロファクトリ：小型工業製品の製造システムのマイクロ化による省エネルギー化，省スペース化，省資源化，オンサイト化などを目的とした各種のマイクロ製造装置および製造システム

③　体腔内診断・治療システム：医療応用として，病気の診断や手術の際に人体を傷つけることをできる限り少なくするため，体内に挿入して診断・治療するカテーテル型マイクロシステム

実際に試作することで研究が進められたマイクロマシン試作システムのうちの2つを紹介する．

1)　管内自走環境認識用試作システム[7]　このシステム（図6.9）は，内径10〜20 mmの湾曲部を含む金属配管内を無索（ワイヤレス）にて，水平，垂直に移動し，周囲環境を認識し，画像データなどの通信を行う機能をもつ．この試作システムは，多電圧マイクロ光電変換デバイス，マイクロ波エネルギー伝送・通信デバイス，焦点調節・視線変更機能付きCCDマイクロカメラデバイス，圧電駆動アクチュエータなどのデバイスから構成されている．

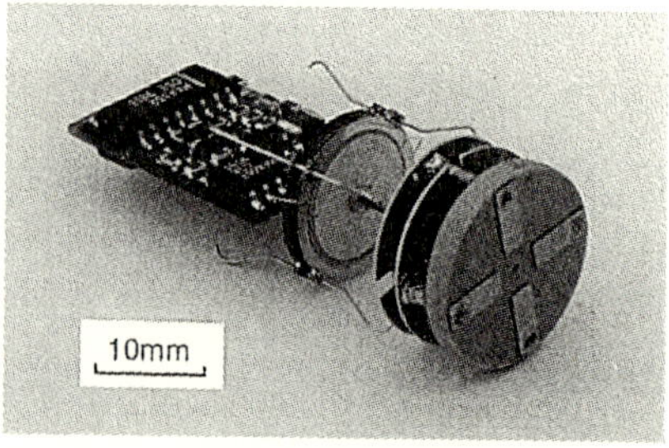

図6.9　管内自走環境認識用試作システム

2)　デスクトップマイクロファクトリ[8]　マイクロファクトリとは，部品加工，搬送，組立，検査の機能をデスクトップサイズに集約したマイクロ加工・組立用試作システムである．小型部品を機械加工する超小型のマイクロ旋盤，マイクロフライス盤，マイクロプレス機と小型部品を搬送するマイクロ搬送アームおよび部品を組み立てる2本指アームから構成されている（図6.10）．

d.　エンターテインメントロボット

第3次産業におけるロボット応用の1つに，アミューズメント・エンターテインメント分野がある．たとえば，テーマパークやアミューズメント施設では，来

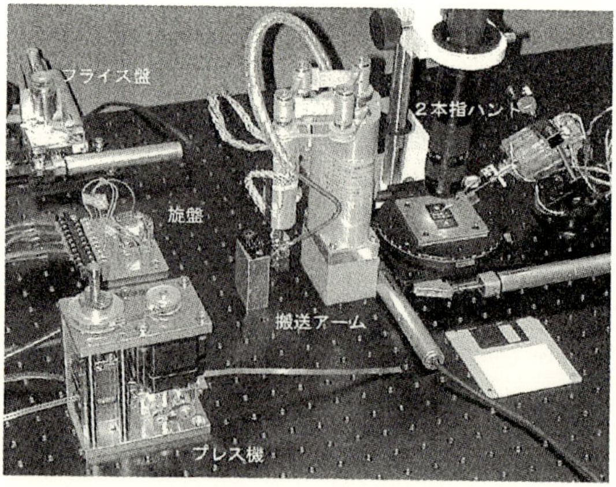

図6.10　機械加工デスクトップマイクロファクトリ

場者への「仮想的な時間と空間の提供」を目的として，さまざまなショーセットとともにロボットが使用される．人体型や動物型をはじめとして多種多様のものが製作されている．

このようなもののほかに，最近増えてきつつあるものとして「AIBO」(SONY ㈱)[9]に代表されるペット型ロボットがある．これはいわば玩具としての側面をもっている．ロボットと玩具の関係は，1) ロボットの形をした人形，2) ロボット技術の一部を採用した玩具，3) ロボットを玩具に仕立てたものに分類される．

「鉄腕アトム」は1番目の分類に該当するが，キャラクタ玩具として圧倒的な支持を受け，「ロボット」という言葉を日本中で身近なものにしたという功績は大きい．

2番目の分類であるが，ロボット工学自体がさまざまな分野の技術の集合体であり，ロボット固有の技術としてあげられるのは機構とそれに伴った制御となろうが，プログラム可能な「動き物」という観点から考えると「タッチおじさんロボット」(㈱富士通パソコンシステムズ) もその一例として該当しよう．

そして3番目に該当するのが，犬型の「AIBO」をはじめ，猫型の「ネコロ：NeCoRo」(オムロン㈱) (図6.11)[10]，小熊型の「新AIBO」など，たくさん開発されつつあるペット型ロボットである．他のロボットと異なっているのは，具体的に人間の役に立つ作業をする，あるいは人間の代わりに何かをするというロボットではない点である．しかし，近年の風潮である「癒し系」の玩具として，その存在価値は大きいと考えられる．

図6.11 猫型ペットロボット「ネコロ」

6.2.3 極限環境作業ロボット

極限環境というのは，宇宙，深海，原子力施設などの人間が容易に立ち入れない環境のことであり，震災，噴火などの災害発生時も含まれる．

a. 原子力発電所内作業ロボット[5]

原子力発電施設には，そのいかなる事故に対しても，内蔵する放射性物質を施設外に出さないようにすることが絶対条件として課せられている．そのために，故障が起こった際には，原子炉を確実に止めて余った熱を除去し，また放射性物質が外部へ影響を与えないように外部との隔離をするなどの設備を有している．そして，このような安全機能維持のための設備や，原子炉一次冷却系などの重要機器・系統は，万一の場合に確実に機能するように，特に入念な日常の運転中巡回点検が行われ，また法的に義務づけられた定期検査などによって，その健全性が厳しく追求されている．しかし，このための点検・検査作業は，ほとんどが放射線下であり，作業空間も不十分の所が多く，作業の信頼性向上，作業効率の改善，被曝低減といった面からその他の保全作業と同様に，自動化・遠隔化が強く要求されており，それに応えて種々の自動機の開発が行われ，実用に供されているものもある．

原子力発電所で行われている主たる点検・検査作業は，施設運転中の巡回点検と，重要機器の作動確認を主とした定期機能試験，および施設を計画的に停止して総合的点検・検査・整備を行う定期検査である．

これらの定期検査を実施できるように作られた，三菱重工業㈱製の原子炉格納容器内用ロボットの例を図 6.12 に示す[5]．これはバルブの開閉などの軽作業ができるように，マスタスレーブ方式でバイラテラル制御による 6 自由度マニピュレータを装備している．4 脚方式の移動機構であるので，階段，溝などの障害は歩行により踏破できる．さらに，脚先端と車体側面中央に動力車輪がついており，

図 6.12　原子炉格納容器内用ロボット

図 6.13　プラント補修・点検用移動ロボット

床などの人工構造物内での走行もスムーズに行うことができる．

図 6.13 に㈱日立製作所製のプラント補修・点検用移動ロボットを示す[5]．可変形状クローラを備え，2 次元ディジタルマップおよび目標物パターン図をデータとしてあらかじめ備えており，ビジョンセンサによりマッチングしながら進むことで自律的に行動することができる．通過困難な状況になった場合などは人間が手動遠隔操作を行う．

b. 危険物処理ロボット

地球上にはすでに 1 億 1000 万を越える地雷が埋められていて，現在も毎年 2 万 5000 人を越える人々が犠牲になっている．そしてその 8 割が戦争とはまったく関係のない一般の市民である．各国に埋設されている地雷は，紛争時期や紛争当時の取引相手国などの違いからさまざまな種類があるが，目的と爆発力の違いで対人地雷と対戦車地雷の 2 つに分類できる．地雷の探知・除去の方法は，地雷の種類に依存するため，地雷の種類に関するデータは，対策を検討する上で重要である．

対人地雷は，紛争時に兵士を負傷させるだけの爆発力しかもたない．対戦車地雷は，破壊力が強く，戦車や車両など重い重量による圧力を感知した場合に爆発する．撤去されにくいように周辺に対人地雷を埋設してある場合が多い．

すべてを人手に頼る対人地雷除去方法は，効率が悪く，また危険性が高い．そのため，雑草や潅木の除去と，地雷の破砕を目的とする機械化や自動化，地雷探知機の高度化や探知プロセスの機械化や自動化，さらに作業員の安全を確保するための保護ツールなどの研究開発が行われ，一部は実用化されている．それぞれに特徴はあるが，共通の課題としては，地雷が埋設されている地域の多くで社会インフラが整備されていないため，重量が重いと橋を通れないなど，移動が困難であったり，雨期のぬかるみでは使用が困難であったり，現地におけるオペレーション・維持・メンテナンスのコストの課題がある．そこで考えられるのが，地雷撤去ロボットである．

人道的な地雷撤去作業を人手によらず，ロボット化して自動化を行うためには，地雷が埋設された不整地環境を自在に動き回ることのできる高度な運動性能と，1）障害物と植生の除去，2）地雷探索，3）地雷の掘り出しと撤去，などの作業性能を兼ね備えた移動作業ロボットの開発が不可欠となる．

広瀬らは，昆虫型の脚形態を有する 4 足歩行ロボット「TITAN」をベースにして，胴体上部に草刈機，地雷センサ，地雷除去作業用のスレーブマニピュレータなどを取り付けた足先効果器を揃え，作業に適した効果器を足先に取り付けることで数々の作業を行わせる汎用型歩行作業ロボットを構想し，「弁慶」と呼んでいる．TITAN Ⅷを改良して「弁慶１号機」を試作した（図6.14）[11]．そして地雷除去作業を遠隔で行うための新しい遠隔操作機構の検討，誤って地雷を起爆して１脚を失ったときの３脚歩行法の検討などを行っている．

図 6.14　弁慶１号機

c.　レスキューロボット

従来の日本の防災工学分野では被害抑止（mitigation）力（災害に対して壊れない建築物を造るなど）が重要視されてきた．ところが，阪神淡路大震災を契機として，被害軽減（preparedness）力（災害が起きたときに被害が拡大しないようにする）の重要性が認識され，専門家の間での危機管理に対する意識が高まってきた．

被害軽減力を高めるためには，ロボットや情報技術の貢献が欠かせない．次世代の防災のためのインフラストラクチャは，これまでのように土木建築物によって作られるのではなく，能動的に被害を最小限に軽減する，ロボットのような行動体が重要な役割を果たすと期待される．

阪神淡路大震災において，レスキューロボットや関連する情報システムに関する多面的な調査研究が行われた．その結果を整理すると，このようなシステムには次のような能力が求められることがわかる．

(1)　情報収集伝達能力（災害状況把握，人体検索）

(2)　災害軽減能力

　(a)　人的軽減能力（人体確保，救急医療など）

　(b)　物的軽減能力（消火など）

具体的なレスキューロボットの開発事例として，東京消防庁などで開発されている消防ロボットがあげられる．図6.15は，人間の救助隊のアクセスが困難な場所で人体を確保することを目的として，東京消防庁で開発された「ロボキュー」

である[11)]．4台のTVカメラ，1台の赤外線カメラ，ガスセンサ，酸素センサを備え，被災者との音声コミュニケーションの機能をもつ．クローラと2台のマニピュレータは遠隔ブースからテレオペレーションされ，発見した人体を伸縮式のベッドに乗せてロボット内に確保することができる．しかしながら，重量は3.86トンと巨大であり，狭隘地でのオペレーションや，人体にダメージを与えないことなど，多くの研究課題が残されている．

図6.15　ロボキュー（東京消防庁）

また，災害および救命救助問題に関する教育と啓発を目的として，レスキューロボットコンテスト（レスコン）が2001年より開始されている．レスコンでは，被災した市街地の何ブロックかを模擬した1/8スケールの実験フィールド（ガレキフィールド）のなかに，要救助者を模擬したダミーが配置されている（図6.16）．参加チームメンバーが分担して複数機のロボットを操縦してダミーを探し，ガレキや障害物を取り除き，ダミーをロボットベースへ連れ帰るというものである．原則としてレスコンの背後には，常に現実のレスキュー活動が控えているので，理想的には，通常のロボコンのように対戦相手との相対的な勝敗は第一義ではない，という特徴がある[12)]．

d.　宇宙ロボット

宇宙ロボットは「あるミッションを遂行するための道具」である．ミッション

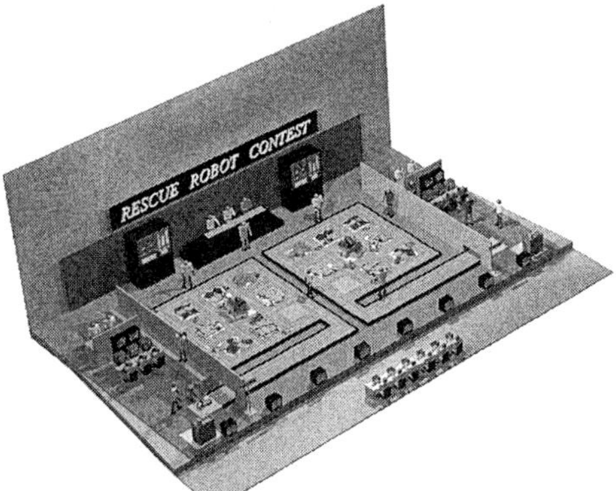

図6.16　レスキューロボットコンテスト

に応じて，地球近傍の軌道上で各種のサービスを行う「軌道上ロボット」と月や惑星などの探査を行う「月・惑星探査ロボット」に大別される．

1)　軌道上ロボット　　軌道上ロボットの作業には，宇宙構造物の組立分解，宇宙機の捕獲・結合，ORU（Orbital Replaceable Unit）の交換，微小重力実験などの支援作業，有人システムにおいてはクルーの支援，特に船外活動（EVA：Extra-Vehicular Activity）の支援がある．地球または軌道上の与圧部からの遠隔操作が主力であるが，通信時間遅れや通信回線の問題で自動化技術および知的遠隔操作技術が必要となっている．

日本は，現在，宇宙ロボット分野において，世界の先端にあるといわれている．1997 年夏，NASA スペースシャトル実験 STS-85（Space Shuttle Discovery）の 1 つとして，スペースシャトル内でのマニピュレータ飛行実証実験（MFD：Manipulator Flight Demonstration）を行い，世界で初めて地上―軌道上間の遠隔操作実験を成功させた．現在建設中の国際宇宙ステーション（ISS：International Space Station）では，資材の設置運用作業などに使用するために，日本実験モジュール（JEM：Japanese Experimental Module）「きぼう」上にリモートマニピュレータシステム JEM-RMS（Remote Manipulator System）が開発・運用される（図 6.17）．JEM-RMS は，「きぼう」に根元を固定された長さ 10 m の親アーム（Main Arm，MA）と，その先端に取り付けられる長さ 2 m で精細作業用の子アーム（Small Fine Arm，SFA）からなり，「きぼう」与圧部から手

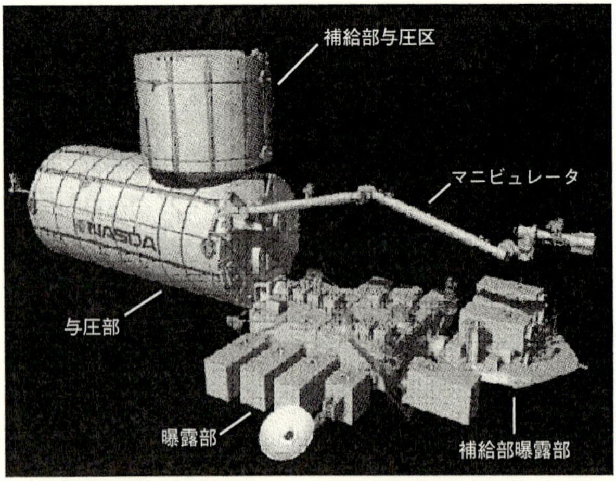

図 6.17　日本実験モジュール「©宇宙開発事業団」

動で制御され，「きぼう」曝露部でのさまざまな実験などに活躍することが期待されている[5]．

また，本家のNASAでは，宇宙ステーションの構体組立用に，カナダと共同開発する長さ17 mの巨大なSSRMS（Space Station Remote Manipulator System）が実運用される．この宇宙マニピュレータはmobile transporterによって，宇宙ステーショントラス構体を移動できる上，マニピュレータ先端に2本の冗長自由度アーム（長さ3.5 m）をもつSPDM（Special Purpose Dexterous Manipulator）を搭載でき，軌道上交換ユニットやコンテナの交換などさまざまな作業を行う大規模かつ高機能な軌道上ロボットシステムである[13]．

2） 月・惑星探査ロボット 月や惑星を詳細にかつ広範囲にわたって探査を行うためには，移動探査が必要となる．科学観測機器を搭載したローバ（移動ロボット）を使うことで，表面の広範囲にわたり，物質科学的特徴を知るための直接的な一次分析を行うことが可能になる．さらに，ローバは月・惑星表面に接触しているため，掘削などによる地下探査や観測機器の設置，サンプルリターン用のサンプル収集などが可能である．月・惑星を探査するロボットは深宇宙機としての重量・大きさ・電力などの制約と温度・宇宙線・真空・惑星表面の状態などの厳しい宇宙環境条件下で，未知環境に対する環境適応能力とロバスト性を備えたシステムであることが要求される[5]．

NASAは2003年，2005年にサンプルリターンのための探査ローバを火星に送り込む計画をしている．

（1） 2003年ローバミッション： これは，2台のサイエンスローバを用いる計画である．2つの探査機はそれぞれ2003年5月，6月に打ち上げられ，2004年1月に火星に着陸する計画である．2003年のミッションでは，1997年に行われたMars Pathfinderミッションと同じく，パラシュートおよびエアバッグを用いたシナリオで着陸を行う．Athenaローバの科学観測機器開発は，コーネル大学を中心とするサイエンスチームによって行われた．Athenaローバは重量が約150 kgで火星1日に100 m以上の移動能力を有する．

ローバには，地形撮像用パノラマカメラ，ミニ温度放射スペクトロメータ，Mössbauerスペクトロメータ，APX（Alpha Particle X–ray）スペクトロメータ，マイクロスコピックイメージャ，岩石削磨ツールの6種類の観測機器が搭載され，火星表面のさまざまな地質調査が可能である．

(2) FIDOローバ： FIDO (Field Integrated Design & Operations) は，2003年火星探査ミッションのAthenaローバのプロトタイプである．FIDOには，Athena搭載予定の観測機器の多くが搭載され，岩石の同定，サンプルへの接近，その場観測，掘削などさまざまな火星表面調査のシナリオを検証するのに用いられる．

図6.18　FIDOローバ (NASA/JPL/Caltech)

FIDOの外観を図6.18に示す[14]．このローバのサイズは長さ1.0m・幅0.8m・高さ0.5mで，重量が60kg強である．車輪の直径は20cmで速度は最大で9cm/sである．FIDOは，ロッカーボギーサスペンションを有する6輪で構成される．そのため岩などを含む砂地でもその走破性能は高く，車輪の直径の1.5倍の岩を乗り越えることができる．FIDOには前輪と後輪それぞれにステアリング用モータが取り付けてある．FIDOは火星表面のような不整地を数kmにわたって移動し，地質調査と表面のサンプル採取を行うことができるように設計されている．

e. 自律型海中ロボット

わが国は，海洋調査のために世界中で最も深く潜れる有人潜水艇「しんかい6500」(海洋科学技術センター所属）を有している．しんかい6500は1991年から研究に投入されて活躍しており，次々に新しい発見がなされている．それにもかかわらず，後継機の建造計画はない．深海有人潜水艇は世界的に見てROV (Remotely Operated Vehicle) と呼ばれる有索無人潜水機に置き換わられつつあるのが現状である．ROV「かいこう」(海洋科学技術センター所属）は1995年に世界最深部であるマリアナ海溝 (10911m) に潜航し，その優位性を示した．しかし，索付きの潜水機は索の取り扱いが不便であり自由な運動も拘束される．索のない無人潜水機すなわち自律型海中ロボット (AUV：Autonomous Underwater Vehicle) が新しい観測プラットフォームとして期待されるゆえんである[5]．

AUVの研究開発は，世界各国の研究機関や水中機器の会社において行われている．米国では，多くの政府資金が大学に投入されて多彩な研究開発が進行中である．フランス，カナダ，ノルウェー，イタリア，ポルトガル，ロシアも進めており，デンマーク，中国，韓国，台湾も新たに参入してきている．

わが国における近年の特筆すべき開発例をあげると，以下のものがある．

(1) アールワン・ロボット（R-One Robot）（図 6.19）： 長時間航行を目的として開発されたロボット，1998 年には連続 12 時間 37 分の自律潜航を行った．閉鎖式ディーゼル発電機からの電力で約 1.5 m/s で潜航する．

図 6.19 アールワン・ロボット（R-One Robot）

(2) アクアエクスプローラ 2（Aqua Explorer 2：AE 2）： 海底ケーブルを調査することを目的とした実用機である．海底線から発生する磁場を頼りにナビゲーションを行う．

(3) うらしま： 氷海の下を探索することを目的として作られた海洋科学技術センターの大型の試験機である．

6.2.4 次世代ロボット

a. 全身型ヒューマノイドロボット

ロボット工学には生体を模倣するという思想がある．人や生物の運動機能に注目し，その仕組みを分析し，工学的に理解して，機械システムを合成する技術として体系化するのが，ロボットの学問である．人や生物は機械に比べて数々の優れた特徴をもつ．したがって，ロボット工学では，人や生物はきわめて興味深い模倣の対象であり，古くから研究の対象とされてきた．手や足だけでなく，人の体全体を研究の対象とするロボットを一般に，人間型ロボット，ヒューマノイドロボット，あるいはアンドロイドなどと呼ぶ．こうしたヒューマノイドロボットの研究は，ロボット研究の歴史のなかでは夢のロボット，すなわち理想のロボットをめざすごく少数のロボット研究者によって，取り上げられてきたにすぎなかった．

これまでロボットの理想をめざす基礎研究と考えられていたヒューマノイドが，実用化を意識して追求されるようになったきっかけの１つは，高齢化社会のニーズを踏まえ，人間共存型ロボットが注目され始めたことにある．人がいる空間でもしロボットが使われるとすれば，人に物理的なサービスを提供することと同時に，心理的な安らぎを与える機械としての活用法も考えられる．

人との心理的コミュニケーションに限定したロボットの活用法の発見は，ヒューマノイドの作業機械以外の価値を再認識させることになった．その結果として，機械（ロボット）が人に与える情緒的効果に注目した研究が行われるようになった．また，さらに1996年に本田技研工業㈱（以下本田技研）が，きわめて安定に歩行する機能をもつ完成度の高いヒューマノイドロボット（P 3）[15]を発表したことが，ブームに一層の拍車をかけた．実験室レベルでは実現していたものの，実用化はかなり先のことと見られていた，安定かつ信頼性の高い2足歩行機能を備えたヒューマノイドが発表されたことから，急速にヒューマノイドロボットの技術が近未来の実用化の射程内にあることが印象づけられ，実用を意識した視点からの研究開発が行われるようになった．

人間型がもつ実用上の価値は，以下の3つにまとめられる[16]．

(1)　人型を必要とする応用分野の存在：　この種の応用分野の1つは動力補装具である．四肢を切断した人のための義肢，あるいは脊椎損傷者のための下肢あるいは全身装具においては，代替する四肢との形状の類似性がきわめて重要である．特に下肢装具の研究においては，要素的にはヒューマノイドの開発に類似の技術が追求されてきた．

(2)　人型ロボットは遠隔操作がしやすい：　人は自分の四肢を巧みに操作し作業を遂行できるが，それは身体各部の動かし方を学習した結果である．ロボットの四肢を遠隔操作で動かす場合も，学習ですでに修得しているやり方で四肢を動かすことで，希望するロボットの操作指令が生成されれば，ロボットをあたかも自身の身体の延長のごとく操作できる．そのためには，構造が人と同一のロボットを使うのが最適との考えから，人間型ロボットが古くから追求されてきた．

(3)　人型は対人親和性に優れている：　来るべき高齢化社会では，人の生活空間で人と共存し，人にサービスを提供するロボットが必要とされている．人が生活する空間で人と共存して行動するロボットは，人の生活空間に適応するために，また，人との間の自然な心理的コミュニケーションを維持するために，人の形をしたロボットが優れているとの主張がある．また，人や生物の形は，人が人形に対し抱くような何らかの親しみのある感情を人に抱かせ，対人親和性の高いロボットを構築することを可能にする．この特徴はエンターテインメント応用などではすでに活用されている．

b.　人間協調・共存型ロボット

人間共存型ロボットに特徴的なことは，日常生活への応用をも考慮するために，非専門家をユーザとし，かつロボットの作業空間に人を含む場合を扱うことである．この種のロボットでは，人とロボットの関係が多様化し，従来のロボット技術では取り扱われなかった，さまざまな課題が提起される．

具体的な取り組みとして，平成10年度から5年計画で「人間協調共存型ロボットシステムの研究開発」（HRP：Humanoid Robotics Project）が行われた．このプロジェクトは旧通商産業省工業技術院が，産業科学技術応用研究開発制度下で，NEDO（新エネルギー・産業技術総合開発機構）を通して(財)製造科学技術センターに委託したものである．前期2年間で研究の共通基盤となるプラットフォームを開発し，後期3年間でプラットフォームを用いた応用研究を実施した．

図6.20　HRP-1ロボット

前期に開発したプラットフォームは，本田技研が製作した人間型ロボットHRP-1（図6.20），遠隔操作コックピット，仮想プラットフォームから構成されている．また，人間型ロボットのシミュレータおよび制御ソフトウェアなどから構成される「人間型ロボットのソフトウェアプラットフォームOpenHRP（Open Architecture Humanoid Robotics Platform）」も開発されている．OpenHRPはWindowsおよびLinux上で稼動し，実機の実時間制御はLinuxの実時間拡張であるART-Linux上で稼動する．実装は，C⁺⁺およびJavaを用いて行われている．シミュレータでは，人間型ロボットの動力学のシミュレーション，視野画像の生成を行うことができ，制御ソフトウェアでは，人間型ロボットの2足歩行，体操などの全身動作を制御することができる．

OpenHRPはこれまでに，HRP-1，プロトタイプのシミュレーションおよび制御に適用され，有効性が確認されている．また，OpenHRPのシミュレータ部分は，すでにホームページ上に公開され，多くのユーザーにより利用され始めている[17]．今後は，共通基盤技術として，人間型ロボットのシミュレーションおよび2足歩行制御などに利用されることにより，人間型ロボットを用いた研究開発に大きく貢献するものと期待されている．

後期3年間では5つの応用分野，(1) 対人サービス，(2) ビル・ホーム管理サービス，(3) 屋外共同作業，(4) 産業車両代行運転，(5) プラント保守，の応用研究を推進した．(1)，(2) では，HRP-1を用いて研究開発を行い，(4)，(5) ではHRP-1ハードウェアにOpenHRPを搭載した構成のHRP-1Sを用いて研究開発を行った．(3) では，不整地上の歩行，転倒制御，転倒回復などの特別の仕様を要求するため，川田工業㈱，産業技術総合研究所，㈱安川電機，清水建設㈱が共同で改良型ロボットHRP-2を開発した．HRP-2は人間サイズのロボットとしては世界初となる「起き上がり」と「寝転び」の動作を実現した．このHRP-2とHRP-2制御ソフトウェアを，人間型ロボット研究開発用プラットフォームとして，国内学術研究機関向けに提供を開始している．

c.　ロボティックサージェリ

手術処置の主役は，外科医自身の目と手である．特に，複雑な動作をし，かつ繊細な感覚をも感じる人間の手の器用さがその基本にある．しかし，人間の目と手の能力にも当然限界があるため，外科医自身の目と手の能力を超える新しい目と手が必要となる．特に，医用画像に関するさまざまな技術は外科医に新しい目を提供し，手術支援ロボットなどの手術支援機器は外科医に新しい手を提供する．これらの実現のためには，コンピュータ技術が不可欠なため，この新しい外科分野はコンピュータ外科（Computer Aided Surgery：CAS）と呼ばれている[18]．

手術支援ロボットの機能を有効に発揮するには，術前のコンピュータグラフィックスによる3次元手術シミュレーションとその結果による最適手術計画の決定，ならびに術中に術野と患部に関するさまざまな3次元画像情報を外科医にわかりやすく提供する新しい目が必要となる．画像の立体表示や3次元表示は，体内のさまざまなサイズの術野を奥行感を正確にもたせて，術者にわかりやすく表示するもので，コンピュータ外科のシステムには不可欠な技術である．

医療分野のロボットとしては，医学や歯学分野における医療行為全般，それに付随する検査関係，院内作業関係，看護や介護などの行為，医学的研究，および医学教育用のものなどがある，これらのなかで，直接治療に携わる手術支援ロボットと高齢者，患者，障害者などの介護や日常生活の支援を行う福祉ロボットなどは，その目的からして下記の4点において工業用ロボットと大きく異なる．

① 直接被介護者や患者に接触する

② 処置内容や作業内容が一律でなく常に変化する

③ 実行に際して，動作の試し，およびやり直しができない

④ 特別な専門家でなくとも容易に操作できる必要がある

この種のロボットは，いかなる場合も患者，医療スタッフ，あるいは被介護者や介護者に対して危害を及ぼさないように，機構的に設計されていなければならない．コンピュータ外科の大きな柱である手術支援ロボットには，大きく分けて以下の2種類がある．

(1) 患部にアプローチするためのナビゲーション用： 従来よりもはるかに小さな切開で患部に到達したり，外科医自身の手では直接到達できない患部にも，安全確実に到達する機能が要求される．

(2) 患部において治療作業を行う処置用： 切開，切除，剥離，縫合，吻合などの処置を外科医の思い通りに遂行する機能が要求される．

現在，手術支援ロボットに関する具体的研究として，ナビゲーション用としては，脳神経外科領域における穿刺ロボット，肝臓癌に対する穿刺ロボット，腹腔鏡下手術における腹腔鏡ナビゲータがある．一方，処置用としては，整形外科領域における関節置換支援ロボット「ROBODOG」，血管縫合などを行うワイヤ駆動型マスタスレーブ方式のロボット「da Vinchi」，「ZEUS」などがあり，臨床的にも使用されている[18]．

d. ネットワークロボティクス

わが国では2010年に光ファイバ通信による高度情報通信網の整備が計画されている．この通信網が整備され，FTTH（Fiber To The Home）が実現すれば，エンドユーザレベルでも，Gbps（Giga bit per second）級の通信が期待できる．パワフルな通信ネットワークの出現は，伝送情報の多様化を可能にし，社会の各分野で人，組織間のコミュニケーションに革新をもたらすと考えられている．一方，新通信網の整備は，ロボットの分野にも新応用分野の開拓を促す可能性がある．高速かつ高容量通信技術は，情報の伝送だけでなく，それに接続される機器すなわちロボットを，実時間で遠隔操作する可能性を与えるからである．通信ネ

ットワークのロボット遠隔操作への導入は，インターネットを使う試みが1995年に発表されている．以後，医療，組立，コミュニケーションへの応用をめざし，商用N－ISDN回線や専用回線を用いた研究がいくつか行われており，ネットワークロボティクスと呼ばれる分野を形成しつつある[19]．

すでにWWW（World Wide Web）システム上に遠隔操作ロボットシステムを構築する試みも多く行われている．これらのシステムの多くは，ヒューマンインターフェースとしてWebブラウザ，通信プロトコルとしてHTTP（Hyper Text Transfer Protocol）などのWWWで標準的に用いられている通信プロトコルを用いて実現されている．このように，現在のコンピュータネットワーク環境で標準的に使用されているツールを使うことで，いままで特定の使用者にのみ利用されてきた遠隔ロボットシステムから，一般の人々にでも操作できるようなシステムに移行しつつある．これは，Webブラウザが動画像や3次元グラフィックスの表示機能，音呈示機能を備えており，ロボットシステムのヒューマンインターフェースの要件をほとんど満たしていることを考えると，通信帯域が限定され遅延時間が予測できないインターネットの利用を前提としても，よい選択枝の1つであろう．WWWのもう1つの特徴は，データベースがハイパーリンクによって結ばれ，地球規模で分散していることである．この構成によって，各サイトにあるデータは少量でも，全体としては膨大な規模のデータベースが実現されている．

間近になった高齢化社会において，ネットワークロボティクスの1つの有望な応用は遠隔健康モニタリングである．これは，日常生活における睡眠・食事・入浴・排泄などの生理活動を，利用者が意識することなく無拘束に長時間測定し，このデータを遠隔の管理センターに送付して解析し，何らかの異常があればただちに診断・治療を行う，という考え方である．

日常生活下で測定可能な生理量としては，ベッドでは体温・体動・睡眠時間・心電図・心拍数・呼吸数，浴槽では脈波伝播速度，トイレでは体重・排泄量・血液成分などがあげられる．たとえば，視覚センサを用いて睡眠時無呼吸症候群といわれる疾病の自動診断システムが開発されている．

また，より簡易なシステムとしては，家庭用給湯ポットに使われたかどうかがわかるセンサを付け，このデータを監視センターに送付することにより，独居高齢者の安否確認を行うシステムがすでに製品化されている．

参考文献

1) 横山和彦：PCを用いたロボット制御システムの構築方法. 日本ロボット学会誌, **16**(8), pp. 1032–1035, 1997.
2) 日本ロボット学会誌：特集, 自律移動ロボット (ALV), 5(5), 1987.
3) 塚本一義：生産システムにおけるロボットの役割. 日本ロボット学会誌, **15**(6), pp. 819–822, 1997.
4) 日本ロボット学会誌：特集, ロボットコントローラ, **14**(6), 1996.
5) 日本ロボット学会誌：特集, 屋外で活躍するロボット, **18**(7), 2000.
6) 丁碩炫・藤浦建史・石東宣明・土肥　誠・上田弘二：ロボットによる結球野菜の選択収穫の研究 (第4報)—力覚センサと収穫実験—, 農業機械学会誌, **62**(2), pp. 111–117, 2000.
7) 本間一弘：産業科学技術研究開発制度「マイクロマシン技術の研究開発」, 日本ロボット学会誌, **18**(8), pp. 1085 - 1088, 2000.
8) 田中　誠・谷川民夫・前川　仁：機械加工デスクトップマイクロファクトリ. 日本ロボット学会誌, **19**(3), pp. 324–327, 2001.
9) http://www.aibo.com/
10) 田島年浩：感情を持ったペット型ロボット. 日本ロボット学会誌, **18**(2), pp. 188–189, 2000.
11) 日本ロボット学会誌：特集, 極限環境作業ロボット, **19**(6), 2001.
12) http://www.rescue-robot-contest.org/
13) 松永三郎：宇宙ステーションを支援する高機能宇宙ロボット. 日本機械学会誌, **104**(987), pp. 75–79, 2001.
14) http://fido.jpl.nasa.gov/
15) http://www.honda.co.jp/robot/
16) 谷江和雄：総論　ヒューマノイドロボット研究の意義とその動向. バイオメカニズム学会誌, **24**(4), pp. 198–203, 2000.
17) http://www.is.aist.go.jp/humanoid/openhrp/Japanese/
18) 土肥健純：医療におけるロボティクスの現状と将来. 日本ロボット学会誌, **18**(1), pp. 29–32, 2000.
19) 日本ロボット学会誌：ミニ特集, テレロボティクスからネットワークロボティクスへ, **17**(4), 1999.

演習問題解答

第2章

2.1 始点を同一とするベクトル $\boldsymbol{a}$，$\boldsymbol{b}$ を考え，そのなす角を θ とすると，三角形の余弦定理より，下式が成り立つ．

$$\|\boldsymbol{a}-\boldsymbol{b}\|^2 = \|\boldsymbol{a}\|^2 + \|\boldsymbol{b}\|^2 - 2\|\boldsymbol{a}\|\|\boldsymbol{b}\|\cos\theta$$

これより，

$$\begin{aligned}
\|\boldsymbol{a}\|\|\boldsymbol{b}\|\cos\theta &= \frac{1}{2}(\|\boldsymbol{a}\|^2 + \|\boldsymbol{b}\|^2 - \|\boldsymbol{a}-\boldsymbol{b}\|^2) \\
&= \frac{1}{2}({a_x}^2 + {a_y}^2 + {a_z}^2 + {b_x}^2 + {b_y}^2 + {b_z}^2 - ((a_x - b_x)^2 + (a_y - b_y)^2 - (a_z - b_z)^2)) \\
&= a_x b_x + a_y b_y + a_z b_z
\end{aligned}$$

以上，式（2.2）と式（2.3）は一致することが示された．

2.2 始点を同一とするベクトル $\boldsymbol{a}$，$\boldsymbol{b}$ を考え，そのなす角を θ とする．まず，式(2.5)で定義されるベクトルの大きさ $\|\boldsymbol{a}\times\boldsymbol{b}\|^2$ は以下のように式変形される．

$$\begin{aligned}
\|\boldsymbol{a}\times\boldsymbol{b}\|^2 &= (a_y b_z - a_z b_y)^2 + (a_z b_x - a_x b_z)^2 + (a_x b_y - a_y b_x)^2 \\
&= ({a_x}^2 + {a_y}^2 + {a_z}^2)({b_x}^2 + {b_y}^2 + {b_z}^2) - (a_x b_x + a_y b_y + a_z b_z)^2 \\
&= \|\boldsymbol{a}\|^2\|\boldsymbol{b}\|^2 - (\|\boldsymbol{a}\|\|\boldsymbol{b}\|\cos\theta)^2 = \|\boldsymbol{a}\|^2\|\boldsymbol{b}\|^2(1-\cos^2\theta) \\
&= (\|a\|\|b\|\sin\theta)^2
\end{aligned}$$

これより，$\boldsymbol{a}\times\boldsymbol{b}$ のベクトルの絶対値は $\|\boldsymbol{a}\|\|\boldsymbol{b}\|\|\sin\theta\|$ であることがわかる．次に，$\boldsymbol{a}\times\boldsymbol{b}$ が $\boldsymbol{a}$ および $\boldsymbol{b}$ と直交することは，以下のようにそれぞれの内積をとることにより直接確かめられる．すなわち，

$$\begin{aligned}
\boldsymbol{a}^T(\boldsymbol{a}\times\boldsymbol{b}) &= a_x(a_y b_z - a_z b_y) + a_y(a_z b_x - a_x b_z) + a_z(a_x b_y - a_y b_x) = 0 \\
\boldsymbol{b}^T(\boldsymbol{a}\times\boldsymbol{b}) &= b_x(a_y b_z - a_z b_y) + b_y(a_z b_x - a_x b_z) + b_z(a_x b_y - a_y b_x) = 0
\end{aligned}$$

加えて，空間の右手系は $\det(\boldsymbol{a}\,\boldsymbol{b}\,\boldsymbol{a}\times\boldsymbol{b}) > 0$ で定義されるから，$\sin\theta \geqq 0$ と $\boldsymbol{k}$ の方向を考慮して，$\boldsymbol{a}\times\boldsymbol{b} = \|\boldsymbol{a}\|\|\boldsymbol{b}\|\sin\theta\boldsymbol{k}$ と結論される．

以上，式（2.4）と式（2.5）は一致することが示された．

2.3 2.1.1節の d の性質 4）を利用．

$$(Ax)^T A y = (x^T A^T) A y = x^T A^T A y = x^T (A^T A) y = x^T y$$

2.4 直接，${}^0R_B{}^T\,{}^0R_B = E$（E は単位行列）を示せばよい．

$${}^0R_B{}^T\,{}^0R_B = ({}^0\boldsymbol{e}_x\ \ {}^0\boldsymbol{e}_y\ \ {}^0\boldsymbol{e}_z)^T({}^0\boldsymbol{e}_x\ \ {}^0\boldsymbol{e}_y\ \ {}^0\boldsymbol{e}_z) = \begin{pmatrix} {}^0\boldsymbol{e}_x{}^T \\ {}^0\boldsymbol{e}_y{}^T \\ {}^0\boldsymbol{e}_z{}^T \end{pmatrix}({}^0\boldsymbol{e}_x\ \ {}^0\boldsymbol{e}_y\ \ {}^0\boldsymbol{e}_z)$$

$$= \begin{pmatrix} {}^0\boldsymbol{e}_x{}^T\,{}^0\boldsymbol{e}_x & {}^0\boldsymbol{e}_x{}^T\,{}^0\boldsymbol{e}_y & {}^0\boldsymbol{e}_x{}^T\,{}^0\boldsymbol{e}_z \\ {}^0\boldsymbol{e}_y{}^T\,{}^0\boldsymbol{e}_x & {}^0\boldsymbol{e}_y{}^T\,{}^0\boldsymbol{e}_y & {}^0\boldsymbol{e}_y{}^T\,{}^0\boldsymbol{e}_z \\ {}^0\boldsymbol{e}_z{}^T\,{}^0\boldsymbol{e}_x & {}^0\boldsymbol{e}_z{}^T\,{}^0\boldsymbol{e}_y & {}^0\boldsymbol{e}_z{}^T\,{}^0\boldsymbol{e}_z \end{pmatrix} = \begin{pmatrix} 1 & 0 & 0 \\ 0 & 1 & 0 \\ 0 & 0 & 1 \end{pmatrix} = E$$

2.5 直接，$(A\boldsymbol{x})\times(A\boldsymbol{y}) = A(\boldsymbol{x}\times\boldsymbol{y})$ を導くには，左右のベクトルの対応する成分が一致することを示せばよい．

$$A = (\boldsymbol{e}_x \;\; \boldsymbol{e}_y \;\; \boldsymbol{e}_z) = \begin{pmatrix} e_{x1} & e_{y1} & e_{z1} \\ e_{x2} & e_{y2} & e_{z2} \\ e_{x3} & e_{y3} & e_{z3} \end{pmatrix}, \quad \boldsymbol{x} = \begin{pmatrix} x_1 \\ x_2 \\ x_3 \end{pmatrix}, \quad \boldsymbol{y} = \begin{pmatrix} y_1 \\ y_2 \\ y_3 \end{pmatrix}$$

とおき，$A\boldsymbol{x}$ と $A\boldsymbol{y}$ とを計算した後，式（2.5）の外積の定義にならえば，$\boldsymbol{e}_x$，$\boldsymbol{e}_y$，$\boldsymbol{e}_z$ の正規直交性を使うことにより，$(A\boldsymbol{x})\times(A\boldsymbol{y})$ の第 1 成分が $A(\boldsymbol{x}\times\boldsymbol{y})$ の第 1 成分と一致することを示すことができる（第 2，第 3 成分も同様）．また，式（2.4）の定義をもとに幾何学的に考えるとほぼ自明な等式である．何となれば，行列 A を空間ベクトル $\boldsymbol{x}$，$\boldsymbol{y}$ に作用させるのは，ある回転軸まわりにベクトル $\boldsymbol{x}$，$\boldsymbol{y}$ を回転することに対応する．このベクトル $\boldsymbol{x}$，$\boldsymbol{y}$ が構成する平行四辺形はその形を保ったまま回転した後，この平行四辺形の面に垂直な外積ベクトル $(A\boldsymbol{x})\times(A\boldsymbol{y})$ を生成する．さきに，ベクトル $\boldsymbol{x}$，$\boldsymbol{y}$ が作る平行四辺形の面に垂直な外積ベクトル $\boldsymbol{x}\times\boldsymbol{y}$ を作ってから，この外積ベクトルを同じ回転軸まわりに回転したベクトル $A(\boldsymbol{x}\times\boldsymbol{y})$ と一致することは容易に想像される．

2.6 $\beta = 0$ のとき，式（2.44）より，$q_2 = 0$．このとき，式（2.41）と式（2.43）に関して，左上小行列（2 行 2 列）の各成分を等値して，$\cos(\alpha+\gamma) = \cos(q_1+q_3)$．$\sin(\alpha+\gamma) = \sin(q_1+q_3)$．これより，$\alpha+\gamma = q_1+q_3$．すなわち，第 1 関節の回転軸と第 3 関節の回転軸とが同一直線上にある状態であり，$\alpha+\gamma$ の合計角さえ一致していればその範囲で q_1 と q_3 は自由な回転角をとれることになる．

2.7 ここでは例 2.9 のオイラー角に対応する回転行列を使用して示してみよう．${}^0z$ 軸方向の単位ベクトルを z_1，${}^{\alpha}y$ 軸方向の単位ベクトルを z_2，${}^{\beta}z$ 軸方向の単位ベクトルを z_3 とする．このとき，角速度 $\boldsymbol{\omega}$ は，$\boldsymbol{\omega} = \dot{\alpha}z_1 + \dot{\beta}z_2 + \dot{\gamma}z_3$ である（図 2.12 (c) を参照）．これを ${}^0\Sigma$ 座標系で成分表現して次式を得る．

$${}^0\boldsymbol{\omega} = \dot{\alpha}\,{}^0z_1 + \dot{\beta}\,{}^0z_2 + \dot{\gamma}\,{}^0z_3$$

ここで，式（2.40）を参照すると，${}^0z_1$ は回転行列 ${}^0R_A$ の第 3 列に相当し，${}^0z_2$ は回転行列 ${}^0R_B = {}^0R_A\,{}^AR_B$ の第 2 列に相当し，${}^0z_3$ は回転行列 ${}^0R_C = {}^0R_A\,{}^AR_B\,{}^BR_C$ の第 3 列に相当するから，これらの列成分を取り出すと，所望の下式を得る．

$${}^0\boldsymbol{\omega} = \dot{\alpha}\begin{pmatrix} 0 \\ 0 \\ 1 \end{pmatrix} + \dot{\beta}\begin{pmatrix} -\sin\alpha \\ \cos\alpha \\ 0 \end{pmatrix} + \dot{\gamma}\begin{pmatrix} \cos\alpha\sin\beta \\ \sin\alpha\sin\beta \\ \cos\beta \end{pmatrix}$$

2.8 仮に，回転体の主軸でない軸に実体の回転軸を通した場合，慣性テンソルの非対角成分（慣性乗積）に 0 でない項が残る．コマをきれいに回転させるためには，実体の回転軸まわりに回転トルクを与えたとき，その回転軸まわりにだけ回転運動を実現させたい．回転軸まわり以外の回転運動が生じると，コマを転倒させる運動となるためよくない．したがって，慣性乗積は0に近いほど望ましく，実体の回転軸は主軸を通るように製作される．

2.9 物体の運動が平面に拘束される場合，回転運動はその平面に垂直軸方向のみである．したがって，回転運動に関与する慣性テンソルも，その平面に垂直軸まわりの慣性モーメントのみである．よって，$\boldsymbol{\omega}, \boldsymbol{I}\boldsymbol{\omega}$とも同一方向（拘束平面に垂直軸方向）のベクトルとなるため，その外積は$\boldsymbol{0}$となり，消滅する．

2.10 まず，第2リンクの絶対位置を(x_2, y_2)として式（2.76）のx，y成分を${}^0\Sigma$座標系で表現する．

$$ {}^0\boldsymbol{F}_2 \equiv \begin{pmatrix} F_{2x} \\ F_{2y} \end{pmatrix} = M_2\left[{}^0\!\left(\frac{d\boldsymbol{v}_2}{dt}\right) - {}^0\boldsymbol{g} \right] = M_2\left[\begin{pmatrix} \ddot{x}_2 \\ \ddot{y}_2 \end{pmatrix} - \begin{pmatrix} 0 \\ -g \end{pmatrix}\right] \tag{A 2.1} $$

式（2.87）の両辺を時間tで微分して次式を得る．

$$ \begin{aligned} \ddot{x}_2 &= -l_1(\cos q_1\dot{q}_1{}^2 + \sin q_1\ddot{q}_1) - l_{g2}(\cos(q_1+q_2)(\dot{q}_1+\dot{q}_2)^2 + \sin(q_1+q_2)(\ddot{q}_1+\ddot{q}_2)) \\ \ddot{y}_2 &= l_1(-\sin q_1\dot{q}_1{}^2 + \cos q_1\ddot{q}_1) + l_{g2}(-\sin(q_1+q_2)(\dot{q}_1+\dot{q}_2)^2 + \cos(q_1+q_2)(\ddot{q}_1+\ddot{q}_2)) \end{aligned} \tag{A 2.2} $$

さらに，式（2.77）のz成分を${}^0\Sigma$座標系で表現して次式を得る．

$$ \tau_2 = I_2(\ddot{q}_1+\ddot{q}_2) + l_{g2}(\cos(q_1+q_2)F_{2y} - \sin(q_1+q_2)F_{2x}) \tag{A 2.3} $$

式（A 2.2）を式（A 2.1）に代入すれば，第2関節の拘束力${}^0\boldsymbol{F}_2$が関節角，関節角速度，関節角加速度で表される．最後に，式（A 2.3）から${}^0\boldsymbol{F}_2$を消去して整理すると，次式を得る．

$$ \begin{aligned} \tau_2 = &I_2(\ddot{q}_1+\ddot{q}_2) + M_2l_1l_{g2}\cos q_2\ddot{q}_1 + M_2l_{g2}^2(\ddot{q}_1+\ddot{q}_2) \\ &+ M_2l_1l_{g2}\sin q_2\dot{q}_1^2 + M_2gl_{g2}\cos(q_1+q_2) \end{aligned} \tag{A 2.4} $$

上式は，式（2.93）と一致していることが確認される．

次に，第1リンクの絶対位置を(x_1, y_1)として式（2.78）のx，y成分を${}^0\Sigma$座標系で表現する．

$$ {}^0\boldsymbol{F}_1 \equiv \begin{pmatrix} F_{1x} \\ F_{1y} \end{pmatrix} = \begin{pmatrix} F_{2x} \\ F_{2y} \end{pmatrix} + M_1\left[{}^0\!\left(\frac{d\boldsymbol{v}_1}{dt}\right) - {}^0\boldsymbol{g} \right] = \begin{pmatrix} F_{2x} \\ F_{2y} \end{pmatrix} + M_1\left[\begin{pmatrix} \ddot{x}_1 \\ \ddot{y}_1 \end{pmatrix} - \begin{pmatrix} 0 \\ -g \end{pmatrix}\right] \tag{A 2.5} $$

式（2.83）の両辺を時間tで微分して次式を得る．

$$ \ddot{x}_1 = -l_{g1}(\cos q_1\dot{q}_1{}^2 + \sin q_1\ddot{q}_1),\quad \ddot{y}_1 = l_{g1}(-\sin q_1\dot{q}_1{}^2 + \cos q_1\ddot{q}_1) \tag{A 2.6} $$

さらに，式（2.79）のz成分を${}^0\Sigma$座標系で表現して次式を得る．

$$ \tau_1 = I_1\ddot{q}_1 + \tau_2 + l_{g1}(\cos q_1F_{1y} - \sin q_1F_{1x}) + (l_1 - l_{g1})(\cos q_1F_{2y} - \sin q_1F_{2x}) \tag{A 2.7} $$

第2関節の拘束力${}^0\boldsymbol{F}_2$はすでに関節角，関節角速度，関節角加速度で表されているから，式（A 2.6）を式（A 2.5）に代入すれば，第1関節の拘束力${}^0\boldsymbol{F}_1$が関節角，関節角速度，関節角加速度で表される．最後に，式（A 2.7）から${}^0\boldsymbol{F}_1$と${}^0\boldsymbol{F}_2$を消去して整理すると，次式を得る．

$$\begin{aligned}\tau_1 = I_1\ddot{q}_1 + \tau_2 + (M_1 l_{g1}{}^2 + M_2 l_1{}^2)\,\ddot{q}_1 + M_2 l_1 l_{g2}\cos q_2\,(\ddot{q}_1+\ddot{q}_2)\\ - M_2 l_1 l_{g2}\sin q_2\,(\dot{q}_1+\dot{q}_2)^2 + M_1 g l_{gl}\cos q_1 + M_2 g l_1 \cos q_1\end{aligned} \tag{A 2.8}$$

式（A 2.8）の τ_2 に式（A 2.4）を代入すると，式（2.92）と一致することが確認される．

（補足：ここでは，ベクトル変数をすべて ${}^0\Sigma$ 系の表現で記述したが，本文で触れた各関節に作用する力とトルクを高速に計算する手法は，第 i 座標にかかわるベクトル変数をすべて ${}^i\Sigma$ 系で表現することにより演算量を減らしている．）

2.11 もちろん，例 2.12 に示したように，リンクごとの位置エネルギーと運動エネルギーを求めて，ラグランジュの運動方程式を計算すれば導出されるが，ここでは，式（2.92）と式（2.93）に仮想仕事の原理を用いて導いてみよう．

題意における，第 1 関節の駆動トルクを N_1，第 2 関節の駆動トルクを N_2 とする．また，第 1 リンクの地面からの絶対角を ϕ_1，第 2 リンクの地面からの絶対角を ϕ_2 とする．このとき，関節変位とトルクの間に次の関係が成立する．

$$\begin{pmatrix} q_1 \\ q_2 \end{pmatrix} = \begin{pmatrix} 1 & 0 \\ -1 & 1 \end{pmatrix}\begin{pmatrix} \phi_1 \\ \phi_2 \end{pmatrix},\quad \begin{pmatrix} N_1 \\ N_2 \end{pmatrix} = \begin{pmatrix} 1 & -1 \\ 0 & 1 \end{pmatrix}\begin{pmatrix} \tau_1 \\ \tau_2 \end{pmatrix} \Rightarrow \begin{pmatrix} \tau_1 \\ \tau_2 \end{pmatrix} = \begin{pmatrix} 1 & 1 \\ 0 & 1 \end{pmatrix}\begin{pmatrix} N_1 \\ N_2 \end{pmatrix}$$

変位とトルクの関係は仮想仕事の原理を利用している（本文の式(2.98)と式(2.100)を参照）．上の関係式を式（2.92）と式（2.93）に代入して，次式を得る．

$$\begin{aligned}&(I_1 + M_1 l_{g1}{}^2 + I_2 + M_2(l_1{}^2 + l_{g2}{}^2 + 2l_1 l_{g2}\cos(\phi_2-\phi_1)))\,\ddot{\phi}_1\\ &\quad + (I_2 + M_2(l_{g2}{}^2 + l_1 l_{g2}\cos(\phi_2-\phi_1)))(\ddot{\phi}_2-\ddot{\phi}_1)\\ &\quad - M_2 l_1 l_{g2}\sin(\phi_2-\phi_1)(2\dot{\phi}_1(\dot{\phi}_2-\dot{\phi}_1) + (\dot{\phi}_2-\dot{\phi}_1)^2)\\ &\quad + M_1 g l_{g1}\cos\phi_1 + M_2 g(l_1\cos\phi_1 + l_{g2}\cos\phi_2) = N_1 + N_2\end{aligned} \tag{A 2.9}$$

$$\begin{aligned}&(I_2 + M_2(l_{g2}{}^2 + l_1 l_{g2}\cos(\phi_2-\phi_1)))\,\ddot{\phi}_1 + (I_2 + M_2 l_{g2}{}^2)(\ddot{\phi}_2-\ddot{\phi}_1)\\ &\quad + M_2 l_1 l_{g2}\sin(\phi_2-\phi_1)\,\dot{\phi}_1{}^2 + M_2 g l_{g2}\cos\phi_2 = N_2\end{aligned} \tag{A 2.10}$$

式（A 2.10）を式（A 2.9）に代入して，N_2 を消去すると次式を得る．

$$\begin{aligned}&(I_1 + M_1 l_{g1}{}^2 + M_2 l_1{}^2)\,\ddot{\phi}_1 + M_2 l_1 l_{g2}\cos(\phi_2-\phi_1)\,\ddot{\phi}_2 - M_2 l_1 l_{g2}\sin(\phi_2-\phi_1)\,\dot{\phi}_2{}^2\\ &\quad + M_1 g l_{g1}\cos\phi_1 + M_2 g l_1\cos\phi_1 = N_1\end{aligned} \tag{A 2.11}$$

さらに，式（A 2.10）も整理して次式を得る．

$$\begin{aligned}&M_2 l_1 l_{g2}\cos(\phi_2-\phi_1)\,\ddot{\phi}_1 + (I_2 + M_2 l_{g2}{}^2)\,\ddot{\phi}_2 + M_2 l_1 l_{g2}\sin(\phi_2-\phi_1)\,\dot{\phi}_1{}^2\\ &\quad + M_2 g l_{g2}\cos\phi_2 = N_2\end{aligned} \tag{A 2.12}$$

式（A 2.11）と式（A 2.12）が題意の最も整理された形の運動方程式である．これらの 2 式に着目したとき，$l_{g2}=0$ とすると，両式の慣性項が定数項となり，遠心力の影響もなくなることがわかる．$l_{g2}=0$ とすることは，第 2 リンク全体の重心位置をちょうど第 2 関節の回転中心と一致するように設計することに相当しており，このようなリンク設計を行うと，扱う制御対象がきわめて簡単化される．

第3章

3.1 モータの効率 $\eta = \dfrac{23}{24 \times 1.9} \times 100 = 50.4\%$

パルスレート $Q = \dfrac{T^2}{J} = \dfrac{0.0735^2}{4.7 \times 10^{-6}} = 1149\,\mathrm{W/s}$

電気的時定数 $\tau_e = \dfrac{L}{R} = \dfrac{3.2 \times 10^{-3}}{3.2} = 1.0 \times 10^{-3} = 1.0\,\mathrm{ms}$

機械的時定数 $\tau_e = \dfrac{JR}{K_t K_e} = \dfrac{4.7 \times 10^{-6} \times 3.2}{0.046^2} = 7.1 \times 10^{-3} = 7.1\,\mathrm{ms}$

3.2 定電流チョッパ法については次式を満足する τ を求めればよい．

$$35\left\{1 - \exp\left(-\frac{4.0}{8.7 \times 10^{-3}}\tau_C\right)\right\} = 0.75$$

$$\tau_C = 4.7 \times 10^{-5} s = 0.047\,\mathrm{ms}$$

3.3 2枚の板の間に働く磁気吸引力および静電気力は $F_m = \dfrac{SB^2}{2\mu}$，$F_e = \dfrac{\varepsilon S}{2d^2}V^2$

$\dfrac{SB^2}{2\mu} = \dfrac{\varepsilon SV^2}{2d^2}$ から，$V = \dfrac{Bd}{\sqrt{\varepsilon\mu}} = \dfrac{1 \times 1 \times 10^{-6}}{\sqrt{8.854 \times 10^{-12} \times 4\pi \times 10^{-7}}} \approx 300\,\mathrm{V}$

3.4 直列共振周波数：破線で囲まれた回路のインピーダンス $\dot{Z}$ は，

$$\dot{Z} = R + j\left(\omega L - \frac{1}{\omega C}\right)$$

電流が最大となるのは $|\dot{Z}|$ が最小のときであり，$\omega = \dfrac{1}{\sqrt{LC}}$ となる．

並列共振周波数：破線で囲まれた回路のアドミタンスは，

$$Y = j\omega C_d + \frac{1}{R + j\left(\omega L - \dfrac{1}{\omega C}\right)} = \frac{1 - \omega C_d\left(\omega L - \dfrac{1}{\omega C}\right) + j\omega C_d R}{R + j\left(\omega L - \dfrac{1}{\omega C}\right)}$$

出力電圧が最大となるのは $|Y|$ が最小のときで，$1 - \omega C_d\left(\omega L - \dfrac{1}{\omega C}\right) = 0$ が成立するとき，ω について解くと $\omega = \sqrt{\dfrac{C_d + C}{C_d CL}}$ が得られる．

3.5 ジャイロが角速度 ω で反時計方向に旋回している場合を考える．光が反時計方向，時計方向に全経路を進むのにかかる時間 T_1，T_2 は，

$$T_1 = \frac{2n\pi R}{c} + \frac{R\omega T_1}{c} = \frac{2n\pi R - R\omega T_1}{c} \text{ より，} T_1 = \frac{2n\pi R}{c - R\omega}$$

$$T_2 = \frac{2n\pi R}{c} - \frac{R\omega T_2}{c} = \frac{2n\pi R - R\omega T_2}{c} \text{ より，} T_2 = \frac{2n\pi R}{c + R\omega}$$

したがって，T_1 と T_2 の時間差 $\varDelta t$ は，

$$\varDelta t = T_1 - T_2 = \frac{2n\pi R}{c - R\omega} - \frac{2n\pi R}{c + R\omega} = \frac{4n\pi R^2\omega}{c^2 - (R\omega)^2}$$

ここで，$\pi R^2 = A$，$c \gg (R\omega)^2$ を考慮すると $\varDelta t = \dfrac{4nA\omega}{c^2}$

したがって，光路差 Δl は，$\Delta l = c \cdot \Delta t = \dfrac{4nA\omega}{c}$

3.6　1) レンズ中心をL，Rとし，点Pから線分LRに垂線を下ろしたときの交点OとLの間の距離を x，Rとの間の距離を y とおくと $x+y=B$ である．また，△OPLと△OPRについて，$\tan\theta_l = \dfrac{h}{x}$　$\therefore\ x = \dfrac{h}{\tan\theta_l} = \dfrac{\cos\theta_l}{\sin\theta_l}\cdot h$

$$\tan(\pi-\theta_r) = \frac{h}{y}\quad \therefore\ y = \frac{h}{\tan(\pi-\theta_r)} = -\frac{\cos\theta_r}{\sin\theta_r}\cdot h$$

$x+y=B$ に x，y をそれぞれ代入すると，

$$x+y = \left(\frac{\cos\theta_l}{\sin\theta_l} - \frac{\cos\theta_r}{\sin\theta_r}\right)h = \frac{\sin\theta_r\cos\theta_l - \cos\theta_r\sin\theta_l}{\sin\theta_r\sin\theta_l}\cdot h = \frac{\sin(\theta_r-\theta_l)}{\sin\theta_l\sin\theta_r}\cdot h = B$$

よって，求める距離 h は，$h = \dfrac{B\sin\theta_l\sin\theta_r}{\sin(\theta_r-\theta_l)}$

2)　視差が一定の場合，$\theta_r - \theta_l = \theta$ が一定であり，円周角が一定となる．したがって，レンズ中心間の線分LRを弦とする円周上に観測点が存在する．

3.7　1)　行電極 i に5Vを加え，列電極 j からの電流値を I_{ij} とすると，

$$I_{11} = \frac{5}{100} = 0.05\text{ A},\ I_{12} = \frac{5}{100} = 0.05\text{ A},\ I_{21} = \frac{5}{50} = 0.01\text{ A},$$

$$I_{22} = \frac{5}{50+100+100} = 0.004\text{ A}$$

2)　感圧導電部に一方向のみに電流が流れるようにダイオードを直列に挿入する．

3.8　ランプ入力 F_{pps} のラプラス変換は F/s^2 となる．

$\varepsilon = \dfrac{F}{s^2} - \varepsilon\dfrac{K_p}{s}$　整理すると $\varepsilon = \dfrac{F/s^2}{1+K_p/s} = \dfrac{F}{s(s+K_p)}$

定常偏差 ε は $\displaystyle\lim_{s\to 0} s\frac{sF}{s(s+K_p)} = \frac{F}{K_p}$

3.9　コンデンサ C_1 と C_2 が直列に接続され，それぞれのコンデンサに $V_s - V_0$，$V_0 - V_s$ が加わるとき，同一容量の電気量 $C_1(V_s - V_0) = C_2(V_0 + V_s)$ が蓄えられる．

$$V_0 = \frac{C_1 - C_2}{C_1 + C_2}V_s$$

コンデンサの容量 C_1，C_2 は電極間材料の誘電率を ε，電極面積を A とすると，

$$C_1 = \frac{x_0}{x_0-\delta}C_0,\ C_2 = \frac{x_0}{x_0+\delta}C_0\ \text{ただし，}\ C_0 = \frac{\varepsilon A}{x_0}$$

これより，$C_1 - C_2 \cong \dfrac{2\delta}{x_0}C_0$　$C_1 + C_2 \cong 2C_0$

以上より，$V_0 = \dfrac{\delta}{x_0}V_s$

3.10

$$V = R_1\dot{I}_1 + j\omega L_1\dot{I}_1 + j\omega M\dot{I}_1 = (R_1 + j\omega L_1)\dot{I}_1 + j\omega M\dot{I}_2 \tag{A 3.1}$$

$$0 = R_2\dot{I}_2 + j\omega L_2\dot{I}_2 + j\omega M\dot{I}_1 = j\omega M\dot{I}_1 + (R_2 + j\omega L_2)\dot{I}_2 \tag{A 3.2}$$

ここで，式（A 3.1）$\times(R_2 + j\omega L_2) -$ 式（A 3.2）を計算すると，

$$\{(R_1 + j\omega L_1)(R_2 + j\omega_2) + (\omega M)^2\}\dot{I}_1 = \dot{V}(R_2 + j\omega L_2)$$

となる．したがって，求める複素インピーダンスは次のようになる．

$$\dot{Z} = \frac{\dot{V}}{\dot{I}_1} = \frac{R_2(\omega M)^2}{R_2{}^2 + (\omega L_2)^2} + j\left\{\omega L_1 - \frac{\omega L_2(\omega M)^2}{R_2{}^2 + (\omega L_2)^2}\right\}$$

第4章

4.1　寿命時間は式（4.15）と同様に次式で計算される．

$$L_h = \frac{1}{60n}\left(\frac{C}{f_w F_r}\right)^3 \times 10^6 = \frac{1}{60 \times 1500}\left(\frac{10800}{1.2 \times 1000}\right)^3 \times 10^6 = 8100\,\mathrm{h}$$

寿命時間を 25000 h にするには，ラジアル荷重を $(8100/25000)^{1/3} = 0.687$ 倍すればよいから，$F_r = 687\,\mathrm{N}$ となる．

4.2　ピッチ円直径を d_1，d_2，歯先円直径を D_1，D_2，中心間距離を a とする．標準歯車では $d = zm$，$D = d + 2m$ であるから，

$$d_1 = z_1 m = 72\,\mathrm{mm},\ d_2 = z_2 m = 174\,\mathrm{mm}$$
$$D_1 = (z_1 + 2)m = 84\,\mathrm{mm},\ D_2 = (z_2 + 2)m = 186\,\mathrm{mm}$$
$$a = (d_1 + d_2)/2 = 123\,\mathrm{mm}$$

4.3　十字軸の半径を r とする．入力軸を θ だけ回転したときの A 点の座標は $(r\cos\theta, r\sin\theta, 0)$ となる．一方，出力軸を ϕ だけ回転したとき，B 点の座標は $(-r\sin\phi, r\cos\phi\cos\alpha, r\cos\phi\sin\alpha)$ となる．OA と OB は直交しているから，内積 $= 0$ より $\tan\phi = \tan\theta\cos\alpha$ となる．$d(\tan\phi)/dt = (1 + \tan^2\phi)\dot{\phi}$ の関係を用いて両辺を微分し，そこに上式を代入して ϕ を消去すると，次式が得られる．

$$\dot{\phi}/\dot{\theta} = \cos\alpha/(1 - \sin^2\theta\sin^2\alpha)$$

この速度比は θ が 1 回転する間に 2 回増減し，最大値は $1/\cos\alpha$，最小値は $\cos\alpha$ である．

4.4　時計方向の回転を +，反時計方向の回転を − とする．図 4.26 に示したようにクランク軸がケース（ピン歯車）に対して −1 回転すると，RV ギヤ（歯数 R_3）は $1/z_3$ だけ回転する．ところで，図 4.25 からわかるようにクランク軸は RV 歯車と共に公転するから，公転の影響を除くために RV 歯車に対する相対回転を考えると，クランク軸の回転は $-(1 + 1/z_3)$ であり，これに対応する入力軸の回転は $(1 + 1/z_3)z_2/z_1$ となる．したがって，ケースに対する入力軸の回転は $(1 + 1/z_3)z_2/z_1 + 1/z_3$ となるから，これを RV ギヤの回転 $1/z_3$ で割り，$z_4 = z_3 + 1$ を使うと式（4.10）が得られる．

4.5　$\theta_1 = a\phi_1 + b\phi_2$，$\theta_2 = p\phi_1 + q\phi_2$ とおく．a，b，p，q は定数である．$\phi_1 = \phi_2$ の場合には $\theta_1 = \phi_1$，$\theta_2 = 0$ となることは明らかであるから，$a + b = 1$，$p + q = 0$ を得る．また，$\theta_1 = 0$ の場合には $\phi_2 = -\phi_1$，$\theta_2 = \phi_1$ となるから，$a = b$，$p - q = 1$ を得る．したがって，$a = b = p = -q = 1/2$ となる．

4.6　モータの角速度を ω とすれば，タイヤの角速度は ω/R，車の速度は $r\omega/R$ である．

したがって全運動エネルギーは $m(r\omega/R)^2/2+J(\omega/R)^2/2$ となる．これを $J_L\omega^2/2$ と表せば，負荷慣性モーメントは $J_L=(mr^2+J)/R^2$ となる．

4.7　図 4.33 において $T_{M0}=2T_L$，$J_L=5J_{M0}$，$\eta=1$ の場合である．減速機を使わない場合の角加速度を α_1，使う場合の角加速度を α_2 とすると，

$$\alpha_1=(T_{M0}-T_L)/(J_L+J_{M0})=\alpha_0/12$$

$$\alpha_2=(RT_{M0}-T_L)/(J_L+R^2J_{M0})=(R-0.5)\alpha_0/(5+R^2)$$

となる．ここで，$\alpha_0=T_{M0}/J_{M0}$ である．$\alpha_2=2\alpha_1$ とおいて R を求めると，$R=2$ または 4 となる．

4.8　モータの回転角を θ_{M0} とすれば $\theta_{M0}=R(\theta-\phi)$ であるから，全体の運動エネルギーは $J_{M0}R^2(\dot\theta-\dot\phi)^2/2+J_L\dot\theta^2/2$ となる．また，ばねによる位置エネルギーは $k\phi^2/2$ であるから，ラグランジュ関数は

$$L=J_{M0}R^2(\dot\theta-\dot\phi)^2/2+J_L\dot\theta^2/2-k\phi^2/2$$

となる．一方，T_{M0} と T_L がこのシステムに単位時間内に与える仕事を W とすれば，

$$W=T_{M0}\,\dot\theta_{M0}+(-T_L)\dot\theta=T_{M0}R(\dot\theta-\dot\phi)-T_L\dot\theta$$

である．L と W を用いて方程式

$$\frac{d}{dt}\frac{\partial L}{\partial\dot\theta}-\frac{\partial L}{\partial\theta}=\frac{\partial W}{\partial\dot\theta},\quad \frac{d}{dt}\frac{\partial L}{\partial\dot\phi}-\frac{\partial L}{\partial\phi}=\frac{\partial W}{\partial\dot\phi}$$

を計算すると，運動方程式は $(J_M+J_L)\ddot\theta-J_M\ddot\phi=T_M-T_L$ および $J_M(-\ddot\theta+\ddot\phi)+k\phi=T_M$ となる．ここで J_M と T_M は式 (4.21) と式 (4.22) である．運動方程式で $T_M=T_L=0$ とおき，$\ddot\theta$ を消去すると $J_MJ_L\ddot\phi+(J_M+J_L)k\phi=0$ となるから，固有振動数は $\omega_n=\sqrt{k(J_M+J_L)/(J_MJ_L)}$ である．

4.9　アームの回転面内に適当に x，y 座標を設定する．各質量の x 座標を計算し，それを時間で 2 回微分して加速度を求め，その符号を反転した後に質量を掛けると，x 座標方向の力が出る．これをすべての質量について加算すれば x 方向の荷重が求まる．同様に y 方向の荷重を求め，両加重を合成すれば求めるラジアル荷重となる．

第5章

5.1　ラグランジェアン L が第 2 章の式 (2.80) により定義される．このとき，散逸エネルギー関数 D を考慮したラグランジュの運動方程式は次式で与えられる．

$$\frac{d}{dt}\left(\frac{\partial L}{\partial\dot q_i}\right)-\frac{\partial L}{\partial q_i}+\frac{\partial D}{\partial\dot q_i}=Q_i$$

図 5.2(a) の運動系における運動エネルギー T，位置エネルギー U，散逸エネルギー D は，それぞれ次のように表される．

$$T=\frac{1}{2}m\dot x^2,\quad U=\frac{1}{2}kx^2,\quad D=\frac{1}{2}b\dot x^2$$

$L=T-U$，$q_1=x$，$Q_1=f$ をラグランジュの運動方程式に代入すれば，式 (5.1) が得られる．

5.2　例題5.1　より，

$$\frac{\dot{\theta}_m}{\tau_m}=\frac{1/b}{1+(a/b)s}$$

ここで，$a=J_m+J_a/n^2$，$b=D_m+D_a/n^2$ である．$a/b=T$（時定数），$1/b=K$（ゲイン定数）と置けば，モータ角速度の応答は次にようになる．

$$\dot{\theta}_m=K\tau_m(1-e^{-t/T})$$

また，モータ回転角度の応答は，モータ角速度を積分することにより次式で与えられる．

$$\theta_m=K\tau_m\{t-T(1-e^{-t/T})\}$$

5.3　外力 f をアクチュエータにより任意に与えることができる制御入力とし，目標値 x_d に対して，次式のように比例制御に速度フィードバック補償を付加した制御を実行する．

$$f=k_p(x_d-x)-k_v\dot{x}$$

式（5.1）に代入して整理すると，

$$m\ddot{x}+(b+k_v)\dot{x}+(k+k_p)x=k_px_a$$

制御系の減衰係数 ζ と固有角周波数 ω_n は次式となる．

$$\zeta=(b+k_v)/2\sqrt{m(k+k_p)},\quad \omega_n=\sqrt{(k+k_p)/m}$$

速度フィードバックゲイン k_v を大きくすると減衰係数が増加して制御系の減衰性（安定性）が向上する．

5.4　状態フィードバックゲインベクトルを $f=(f_1,f_2)$ とすると，閉ループ系の特性方程式が次式を満足するように f_1 と f_2 を決定すればよい．

$$|sI-A+bf|=s^2+(3+2f_1)s+2(1+f_1+f_2)=(s+3)(s+4)=0$$

5.5　式（5.5）より，回転運動系の減衰係数 ζ および固有角周波数 ω_n は次式となる．

$$\zeta=\frac{b_\omega}{2\sqrt{Jk_\theta}},\quad \omega_n=\sqrt{k_\theta/J}$$

k_θ は入力トルクと回転角度の定常値の比として与えられる．

ステップ応答における特徴量（立ち上がり時間，オーバシュート，ピーク時間，振動周期など）や周波数応答における特徴量（共振周波数，共振ピーク値など）が，ζ や ω_n によって表される．これらの関係に基づいて，ステップ応答や周波数応答の特徴量に注目することによりパラメータが同定できる．また，周波数応答曲線のカーブフィッティングによる方法，MATLAB などの市販ツールを利用することもできる．

5.6

$$\dot{x}+cx=0$$

の解を求めればよい．初期値 $x(0)=x_0$ のとき，$x=x_0e^{-ct}$ の応答が得られ，スライディングモードが発生した状態では,系の応答は制御対象のパラメータに依存しない．

5.7　1次補間の場合，次の1次多項式によって軌道を表す．

$$x(t)=a_0+a_1t$$

境界条件として，

$$x(0) = a_0 = x_0,\quad x(t_f) = a_0 + a_1 t_f$$

を与えることにより，a_0 と a_1 が定まる．

3次補間の場合には，次の3次多項式により表す．

$$x(t) = a_0 + a_1 t + a_2 t^2 + a_3 t^3$$

境界条件として，

$$x(0) = a_0 = x_0,\quad \dot{x}(0) = a_1 = \dot{x}_0$$
$$x(t_f) = a_0 + a_1 t_f + a_2 t_f^{\,2} + a_3 t_f^{\,3} = x_f$$
$$\dot{x}(t_f) = a_1 + 2a_2 t_f + 3a_3 t_f^{\,2} = \dot{x}_f$$

を与えることにより，4つの係数が決定される．

5.8 ロボット制御に用いられるセンサは内界センサと外界センサに大別される．

内界センサはロボット自身の状態を検出するセンサであり，関節の回転角度を検出するためのロータリエンコーダが代表的である．このほか，アクチュエータの発生力やトルクを検出するための電流センサや圧力センサが用いられる．油圧や空気圧アクチュエータを用いる場合には，圧力センサによる圧力フィードバック補償が制御系の減衰性の向上にきわめて効果的である．さらにヒューマノイドなどでは，姿勢安定化のためのジャイロが取り付けられる．

外界センサはロボットと作業対象物や人間との関係，ロボットの周囲環境などを測定するために使用される．力センサ，カメラ，超音波センサ，レーザ，マイクなどが使用される．

索　引

著者略歴

則次俊郎（のりつぐ としろう）
1949年　岡山県に生まれる
1974年　岡山大学大学院工学研究科修士課程修了
現　在　岡山大学工学部システム工学科教授
工学博士

五百井清（いおい きよし）
1955年　大阪府に生まれる
1981年　京都大学大学院工学研究科修士課程修了
現　在　近畿大学工学部システムデザイン工学科教授
工学博士

西本澄（にしもと きよし）
1950年　広島県に生まれる
1978年　東京大学大学院工学系研究科博士課程修了
現　在　広島工業大学工学部知能機械工学科教授
工学博士

小西克信（こにし かつのぶ）
1949年　徳島県に生まれる
1973年　東京大学大学院工学系研究科修士課程修了
現　在　徳島大学工学部機械工学科教授
工学博士

谷口隆雄（たにぐち たかお）
1951年　福岡県に生まれる
1975年　九州工業大学工学部卒業
現　在　島根大学総合理工学部電子制御システム工学科教授
工学博士

学生のための機械工学シリーズ6
ロボット工学　　定価はカバーに表示

2003年9月20日　初版第1刷
2016年2月25日　第8刷

著　者　則次俊郎
五百井清
西本澄
小西克信
谷口隆雄
発行者　朝倉邦造
発行所　株式会社 朝倉書店
東京都新宿区新小川町6-29
郵便番号　162-8707
電　話　03(3260)0141
FAX　03(3260)0180
http://www.asakura.co.jp

〈検印省略〉

新日本印刷・渡辺製本

ISBN 978-4-254-23736-8　C 3353　Printed in Japan